旅游服务与管理

主　编　马赛楠
副主编　张敏敏　陈　杰

黄河水利出版社
·郑　州·

内容提要

本书从理论到实践全面分析了旅游服务与管理的内容和要求。全书共分为五个模块，内容包括导游业务、旅游市场营销、旅行社运营与管理、酒店运营与管理、旅游景区管理。

本书内容丰富，体例新颖，可作为中职培训教材，也可作为旅游从业人员的培训资料或职业院校旅游专业学生的教材，还可作为广大旅游爱好者的参考书。

图书在版编目(CIP)数据

旅游服务与管理/马赛楠主编. —郑州：黄河水利出版社，2019.9 （2022.8 重印）
ISBN 978-7-5509-2519-9

Ⅰ.①旅… Ⅱ.①马… Ⅲ.①旅游服务-职业培训-教材 ②旅游经济-经济管理-职业培训-教材 Ⅳ.①F590

中国版本图书馆 CIP 数据核字(2019)第 221404 号

组稿编辑：田丽萍　电话：0371-66025553　E-mail：912810592@qq.com

出　版　社：黄河水利出版社　　　　　　　　　　　　网址：www.yrcp.com
　　　　　　地址：河南省郑州市顺河路黄委会综合楼14层　邮政编码：450003
发行单位：黄河水利出版社
　　　　　发行部电话：0371-66026940、66020550、66028024、66022620(传真)
　　　　　E-mail：hhslcbs@126.com
承印单位：河南新华印刷集团有限公司
开本：787 mm×1 092 mm　1/16
印张：16
字数：390 千字　　　　　　　　　　　　　印数：1 001—1 500
版次：2019 年 9 月第 1 版　　　　　　　　印次：2022 年 8 月第 2 次印刷
定价：50.00 元

《旅游服务与管理》编写委员会

主　任　门志强
副主任　马赛楠　魏　飞
委　员　陈　杰　崔云霞　娄兰兰
　　　　　　岳　明　徐　丹

21世纪世界经济的飞速发展,使人类从以劳动为中心的"工作时代"步入讲究生活品质的"消费时代",旅游也由此成为一门时尚和热门产业。21世纪推崇的生活理念更是将旅游的魅力放大数倍。如今,旅游正渗透到现代社会的每个角落,改变着人们传统的生活观念和价值体系。

旅游产业的飞速发展需要高素质的人才作为支撑。国务院《关于加快发展旅游业的意见》(国发〔2009〕41号)将旅游业定位为"国民经济的战略性支柱产业和人民群众更加满意的现代服务业",并且明确提出要"加强旅游从业人员素质建设""大力发展旅游职业教育,提高旅游教育水平"。职业教育应以行业需求为导向,旅游服务管理专业教育与旅游行业联系紧密,旅游专业人才培养更应体现其职业和岗位的特点。在中等职业学校专业教师培训教材的编写过程中,我们运用教改成果,吸引企业专家参与教材编写,突出知识的实用性和新颖性。本书的编写具有如下特点:

(1)注重信息收集。为编写好本书,我们有计划、有目的、系统性地收集、记录、整理、分析和总结了各相关学科的一些信息,一方面尽可能减少和规避因旅游基础知识相对不足给学员带来的学习困难,另一方面以足够的信息量补充中职专业骨干教师的专业知识和对行业新动向、新规则的学习与积累。

(2)以提高学员综合素质为基础,以职业能力为本位,以实际应用为核心,在课程中设置"知识目标"和"技能目标"两个目标,兼顾相关课程的"知识点"和"技能点"。知识结构设计采取理论实践交互进行的编写体例,在每个模块特设技能训练环节。

(3)注重方法论,突出实用性。对教师的培训,归根结底是方法的学习,而不只是知识和理论的学习。本书的核心在于提供观察、了解和学习旅游各相关学科的方法。我们从旅游业的特点出发,以提高中职教师文化素质为主线,编写体例上以方便教师教学、学生学习和旅游爱好者自学为宗旨,合理安排各单元内容,知识阐述简洁、清晰,难易程度适当,贴近培训需要;同时结合学生特点、专业特点及旅游类专业学生就业方向,配有形式多样的思考题,增强了实用性,适合学生学习和巩固所学内容。

(4)体例新颖,加大案例化程度。本书在编写体例上,除具备常规教材的学习目标、复习与思考外,正文的开始由"情景导入"进行分析,引导阅读者关注正文所要阐述的内容,并理解和重视其实用价值,以期找到理论和实践的结合点。尤其突出案例教学,不但各模块均有情景导入、案例分析,而且节内设置大量案例,案例的题材和范围广泛,问题针对性强,有较强的阅读吸引力。

(5)注意整体性,服务多元化。系统性和完整性是本书的一个显著特征。

一是内容新,适用性强。教材内容紧密对接行业产业发展,突出新知识、新技能、新工艺、新方法,包括专业领域新理论、前沿技术和关键技能,具有很强的先进性和适用性。

二是重实操,实用性强。教材遵循理实并重的原则,对接岗位要求,突出技能及实践能力培养,体现项目任务导向化、实践过程仿真化、工作流程明细化、动手操作方便化的特点。

三是体例新,凸显职业教育特点。教材采用标准印制纸张和规范化排版,体例上图文并茂、相得益彰,内容编排上引入理实结合、行动导向、工作项目制等现代职业教育理念,思路清晰,条块相融。

当前,职业教育已经进入了由规模增量向内涵质量转化的关键时期,现代职业教育体系建设,大众创业、万众创新,以及"互联网+""中国制造2025"等新的时代要求,对职业教育提出了新的任务和挑战,着力培养一支能够支撑和胜任职业教育发展所需的高素质、专业化、现代化的教师队伍已经迫在眉睫。本书是由从事职业教育教学工作多年的广大一线教师在实践中不断探索、总结编写而成的,它既是智慧的结晶,也是教学改革的成果。本书既可作为相关专业骨干教师培训的指定用书,也可供职业院校师生和技术人员使用。

本书由马赛楠担任主编,由张敏敏、陈杰担任副主编,李梦娜、张红、魏书丹、李桂香等参与编写。

本书在编写过程中参考了国内外有关论著并得到了许多业内人士的帮助,在此我们表示诚挚的感谢! 同时,由于编者水平所限,书中难免存在不足之处,希望读者在使用过程中提出宝贵意见,以便进一步完善。

编　者
2019 年 3 月

目 录

前 言
模块一 导游业务 …………………………………………………………… (1)
　　任务一 地方陪同导游服务程序 …………………………………………… (1)
　　任务二 导游带团技能 ……………………………………………………… (18)
　　任务三 导游讲解技能 ……………………………………………………… (34)
模块二 旅游市场营销 ………………………………………………………… (46)
　　任务一 旅游营销理念 ……………………………………………………… (46)
　　任务二 旅游营销战略 ……………………………………………………… (59)
　　任务三 旅游营销策略 ……………………………………………………… (72)
模块三 旅行社运营与管理 ………………………………………………… (80)
　　任务一 旅行社的设立 ……………………………………………………… (80)
　　任务二 旅行社产品的设计与开发 ………………………………………… (99)
　　任务三 旅行社计调业务 …………………………………………………… (110)
　　任务四 旅行社接待业务 …………………………………………………… (129)
模块四 酒店运营与管理 …………………………………………………… (149)
　　任务一 酒店前厅部运营管理 ……………………………………………… (149)
　　任务二 酒店客房部运营管理 ……………………………………………… (157)
　　任务三 酒店餐饮部运营管理 ……………………………………………… (167)
模块五 旅游景区管理 ……………………………………………………… (183)
　　任务一 旅游景区游客的引导与管理 ……………………………………… (183)
　　任务二 旅游景区安全管理 ………………………………………………… (192)
　　任务三 旅游景区解说系统的设置 ………………………………………… (199)
　　任务四 旅游景区资源管理方法与技术 …………………………………… (208)
　　任务五 旅游景区服务质量管理 …………………………………………… (216)
附 件 …………………………………………………………………………… (228)
　　附件一 旅行社条例 ………………………………………………………… (228)
　　附件二 旅行社条例实施细则 ……………………………………………… (236)
参考文献 ……………………………………………………………………… (245)

模块一　导游业务

☞ **知识目标**
　(1) 了解导游服务的类型和范围；
　(2) 熟悉地方陪同导游服务程序的相关知识；
　(3) 掌握导游带团和讲解的相关知识。

☞ **技能目标**
　(1) 全面领会导游服务规范、程序、标准；
　(2) 能提供地方陪同导游服务；
　(3) 能独立带团；
　(4) 能熟练进行导游讲解。

　　导游人员是导游工作的主体。随着旅游业的发展，导游服务质量越来越受到人们的关注。导游服务质量的高低、效果的好坏，主要取决于导游人员的素质、能力及经验。21世纪的导游人员，面对新环境的挑战，必须在思想文化、身心机能等方面具备更高的素质，才能胜任现代导游工作。通过本课程的学习，学生可了解导游服务的类型和范围，全面认知导游服务，熟悉地方陪同导游的服务程序，掌握导游服务技能。

任务一　地方陪同导游服务程序

【情景导入】
　　2018年8月的一天晚上，上海的地陪唐小姐在车站接到了一个从苏州来的旅游团。她把游客们送到静安希尔顿酒店后，就让司机回家了。这时游客们突然告诉她，大家还没有吃晚饭，请她安排一下。唐小姐听后很吃惊，因为按计划，晚饭应该在苏州吃，她只需在接到游客们后把他们送到酒店，当天的任务就算完成了。唐小姐因为没有思想准备，也没有带旅行社的用餐结算单，又把司机放回家了，所以有些手足无措。那时已经是晚上8点钟了，游客们的情绪很低落。她连忙和旅行社联系，叫出租车把游客们送到一家餐馆用餐，并向大家解释，这种失误是苏州旅行社与上海旅行社交接不清造成的。由于导游的努力补救，游客们终于用上了餐，并对唐小姐的工作表示满意和感谢。

【思考】
　(1) 接团前，地陪应做好哪些准备工作？
　(2) 地陪应该怎样致欢迎辞？
　(3) 地陪应该怎样进行导游讲解？

　　地陪即地方陪同导游人员，是"受接待旅行社委派，代表接待社实施接待计划，为旅游团(者)提供当地旅游活动安排、讲解、翻译等服务的导游人员"。地方陪同导游服务程序是指地陪自接受旅行社下达的旅游团接待任务起,至旅游团离开本地并做好后续工作为止的工作程序。在地陪导游服务过程中,地陪应按时做好旅游团在本地的迎送工作;严格按照接待计划,做好旅游团在本地参观游览过程中的导游讲解服务和计划内的食、宿、购物、娱乐等活动的安排;妥善处理各方面的关系和出现的问题。地陪应严格按照导游服务质量标准和旅游合同提供各项服务,包括服务准备、迎接服务、入店服务、核对及商定日程、参观游览服务、其他服务、送站服务和后续工作。

一、服务准备

地陪从接到旅行社下发的接待计划书开始进入服务准备,到前往接站地点之前,均为准备阶段。地陪接到接待任务后,必须充分做好各方面的准备工作,这是地陪顺利完成接待任务的重要前提,也是地陪在接待过程中的基础性工作和头等大事。做好充分而完备的准备工作,可以保证地陪在导游服务中掌握充分的主动权,遇事可以做到心中有数,处变不惊,从而有计划、有步骤地开展各项服务工作,确保给旅游者带来满意的旅游效果。准备工作包括熟悉旅游接待计划、落实接待事宜,同时做好物质准备、语言和知识准备、形象准备以及心理准备。

(一)熟悉旅游接待计划

旅游接待计划是组团旅行社委托各地方接待旅行社组织落实旅游活动的契约性安排,是地陪了解该旅游团基本情况和安排活动日程的主要依据。地陪在接受接待任务后,应在旅游团抵达之前,认真阅读接待计划和有关资料,详细、准确地了解该旅游团的服务项目和要求,对重要事宜做好记录。地陪应根据旅游接待计划熟悉以下工作细节:

(1)计划签发单位(即本国组团社)名称、组团社联系人姓名及联系方式、全陪姓名及联系方式。

(2)客源地组团社名称、旅游团名称、旅游团代号、旅游团国别及其使用语言、收费标准(豪华、标准、经济)、领队姓名。

(3)旅游团成员情况:团队人数、性别、姓名、职业、宗教信仰。

(4)了解该旅游团成员是否带小孩,小孩是否收费,收费标准怎样。

(5)全程旅游路线、入出境地点。

(6)所乘交通工具情况:抵、离本地时所乘交通工具的班次、时间和乘坐地点。

(7)掌握交通票据情况:该团去下一站的交通票据是否按计划订妥,有无变更以及变更后的落实情况;有无返程票;有无国内段国际机票;出境票是"OK票"还是"OPEN票"(所谓"OK票",是指已经订妥日期、航班和机座的飞机票,"OPEN票"就是不定时客票,可根据时间安排进行调整)。

(8)特殊要求和禁忌:该团在住房、用车、游览、用餐等方面是否有特殊要求;该团是否要求有关方面负责人出面迎送、会见、宴请等;该团是否有老弱病残等需要特殊服务的客人;该团有无要办理通行证地区的参观游览项目,如有则要及时办好相关手续。

熟悉接待计划的目的就是了解旅游团的基本情况,明确服务项目与服务标准,预见在接待中可能发生的问题,并采取相应的措施,以便在旅游团抵达之前,做到心中有数,出色地完成接待任务。

(二)落实接待事宜

地陪在旅游团抵达的前一天,应与各有关部门或人员一起检查、落实旅游团的交通、食宿等事宜。落实接待事宜是地陪在旅行社计调工作基础上进行的一次再确认手续。此项事务的落实,可以最大限度地减少旅行社工作中的失误,从而使导游工作变得更加主动。××旅行团接待通知单如表1-1所示。落实接待事宜主要包括落实旅游车辆、掌握联系电话、落实住房及用餐、了解运送行李的安排情况及熟悉参观点。

表1-1 ××旅行社旅行团接待通知单

客情简况	团号			组团社	
	来自国家或地区		语种要求	组团社联系人及联系方式	
	客人共 人,其中夫妇 对,小孩 人,单男 人,单女 人			全陪姓名及联系方式	
抵达时间及地点	乘 抵	月 日		离开时间及地点	赴 月 日
团队等级				收费标准	
住宿酒店		客人房间数	单人房 间 双人房 间	陪同	单人房 间 双人房 间
膳食标准及要求		早餐 元/人;中餐 元/人;晚餐 元/人 (菜 汤; 荤 素)			
游览活动	月 日	上午		下午	
	月 日	上午		下午	
	月 日	上午		下午	
	月 日	上午		下午	
用餐安排	月 日	早餐	中餐		晚餐
	月 日	早餐	中餐		晚餐
	月 日	早餐	中餐		晚餐
	月 日	早餐	中餐		晚餐
市内用车	车号	车型	车座	司机姓名	
				联系方式	
备注					

1. 落实旅游车辆

地陪应与旅游汽车公司或车队联系,确认为该团在本地提供交通服务的车辆的车型、车牌号和司机姓名;接大型旅游团时,车上应贴有编号或醒目的标记;确定与司机的接头地点,并告知活动日程和具体时间安排。

2. 掌握联系电话

地陪应备齐并随身携带有关旅行社各部门、餐厅、酒店、车队、剧场、购物商店、组团人员和其他导游人员的联系电话。

3. 落实住房及用餐

地陪应熟悉旅游团所住酒店的位置、概况、服务设施和服务项目；核实该团客人所住房间的数目、级别、是否含早餐等；与各有关餐厅联系，确认该团日程表上安排的每一次用餐情况，如团号、人数、用餐标准、日期、特殊要求等。

4. 了解运送行李的安排情况

各旅行社是根据旅游团人数来确定是否安排行李车的，地陪应了解本社规定。如该团配有行李车，地陪应提前和行李车司机及行李员联系，了解该团抵达的时间、地点和下榻的酒店。

5. 熟悉参观点

对新的旅游景点或不熟悉的参观游览点，地陪应事先了解其概况，如开放时间、最佳行车路线、游览路线、具体游览景点情况、游览方式、游览注意事项、厕所位置、休息场所、停车场位置等，以保证游览活动顺利进行。

（三）物质准备

上团前，地陪要按照该团旅游者人数领取发放给游客的旅游资料、门票结算单；向旅行社财务借取所需团款；带好旅游接待计划、派团任务书、导游证、身份证、胸卡、导游旗、接站牌、游客意见反馈表等；提供旅游团返程车票，返程车票已经出好的，要带好返程车票。

导游派遣书格式如表1-2所示。

表1-2 导游派遣书格式

导游派遣书
根据导游员（兼职）：　　　　　　　　与我中心签订之聘用协议书，现派遣其执行接待任务。 此派遣有效期为三个月（　　年　　月—　　月），与导游证、接待计划书合用。 　　　　　　　　　　　　　　　　　　　　　××市导游服务中心（章） 　　　　　　　　　　　　　　　　　　　　　　　年　　月　　日

（四）语言和知识准备

语言和知识准备主要包括以下四个方面：

（1）根据接待计划上确定的参观游览项目，对翻译、导游的重点内容做好外语和介绍资料的准备。

（2）接待有专业要求的团队（如地质考察团队、经济考察团队、佛教团队等），要做好相关专业知识、词汇的准备。

（3）对于当前的热门话题、国内外重大新闻等旅游者可能感兴趣的话题要事先做好准备。

（4）对城市概况、旅游车行车路线及其沿途景点和风光介绍，要事先做好准备。

(五)形象准备

地陪的形象不仅是个人行为,在宣传旅游目的地、传播精神文明等方面也起着重要作用,还有助于在旅游者心目中树立地陪的良好形象。因此,地陪在上团前要做好仪容、仪表方面(即服饰、发型和化妆等)相关细节的准备。

地陪着装要符合导游的身份,方便导游服务工作;衣着要整洁、大方、自然,佩戴首饰要适度,不浓妆艳抹;上团时必须佩戴导游证。

(六)心理准备

地陪在接团前的心理准备主要包括两个方面。

1. 准备面临艰苦复杂的工作

地陪带团时,不仅要按照正常的工作程序为旅游者提供热情的服务,还要为旅游者提供个性化的服务,满足旅游者提出的合理而又可能的特殊需求;同时,不管地陪在带团前做怎样的准备和预测,旅游接待服务的综合性使导游接待工作中总会出现各种变故,会出现各种地陪意料之外的问题或事故,使得地陪接待服务显得艰苦而复杂。地陪要有面临这种艰苦复杂的工作的心理准备。

2. 准备承受抱怨和投诉

在带团过程中,地陪经常会遇到这样一些情况,尽管地陪已尽其所能、热情周到地为旅游团服务,但由于旅游者的文化层次、性格、职业、年龄、习惯等不同,总会有一些旅游者挑剔、抱怨、指责地陪的工作,甚至会提出投诉。对于这些情况,地陪只有拥有足够的心理准备,才能足够冷静地继续为旅游者服务。

二、迎接服务

迎接服务是地陪与游客初次接触的过程。在此期间,地陪的第一次亮相、言辞、服务都将给游客留下深刻的印象。地陪在迎接地点的接待是否及时、热情、周到也将对游客经历产生重要的影响。因此,地陪在掌握基本技能的基础上,必须熟练掌握迎接服务的基本程序,主要包括以下三个方面。

(一)旅游团抵达前的服务

1. 确认旅游团所乘交通工具抵达的准确时间及接站地点

接团当天,地陪应提前到旅行社全面检查准备工作的落实情况。出发前,要向机场(车站、码头)问询处问清飞机(火车、轮船)到达的准确时间(一般情况下应在飞机抵达的预定时间前2小时,在火车、轮船预定到达时间前1小时向问询处询问)。

2. 与旅游车司机联络

地陪应提前通知司机接站时间,确定接头地点,并再次告知活动日程和具体时间安排。

3. 提前到达接站地点

地陪应提前半小时到达机场(车站、码头),并掌握接团用车停放位置。

4. 再次核准落实旅游团抵达的准确时间

地陪提前到达机场(车站、码头)后,要再次核实旅游团抵达的准确时间。如果该团抵达时间推迟太久,地陪要及时通知司机、行李员、酒店等。

5. 与行李员联络

地陪应在旅游团出发前与行李员取得联系,通知其行李送往的地点。

6. 持接站牌或导游旗迎候旅游团

旅游团所乘飞机(火车、轮船)抵达后,地陪应在旅游团出站前,持接站牌或导游旗站在醒目的位置,热情迎候旅游团。如果是持接站牌,接站牌上要写清团名、团号、领队或全陪姓名;接小型旅游团或无领队、全陪的旅游团时,要写上客人姓名。

(二)旅游团抵达后的服务

1. 主动认找旅游团

旅游团出站时,地陪应尽快找到旅游团。认找旅游团的方法是:地陪站在出站口明显的位置,举起接站牌或导游旗,以便领队、全陪(或客人)前来联系,同时地陪也应从旅游者的民族特征、穿着、组团社的徽记、人群规模等分析判断并主动上前询问,认找自己应接待的旅游团队。询问内容包括:组团社名称、全陪姓名、客人国别或来自地区、大致旅游线路、旅游团人数等。

如该团无领队和全陪,地陪应与该团成员核对团名、国别(地区)及团员姓名等,一切相符合后才能确定是自己应接的旅游团;如果旅游团实到人数与计划人数不符,地陪要及时通知旅行社并向酒店退掉多余房间或增订房间。

2. 集中清点行李

接到旅游团后,地陪应提醒旅游者提取行李,提醒旅游者核对行李件数是否有误,提醒旅游者检查行李是否完整无损。如果行李还未到或行李有破损,地陪应协助当事人到机场登记处或有关部门办理行李丢失或赔偿申报手续。

国际旅游团来华旅游时行李相应较多,一般需要专门的行李员和行李车运送行李。因此,地陪应与领队、全陪、游客核对行李件数无误及行李无损后,移交行李员,双方办好交接手续。国内旅游团客人的行李一般随身携带,不需要行李员与行李车来运送行李。

3. 集合登车

地陪应提醒旅游者带齐行李和随身物品,引导旅游者前往旅游车停车处。旅游者上车时,地陪要恭候在车门一侧,帮助行李物品较多的客人。对年老体弱者、孕妇、儿童、残疾者给予必要的搀扶或协助。

上车后,地陪应协助旅游者就座;检查、整理旅游者放在行李架上的行李或物品,以免行车途中行李或物品从行李架上滑下砸伤游客;礼貌清点人数,最好默数或颔首数,切不可用手指点数;核实游客到齐坐稳后再请司机开车。

(三)赴酒店途中服务

如果入境旅游团或者国内旅游团到达当天没有参观游览项目,从机场(车站、码头)出来后,旅游车会把旅游团送往下榻酒店。旅游车一开动,地陪的讲解服务就正式开始了。此时是地陪与游客的第一次见面,彼此互不相识,这就需要地陪尽快投入角色,营造和谐气氛,缩短彼此的心理距离,给游客留下美好的第一印象,使游客对地陪产生信任感和亲切感。在前往下榻酒店的行车途中,地陪要做好以下几项服务工作。

1. 致欢迎词

欢迎词的内容应视旅游团的性质及其成员的文化水平、职业、年龄、性别、民族、居住地区等情况有所不同,表达欢迎词的语气、方式也要根据游客的不同而灵活运用。总之,地陪通过欢迎词要给游客以亲切、热情、可信之感,使游客进入轻松、愉快、满足的状态。

欢迎词一般应包括代表地接社、本人及司机欢迎客人光临本地旅游;介绍自己的姓名、所属单位;介绍司机;表达自己及地接社提供服务的诚挚愿望和希望得到合作的良好意愿;预祝旅途愉快顺利。

导游示范

西安导游欢迎词

朋友们,早上好!

当太阳升起的时候,我们踏上了陕西这片沃土,也就是过去的三秦大地。我代表关中人民真诚地欢迎大家。我是×××社的导游×××。为了让大家对我印象深一些,我先自我介绍一下。

大家看到我鼻梁两侧的深沟了吧,我一般喜欢朝南站着讲解,所以左鼻沟颜色深一些,这两条沟可以算是泾河和渭河吧。我的众多的抬头纹好像是关中的条条田垄,我的眼睛长得比较横,嘴唇又很厚,是典型的陕西人。我想2 000年前的秦代工匠就是依照我的祖先雕塑兵马俑的吧!也就是说,您看到了我,也就看到了活的世界第八大奇迹——兵马俑。

由"活着的兵马俑"来给大家导游,不仅幸运,而且安全。谢谢大家。

2. 调整时间

接入境旅游团,如果客源地与我国存在时差,地陪要介绍两国(两地)的时差,请旅游者调整时间。

3. 首次沿途导游

地陪必须出色完成首次沿途导游,以满足旅游者的好奇心和求知欲。成功的首次沿途导游能展示地陪渊博的知识、高超的导游技能和极强的工作能力,会使旅游者产生信任感和满足感。

首次沿途导游,主要包括以下内容:

第一,本地概况介绍。地陪应介绍本地的概况,包括历史沿革、行政区划、人口、气候、社会生活、文化传统、土特产品、市容市貌等,使游客一踏上这片土地,就对当地情况有个初步的了解。

第二,沿途风光导游。游客初到一个陌生城市,对沿途所见的一切均有强烈的好奇心,在汽车经过的地方,常常就所见景物心会涌出"这是什么"的疑问,而地陪在此刻对此进行及时的解释,就会获得很好的导游效果。因此,在前往下榻酒店的途中,地陪要进行沿途风光介绍,介绍内容为车外所见事物,见物讲物,见人说人,讲解的内容与所见景物应同步。切忌漠视游客的心理,而大讲其他与沿途景物不相关的内容。

第三,介绍下榻酒店。地陪向旅游者介绍该团所住酒店的基本情况,包括酒店的名称、位置、星级、规模、主要设施、服务项目、交通状况、酒店特色等,其中要突出酒店特色的介绍。可以说,旅游团住在哪个酒店,哪个酒店就是当地同等档次最有特色的酒店,这样能使游客产生一种心理满足感。例如:

老酒店:历史悠久,牌子响亮,服务规范,是身份的象征;

新酒店:设备齐全,装潢考究,设施先进,服务项目多;

闹市区:交通方便,商铺集中,夜生活丰富,自由活动去处多;
僻静区:闹中取静,环境幽雅,空气清新,休闲度假好地方。
其他如早餐品种丰富、有异国情调、有民族风格等都可作为酒店的特色或优势加以介绍。

导游示范

昆明首次沿途导游词

各位朋友,大家好!

首先,我代表昆明×××社欢迎大家来到美丽的春城昆明。我姓×,是各位此次云南之行的导游,大家可以叫我小×,在这次旅途中大家有什么都尽管提出来,请不要客气,我将尽我所能为大家提供最满意的服务。驾车的这位师傅姓×,我和×师傅祝愿大家在昆明的每一天都开心快乐!

大家请看,现在我们所处的就是著名的长水国际机场,是面向东南亚、南亚和连接欧亚的第四大国家门户枢纽机场。长水国际机场位于云南嵩明县,建成后是中国第四大机场。昆明长水国际机场航站楼位于两条平行跑道之间的航站区用地南端,主要由前端主楼、前端东西两侧走廊、中央走廊、远端东西Y形走廊组成,南北总长度为855.1米,东西宽1 134.8米,最高点为南侧屋脊顶点,相对标高72.91米。航站楼占地15.91万平方米,总建筑面积54.83万平方米,为地上三层(局部四层)、地下三层构型。

昆明长水国际机场航站楼建筑由曾经参与过鸟巢、首都国际机场T3航站楼设计与工程建设的英国建筑师事务所的奥雅纳设计,提供站坪机位84个,其中近机位68个。建成后也将超越墨西哥城机场成为世界第五大航站楼,同时也是国内最大的单体航站楼以及仅次于首都国际机场T3的第二大航站楼。该机场新建3.5万平方米的货运站,1.4万平方米的航空配餐设施;配套建设供电、供水、供热、供冷、燃气、污水污物处理设施等。

昆明新机场T1航站楼玻璃幕墙面积约12万平方米。航站楼幕墙共分为5个系统,整个玻璃幕墙系统中均大面积使用了LOW-E镀膜玻璃。这种玻璃具有优异的散热性能和良好的光学性能,玻璃高度通透,使航站楼内环境通透敞亮,节省照明用度;更低的反射率,极大地减少了对周边环境的影响;产品典雅美丽,从航站楼室内朝室外看,视觉效果通透明亮。

昆明长水国际机场的代表性建筑结构为航站楼中央大厅里的7条形似彩带的钢箱梁,它支撑着航站楼的屋面系统。这七条彩带状的钢箱梁连同188根锥形钢管柱、738根幕墙柱及12根T形柱组成了昆明长水国际机场航站楼主体钢结构工程,用钢量约2.9万吨。7根彩带寓意"七彩云南"。

昆明是云南省最大的城市,地处我国西南边陲、云贵高原中部。全市总面积2.16万平方千米,辖5区、1市、8县,总人口455万,聚居着26个民族。冬无严寒,夏无酷暑,有着"春城"的美称。昆明是云南省省会,是全省的政治、经济、文化中心,同时也是西南地区中心城市之一,是国家历史文化名城以及中国通向东南亚各国的重要通道。

昆明是一座有着花一样浪漫情怀的城市。"天气常如二三月,花开不断四时春",这里天总是蓝的,傍晚的云是五彩的,城内满眼是绿草鲜花,当然还有清新的空气和灿烂的阳光。石林有美丽动人的"阿诗玛",大观楼上奔来眼底的是五百里滇池,民族村展示着少数民族的精华;还有西山的龙门,金殿的山茶花,翠湖的红嘴鸥……无一不成为昆明美丽的风景线。

昆明是一个多民族汇集的城市,世居26个民族,形成聚居村或混居村街的有汉族、彝族、回族、白族、苗族、哈尼族、壮族、傣族、傈僳族等民族。生活在昆明的各民族同胞热情好客,能歌善舞,民风淳朴,无论是其待人接物的礼仪、风味独特的饮食、绚丽多彩的服饰,还是风格各异的民居建筑、妙趣横生的婚嫁,都能使人感受到鲜明的民族特色。

大家请看车窗外右手边的这座建筑,这就是"昆明国际会展中心"。会展场馆占地12.5万平方米,建筑面积15余万平方米,展场面积达7万平方米,可搭建3 000个国际标准展位。昆明国际会展中心拥有当今国内外领先水平的单体大空间展厅以及可容纳2 000人的宴会厅、3 000人开会的大型多功能厅(配有2 000余套同声传译系统和2块200英寸大型高亮度背投);可满足50～3 000人的各类国际国内会议;拥有多功能厅、写字楼、商务酒店、健身中心以及1 000余个泊车位,是集展览、会议、商贸、信息、广告、餐饮、酒店、健身娱乐等综合服务功能于一身,具有丰富办展经验和"一站式"优质服务的新型会展企业,已成为举办各类国际国内大型会展的首选地之一。昆明国际会展中心现已成为国际展览管理协会会员和中国展览馆协会理事单位。

昆明国际会展中心自1993年建馆以来,已成功举办了数届"中国昆明进出口商品交易会"及"全国医疗器械博览会""中国国际旅游交易会""世界马铃薯大会"等国际国内会议和展览,创造了良好的社会效益和经济效益,被中国会展年会评为"综合服务最佳会展场馆"。在新闻媒体对全国会展城市评选活动中,昆明被评为"全国最有影响力的会展城市"之一。

三、入店服务

旅游团到达酒店后,地陪应尽快办理入店手续,使旅游者尽早进入房间、取到行李,让旅游者及时了解酒店的基本情况和住店的注意事项,知道当天或第二天的活动安排。

入店服务主要包括以下六项内容。

(一)协助办理住店手续

旅游者抵达酒店后,地陪要协助领队和全陪办理住店登记手续,请领队分发房卡。地陪要掌握领队、全陪和团员的房间号,并将自己的房间号、电话号码等告诉全陪和领队,以便有事时能及时联系。

(二)介绍酒店设施

进入酒店后,地陪应向全团介绍酒店内的外币兑换处、中西餐厅、娱乐场所、商品部、公共洗手间、紧急出口处等的位置,并讲清住店注意事项,提醒客人做好贵重物品或钱款的寄存。

（三）宣布当日或次日的活动安排

在客人分散进入房间前，地陪要向全团宣布有关当天的活动安排或就餐安排；告知集合时间、地点、游览需要的装束或要携带的物品（如登山穿的平跟鞋、雨伞等）及就餐时间、就餐餐厅、就餐形式，以免客人入住房间后再逐个通知。

（四）照顾行李进房

本团行李送达酒店后，地陪应负责核对行李，督促酒店行李员及时将行李准确无误地送至旅游者的房间。

（五）提供旅游者入住后的服务

旅游者入住房间后，可能会对房间内设施的使用需要帮助或其他一些要求。一般情况下，旅游者可以向酒店服务人员要求帮助，但地陪也可以向旅游团主动提示或示范服务，如空调的使用、热水器的使用、电水壶的使用、电视的使用等。

（六）带领旅游团用好第一餐

地陪应在约定的就餐时间前到达餐厅，了解菜肴准备情况、餐位安排情况等。旅游者到达餐厅后，地陪应主动引领旅游者入座，将领队或全陪介绍给餐厅经理或餐管服务员，告知旅游团的特殊要求。

用餐过程中，地陪要巡视旅游团用餐情况，解答旅游者在用餐中提出的问题，监督餐厅是否按订餐标准提供服务并解决可能出现的问题。

如果用餐后旅游团当天还有活动安排，地陪应在旅游团用餐期间，向旅游者告知餐后集合时间、集合地点、旅游车车牌号码等；如果用餐后，旅游团当天没有活动，地陪应在旅游团用餐解散前，再次向全团宣布第二天活动的安排以及集合时间、地点，并与领队、旅游团商定第二天的叫早时间。地陪应将叫早时间告知酒店总服务台。

用餐后，地陪应严格按实际用餐人数、标准、饮用酒水数量，与餐厅结账，并索要正规发票。

四、核对及商定日程

旅游团开始参观游览前，地陪应与领队、全陪核对或商定活动日程。一般来说，旅游团在一地的参观游览内容已经明确规定在旅游协议书上，而且在旅游团到达前，旅行社有关部门已经安排好该团在当地的活动日程。即便如此，地陪也必须进行核对及商定日程的工作。

核对日程的内容如图1-1所示。

如果在游客抵达本地后，还有一段可以安排游览的时间，地陪应先就当天的日程安排与领队商量，以后的日程商定放在回酒店以后进行。在核对日程时，针对出现的不同情况，地陪要采取相应的措施。

（一）地陪接待计划中，旅游行程与全陪或领队手中行程有出入时

出现这种情况时，地陪应及时向地接社报告，查明原因，分清责任。如果是地接社的责任，地陪应实事求是说明情况，赔礼道歉，按正确的接待计划执行；如果是组团社或境外组团社的责任，而又不好向游客交代，应在双方都能接受的基础上商定调整行程。

（二）旅游团提出小的修改意见或增加新的游览项目时

出现这种情况时，地陪应及时向旅行社有关部门反映，对合理而又可能的项目，应尽力

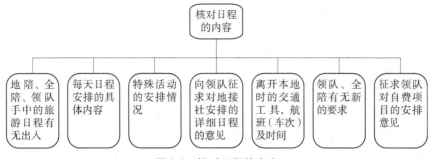

图1-1 核对日程的内容

予以安排;需要加收费用的项目,地陪要事先向领队或旅游者讲明,按有关规定收取费用;对确有困难无法满足的要求,地陪要详细解释、耐心说明。

(三)提出的要求与原日程不符且又涉及接待规格时

出现这种情况时,地陪一般应予婉言拒绝,并说明我方不便单方面不执行合同;如确有特殊理由,并且由领队提出时,地陪必须请示旅行社有关部门视情况而定。

五、参观游览服务

参观游览活动是旅游团的整个行程中最重要的活动,是旅游者旅游的根本目的,也是导游服务工作的中心环节。参观游览过程中的地陪服务,应努力使旅游团参观游览全过程安全、顺利,使旅游者详细了解参观游览对象的特色、历史背景等及其他感兴趣的问题。为此,地陪必须认真准备,精心安排,热情服务,生动讲解。

参观游览服务主要包括以下五项内容。

(一)做好出发前的各项准备

(1)准备好社旗、话筒、导游证和必要的钱款或票证(如门票结算单)。

(2)落实用餐事宜。团队旅游一般是早出晚归,因此出发前,地陪就应该对午餐、晚餐进行落实或确认,带好相关餐厅的联系电话号码。

(3)督促司机做好各项准备工作,如车内的清洁、车况的检查等。

(4)出发前,提前10分钟到达集合地点。地陪应提前到达集合地点,一方面可以礼貌地招呼早到的旅游者,与客人适当寒暄,拉近与游客之间的距离;另一方面可以在时间上留有余地,以应付紧急突发的事件;同时,地陪的早到也会给游客一种以身作则的感觉。

(5)集合登车,清点实到人数。旅游者陆续到达后,礼貌招呼客人登车;客人下车后,清点人数,确认旅游者到齐后示意司机开车。如发现有旅游者未到,地陪应向领队或其他旅游者问明原因,设法及时找到;如有客人因生病不能参加活动,要劝其前往医院就医;如不需要,让其在酒店休息,并通知总台进行适当照顾,落实送餐服务等;若有的旅游者愿意在酒店或不随团活动,地陪要问清情况并妥善安排;若出发时间已过,又不知未到者在何处,应征求领队、全陪意见决定是否继续等候;若决定不等候,地陪必须将当日活动日程及用餐地点告诉总台及旅行社,以便这些旅游者能尽早地回归团队。

(二)途中导游服务

1.重申当日活动安排

开车后,地陪要向旅游者重申当日活动安排,包括午餐、晚餐的时间和地点;向旅游者告知到达游览景点途中所用时间;视情况介绍当日国内外重要新闻。

2. 进行风光导游

在前往景点途中,地陪应进行沿途风光介绍。如果在这之前,地陪还没有向旅游者做本地概况、风土人情的介绍,此时可以适当穿插,并回答旅游者提出的问题。

3. 介绍游览景点

在即将到达游览景点前,地陪应对游览景点的总体概况向旅游者作简要介绍,包括名称由来、历史价值、成因、景观特征等,以使旅游者对游览景点有个总体认识并激起其游览景点的欲望,这样也避免了到达景点后旅游者集聚景点大门却只是聆听了与眼前所见不太相关的景点总体概况介绍的尴尬,同时也可节省到达目的地后的讲解时间。由于旅游者还未曾游览过该景点,因此,对景点的讲解总的来说应遵循宜粗不宜细的原则。另外,地陪还应向旅游者讲明游览参观过程中的有关注意事项。

4. 活跃旅途气氛

如前往旅游景点所需的时间较长,地陪可以组织讨论一些旅游者感兴趣的国内外问题,或者组织适当的娱乐活动来活跃旅途气氛。

(三)景点导游讲解

1. 交代游览注意事项

抵达景点下车前,地陪应讲明游览所需时间、现在时间、集合时间、集合地点,并提醒旅游者;前往景点旅游车的型号、颜色、标志、车号;在景点入口处的景点示意图前,地陪应讲明游览路线,并重申游览所需时间、集合时间和地点。

2. 展示导游讲解技能

游览过程中,地陪应对景点进行讲解,包括该景点的历史背景、特色、地位、价值等方面的内容。讲解内容要正确无误、繁简适度;讲解方法上要有针对性,因人而异;讲解内容的安排上要有艺术性,讲解与讲故事一样,有开始、有发展、有高潮、有结局;讲解语言要生动有趣,导游的讲解如同演员演戏,只有自己把感情注入到讲解内容上,才能用声情并茂的语言将内容表达出来。在景点导游的过程中,地陪应保证在计划的时间与费用内让旅游者充分地游览、观赏,做到讲解与游览相结合,适当集中与分散相结合,劳逸适度,并应特别关照老弱病残的旅游者。

3. 留意旅游者动向

地陪在景点导游过程中,应注意旅游者的安全,要自始至终与旅游者在一起活动;注意旅游者的动向并观察周围的环境,随时清点人数,防止旅游者走失和意外事件的发生。

(四)参观活动

旅游团的参观活动一般都需要提前联络,安排落实并有人接待。一般是先介绍情况,然后引导参观并回答旅游者的提问。如需要地陪提供翻译服务,地陪的翻译要正确、传神,介绍者的言语若有不妥之处,地陪在翻译前应给予提醒,请其纠正;如来不及,可改译或不译,但事后要说明;必要时还要对讲解内容把关,以免泄漏有价值的经济情报。

(五)返程中的服务工作

1. 回顾当天活动

返程中,地陪应带领旅游者回顾当天参观、游览的内容,必要时可补充讲解,回答旅游者的问询。

2. 介绍沿途风光

如旅游车不从原路返回酒店,地陪应适当进行沿途风光导游。

3. 调节旅途气氛

返程途中,旅游者一般都比较劳累,地陪应适时调节气氛,或让旅游者小憩或自由观景,或搞个轻松愉快的小节目。

4. 宣布次日活动安排

在即将到达下榻酒店时,地陪要预报晚上或次日的活动日程、出发时间、集合地点等。到达酒店后,地陪要提醒旅游者带好随身物品。

六、其他服务

旅游者外出旅游,"游"固然是最主要的内容,但是"食、购、娱"等项目恰到好处的安排能使旅游活动变得丰富多彩,加深旅游者对旅游目的地的印象。因此,当安排食、购、娱等旅游活动时,地陪同样应该尽心尽力,提供令旅游者满意的服务。

其他服务主要包括以下三项内容。

(一)风味餐、自助餐和告别宴会时的服务

1. 风味餐

旅游团队的风味餐有计划内和计划外两种。计划内风味餐是指包括在团队计划内的,其费用在团款中已包含;计划外风味餐则是指未包含在计划内的,是旅游者临时决定而又需现收费用的。计划内风味餐按团队计划安排即可;而计划外风味餐应先收费用,后向餐馆预订,或者是地陪向旅游者推荐风味餐馆,指引去该饭馆的路线,由旅游者自行前去。

风味餐作为当地的一种特色餐食、美食,是当地传统文化的组成部分,宣传、介绍风味餐是弘扬民族饮食文化的活动。因此,在旅游团队用风味餐时,地陪应加以必要的介绍,如风味餐的历史、特色、人文精神等,使旅游者既饱口福,又饱耳福。

当用计划外风味餐时,作为地陪,非旅游者出面邀请不可参加;当受旅游者邀请一起用餐时,则要处理好主宾关系,不能反客为主。

2. 自助餐

自助餐是酒店旅游团队用餐时常见的一种形式,是指餐厅把事先准备好的食物、饮料陈列在食品台上,旅游者进入餐厅后,即可自己动手选择符合自己口味的菜点,然后到餐桌用餐的一种就餐方法。自助餐方便、灵活,旅游者可以根据自己的口味,各取所需,因此深受旅游者欢迎。在享用自助餐时,地陪要强调自助餐的用餐要求,告诫旅游者以吃饱为标准,注意节约、卫生,不可打包带走。

3. 告别宴会

旅游团队在行程结束时,常会举行告别宴会。告别宴会是在团队行程即将结束时举行的,因此旅游者都比较放松,宴会的气氛往往比较热烈。作为地陪,越是在这样的时刻越要提醒自己不能放松服务这根"弦",要正确处理好自己与旅游者的关系,既要与旅游者共乐,又不能完全"混迹"于他们之中,举止礼仪不可失常,并且要做好宴会结束后的旅游者送别工作。

(二)购物服务

购物是旅游者旅游过程中的一个重要组成部分。旅游者总是喜欢一些当地的名牌产

品、土特产品、旅游商品。旅游购物的一个重要特点是随机性较大。因此,作为地陪,要把握好旅游者的购物心理,做到恰到好处地宣传、推销本地的旅游商品,既符合旅游者意愿,也符合导游工作的要求。

当带领旅游团队购物时,地陪应严格按照旅行社制订的接待计划,带旅游团到旅游定点商店购物,避免安排购物次数过多、强迫旅游者购物等问题出现。当旅游者购物时,地陪应向全团讲清停留时间及有关购物的注意事项,介绍本地商品特色,承担翻译工作,介绍商品托运手续等。

如遇小贩强拉强卖,地陪有责任提醒客人不要上当受骗,不能放任不管。若遇到商家有不法行为,应站在旅游者一边,维护其正当的消费权益。

(三)参加文娱活动时的服务

旅游团观看文艺演出也有计划内和计划外两种。计划内的文娱活动是指包括在团队计划内的,其费用在团款中已包含,地陪按团队计划安排即可;计划外的文娱活动要在保证可以安排的前提下向旅游者收取费用,并给旅游者票据。

不论是计划内还是计划外的文娱活动,作为地陪都必须陪同前往,并利用途中时间将节目内容、特点介绍给旅游者;到了演出地后,地陪要引导旅游者入座,介绍剧场设施、位置,解答旅游者的问题;在旅游者观看节目过程中,地陪要自始至终和旅游者在一起。

对于大型娱乐场所,地陪应提醒旅游者不要走散,并注意他们的动向和周围的环境,以防不测。演出结束后,地陪要提醒旅游者带好随身物品。

值得注意的是:地陪绝不能带领旅游团涉足一些格调低下甚至色情的表演场所,或带领旅游团参加一些不安全的活动。

七、送站服务

要想保证旅游团活动的顺利开始和完满结束,就必须注重行程中的每一个环节,而旅游团的送行服务,则是使旅游行程获得圆满结局的最重要的环节。旅游团的送行服务既是把全程接待工作推向高潮的机会,也是对前段服务工作不足的一种补救,地陪不能有丝毫的放松与懈怠。地陪应做到确保全团游客准时、安全地离开,应做到像重视迎接服务一样重视送团服务,做到善始善终,并妥善及时地处理一些遗留问题和善后事宜。

送站服务主要包括以下四项内容。

(一)送团前的准备工作

1. 核实交通票据

旅行团离开的前一天,地陪应再次核实团队离开的交通票据,即航班号(车次、船次)、起飞(开车、起航)时间、离港离站地点(机场、车站、码头)等。如果全陪、领队或旅游者带有返程机票,地陪应提醒或协助其提前72小时确认机票。

2. 敲定集合、出发时间

一般由地陪与司机商定出发时间(因为司机比较熟悉路况),但为了安排得更合理,还应及时与领队、全陪商议,确定后应及时通知旅游者。

3. 商定取出行李的时间

在商定集合、出发时间后,地陪应与全陪、领队商量好取出行李的时间,商定后通知旅游者及酒店行李房,同时提醒客人行李打包和托运的有关注意事项。

4. 商定叫早和早餐时间

地陪应与领队、全陪商定叫早和用早餐时间,并通知酒店有关部门和旅游者。如果该团早上离店时间较早,地陪应与酒店协商,请酒店提前准备好早餐或请酒店准备早餐外带。

5. 协助酒店办理与旅游者的结账手续

地陪应及时提醒、督促旅游者尽早与酒店结清与其有关的各种费用(如洗衣费、长途电话费、饮料费等);若旅游者损坏了客房设备,地陪应协助酒店妥善处理赔偿事宜。

地陪应及时将旅游团的离店时间通知酒店有关部门,提醒其及时与旅游者结清相关费用。

6. 填写意见反馈表

请全陪、领队、全体旅游者或旅游者代表填写意见反馈表。

(二)与全陪按规定办理好结账手续

地陪应在旅游团离站前一天与全陪按规定办理结账手续,核清旅游团实际发生费用,妥善保管好钱款或单据。

(三)离店服务

1. 集中交运行李

离酒店前,地陪要按商定好的时间与酒店行李员办好行李交接手续。旅游者的行李集中后,地陪应与领队、全陪共同确认托运行李的件数,检查行李是否上锁、捆扎是否牢固、有无破损等,然后交付酒店行李员,填写行李运送卡。行李件数一定要当着行李员的面点清,同时告知领队和全陪。

2. 办理退房手续

地陪应在中午12:00以前办理退房手续,并收齐房卡或提醒旅游者将房卡交回酒店总台,核对用房实际情况后按规定结账签字。

3. 集合登车

上车后、车开前,地陪应再次询问游客是否遗漏物品,是否结清有关个人费用,提醒游客再次检查证件、钱物,确定无误后方可离开酒店。

(四)送行服务

如果说迎接途中的讲解是地陪首次亮相的话,那么,送站途中的讲解则是地陪的最后一次"表演"。同演戏一样,这最后一次"表演"应是一场压轴戏。通过这最后的讲解,地陪要让旅游者对旅游区或城市产生一种留恋之情,加深旅游者不虚此行的感受。送行途中的讲解主要包括以下内容。

1. 总结回顾

在几天的旅游活动中,旅游者的审美需求得到了满足,并留下了美好的回忆。但是可能由于时间匆忙,行程较紧,客人对个别景点印象并不深刻,甚至对有些问题还留有疑问。这时,地陪应利用送行途中的时间,对前面的行程进行简短的总结回顾,以加深游客的印象,唤起记忆,增强认识。讲解方式可用归纳式和提问式两种,讲解内容可视途中距离远近而定,但应突出两个方面的内容:

第一,总结景点的特色。每个景点均有其自身的特色与魅力,在总结回顾中,地陪无须将整个景点从头至尾地再讲一遍,而是要抓住景点的特色和游客的兴趣,进行强调讲解,使游客增强感悟,加深印象。通过总结,使游客对所游览的景点有更深刻的认识,并且要在总结讲解中注意与游客的交流互动,以期收到良好的效果。

第二,总结旅游团的趣事。从几天的行程中,旅游团从游览到娱乐再到生活,始终是一个整体,游客们朝夕相处,产生了友谊,增进了感情。地陪如果能在总结中将旅游团发生的趣事重提,引发大家的共鸣,使游客在美好的记忆中完成旅游,将是十分有意义的。

2. 致欢送词

旅游结束前导游人员致欢送词,可以加深与旅游者之间的感情。致欢送词语气应真挚、富有感情。

欢送词的内容包括:回顾旅游活动,感谢大家的合作;表达友谊和惜别之情;诚恳征求旅游者对接待工作的意见和建议;若旅游活动中有不顺利或旅游服务有不尽如人意之处,导游人员可借机会再次向旅游者赔礼道歉;表达对游客美好的祝愿。

导游示范

各位游客朋友:

我们的行程到这里就基本结束了,与大家在一起相处的日子非常开心。我希望我给各位带来过开心和欢乐,以后会让你们想起这里还有一位你的朋友——小×导游。我想用4个"yuan"字来表达我的心情:第一个是缘分的"缘",我们能够相识就是缘,人说百年修得同船渡,如今我们也修得了同车行。现在我们就要分开了,缘却未尽,这只是一个开始。第二个就是源头的"源",我相信这次旅行是我和各位朋友友谊的开始。第三个是原谅的"原",在这次七天的旅程中,我可能还有许多做得不够好的地方,多亏了大家对我的理解和帮助才能顺利完成这次旅程。我在这里,真诚地希望大家能体谅导游小×。最后是圆满的"圆",朋友们,我们的旅程到这里就圆满地结束了。预祝大家在以后的工作中更上一层楼!

3. 提前到达机场(车站、码头),照顾旅游者下车

地陪带团到达机场(车站、码头)必须留出充足的时间。具体要求是:乘出境航班,应提前2小时;乘国内航班,应提前1.5小时;乘火车,应提前1小时。

旅游车到达机场(车站、码头),下车前,地陪应提醒旅游者带齐随身的行李物品,照顾全团旅游者下车后,应再次检查车内有无旅游者遗漏的物品。

4. 办理离站手续

(1)移交行李。到达机场(车站、码头)后,地陪应迅速与行李员联系,行李到达后,地陪应与领队、全陪、旅游者交接行李,并清点核实。

(2)协助办理登机手续。地陪应协助全陪办理集体登机手续,协助全陪、旅游者办理行李托运手续。如果是送国际航班,地陪应向领队简要介绍办理出境手续的程序。

(3)进行送别。旅游者乘坐的交通工具顺利离站后,地陪方可离开。

5. 与司机结账

旅行社与旅游运输公司在用车费用结算上有多种方式,有的是按天计算,有的则是按实际行车公里数核算。如果是按行车公里数核算,那么在刚上团旅游车还未开始行驶时,地陪应抄写旅游车已行使公里数;在送团结束下车前,仍应抄写旅游车已行驶的公里数,从而得出本次旅游活动实际行驶公里数。地陪应在用车单据上签字,并要保留好单据。

八、后续工作

游客走了,导游下团了,但这并不代表导游的工作就结束了。下团后,导游员应妥善处理旅游团的遗留问题,写好陪同小结并做好收尾工作。

(一)处理有关遗留问题

下团后,地陪应妥善、认真处理好旅游团在当地游览期间的遗留问题,按有关规定办理好旅游者临行前委托办理的事宜。

(二)写好陪同小结

陪同小结是导游员在接待工作结束后,对每一次带团经历的一个整理、归纳,也是向旅行社提供的一个全面的接待工作情况汇报。陪同小结可以使旅行社全面了解接待工作的情况及旅游者的反映,有利于旅行社在日后完善对该行程的设计、销售以及接待,能不断吸取经验教训;同时陪同小结也促使导游思考、总结自己的工作,从而不断提高服务质量,提高效率,提高工作能力。

小结时,应坚持实事求是的原则,不能只报喜不报忧。设计旅游者的意见时,应尽量引用原话并注明其姓名和身份。汇报发生的问题时,要写明事情发生的背景、原因、经过及问题的处理经过与结果等细节。

小结的内容主要包括:旅游团名称、人数、抵离时间、全陪和领队姓名、下榻酒店名称;旅游团成员的基本情况、背景,活动中表现出的特点及兴趣;旅游团重点人物、一般成员的反映及意见;各地接待社住宿、餐饮、游览车的落实情况及导游员的讲解水平和工作态度;行程中有无意外、失误发生及处理情况;本次带团成功经验及失败教训的总结认识;从本次带团中认识到的应提高和补充的接待技巧与相关知识;小结汇报人的姓名及日期。

(三)做好收尾工作

地陪在下团后应按旅行社的具体要求,在规定的时间内尽快理清相关账目,归还所借物品;分门别类地整理各种票据,整齐地粘贴在报销衬托单上,请领导审核签字后,到财务部门报账;上交陪同小结及游客意见反馈表;归还向旅行社所借物品;整理接待材料,将有关该旅游团的接待材料集中整理,交旅行社指定部门统一保管存档。

【技能训练】

地陪服务程序

训练目的

(1)使学生掌握地陪服务程序理论知识;
(2)使学生熟悉地陪服务程序和服务规范;
(3)培养学生的导游服务能力。

工作指引

(1)将班级分成若干个小组,并指定小组组长;
(2)在小组长的组织下,模拟练习落实接待计划、导游接团服务、地陪首站沿途导游现场、导游讲解等实训内容;
(3)进行小组实训成果展示;

(4)教师进行点评和反馈;
(5)实训结束后,要认真总结本次实训的心得、体会,并完成实训总结报告。

阶段成果检测

(1)小组进行实训成果展示;
(2)各个小组的展示模拟导游讲稿;
(3)撰写实训总结报告。

任务二 导游带团技能

【情景导入】

李××是某旅行社的导游人员,她刚从旅游学校毕业,但悟性极高,应变能力也较强,加之为人虚心,遇到不懂的问题总会向老导游及游客请教,故工作时间虽不长,但处理问题老练,为人沉稳。有一次,旅行社给她安排了一个去上海旅游的旅游团,该团在上海没有地陪,由她自己负责导游讲解。小李带团到上海还是第一次,为不辱使命,拿到计划后,她找来书籍、资料,从行走路线、景点位置到讲解内容,做了精心准备。然而,书本上讲的理论知识与实际的导游工作总有些距离。到了上海后,小李还是碰到了一些棘手的问题。这天,中午过后,小李带着游客来到豫园。豫园在城隍庙附近,购物、旅游的人很多,小李极力寻找着豫园的入口处,两只眼睛不停地搜索,就是无法判断出入口处在哪个地方。小李心想:带着游客去找入口处,绝对不是一个办法,万一找错了,游客心里肯定会有想法;而当着游客的面直接去问路,则自己没来过豫园的"马脚"又会暴露。怎么办呢?当时正好是下午1:00多,天气比较热,按原定计划,游客是先游园后逛城隍庙。小李灵机一动,计上心来,她把游客召集起来,说:"现在是下午1:00多,以我过去来豫园的经验,此时豫园内游客最多,今天天气又比较热,大家刚吃过午饭,因此,我决定将行程调整一下,各位先逛城隍庙,然后再游豫园。"游客们一听,都觉得小李是为自己考虑,纷纷叫好。于是,小李和游客们约定了时间、地点。待游客散去,她立即问清了豫园正门的位置,并抓紧时间,仔细熟悉了游览线路和景点分布。在离约定时间还有20分钟时,小李来到了约定的集合地点。这时游客们也有说有笑、三五成群地拎着大包小包陆续来到了约定的地点。随后,小李顺利完成了豫园导游的任务。

【思考】

(1)怎样塑造良好的导游形象?
(2)怎样协调导游人际关系?
(3)怎样才能调节旅游者的审美行为?
(4)导游人员带团时应注意哪些问题?

带团技能是指导游人员根据旅游团的整体需要和不同游客的个别需要,熟练利用导游工作过程提高旅游产品使用价值的方式、方法和技巧的能力。一个旅游团少则几人,多则几十人,导游人员在带团游览参观和导游工作中起着协调、沟通上下、内外、左右的重要作用。如果导游人员放任自流,无力驾驭旅游团,不仅不能完成导游任务,而且容易发生导游效果差、漏景、游客走失等事故。一个旅游团交由导游人员统率,导游人员如何带好客人、让客人服从自己的安排,这涉及能力、智慧与技能的问题。死背导游词、流于俗套的方法,绝对不会收到理想的导游效果。由于导游人员与旅游者之间在地区生活、民族风俗、文化信仰等方面存在着诸多不同的特点,认真研究导游带团技能和方法是每个导游人员不可忽视的内容。只有这样,才能取得比较理想的带团效果。

一、塑造良好的导游形象

良好的导游形象不但有助于旅游者增强对导游人员的信任感,提高与导游人员合作的概率,而且有助于导游人员深入地了解旅游者的需求,有针对性地做好导游服务工作。导游人员要善于塑造良好的形象,否则就不能赢得旅游者的好感,不能吸引旅游者,就不能把旅游者团结在自己的周围,最终也不能很好地完成导游任务。

(一)导游人员的形象定位

1. 重视第一印象

接团是导游工作的开端。导游人员与游客初次见面,会给旅游者留下首次印象,这在心理上的影响是极为重大的。当旅游者来到一个生疏的地方,尽管旅途劳累,但新鲜的、激动的心理是会产生的。他们期望导游人员能为他们安排好一切。当导游人员开始出现在旅游者面前时,他们会有一种依赖感,也可能出现怀疑感,因此导游人员必须注意自己的仪容、仪态、语言和风度。

仪容是指导游人员的容貌、着装、服饰及表现出的神态。导游人员的衣着要整洁、得体,化妆和发型要适合个人的身体特征和职业特点,衣着打扮不能太光艳,以免夺取被服务对象的风采,引起他们的不快。如果导游人员过分修饰自己,旅游者可能会想:"光顾修饰自己的人怎么会想着别人、照顾别人?"但如果导游人员衣冠不整、不修边幅,旅游者可能又会想:"连自己都照顾不好的人又怎能照顾好别人?"因此,导游人员在服饰打扮方面,一定要把握好一个度。

仪态表现在导游人员的姿态、动作等方面。导游人员要做到:与人相处直率而不鲁莽,活泼而不轻佻,自尊而不狂傲;工作紧张而不失措,服务热情而不巴结讨好,重点关照而非溜须献媚,礼让三分但不低三下四;友善而非亲密,礼貌而非卑躬,助人不为索取。这样的导游人员比较容易获得旅游者的信任。另外,导游人员要站、坐、行有度,养成良好的站姿、坐姿、走姿习惯,规范自己的职业行为。

语言即导游人员讲解时的声调和音色。初次见到旅游者时,导游人员应亲切自然,谈吐风趣幽默、高雅脱俗、快慢相宜,这样容易获得旅游者的好感。

风度在第一次亮相中起着十分重要的作用。一个精神饱满、乐观自信、端庄诚恳、风度潇洒的导游人员,一定能给第一次见面的旅游者留下深刻的印象。

2. 保持良好形象

旅游者对导游人员的总体评价是根据导游人员的一贯表现做出的,而不是仅凭第一印象。美好的第一次亮相并不表示导游人员就此可以一劳永逸,万事大吉。就旅游者而言,他们不会满足于导游人员的首次良好印象,希望导游人员能一直保持良好形象,多干实事,不说空话,善始善终地为他们提供优质服务。因此,导游人员在旅游者面前应自始至终保持良好的形象。

(二)导游人员的风格定位

1. 保持理智

在旅游活动的过程中,随时有可能发生不愉快的事情。导游人员就是要为旅游者排忧解难,使旅游者避免烦恼。当旅游活动中出现意外情况或旅游者抱怨时,导游人员要头脑清醒,保持耐心与理解,不能用老师教育学生的方法管理旅游者,而要专业、冷静、沉着地解决问题。面对旅游者的不礼貌行为,导游人员要表现得不卑不亢、从容大度,既不要心怀怨愤、反唇相讥,也不要一味地低声下气、卑躬屈膝。宽容不是懦弱和忍气吞声。

当导游人员与不同层次的旅游者打交道时,要灵活地运用公关知识,随机应变地处理问题,并搞好各方面的关系。在遇到问题时,导游人员绝不能失去理智,如果因控制不住情绪而对旅游者发脾气,不管是否有理,其后果都是严重的。一旦旅游者对导游人员丧失信心,导游工作就会陷入僵局,甚至会发生旅游团失控的情况。在任何情况下都要做到冷静、不带个人情绪地处理问题,这样的工作才是积极有效的。

2. 保持轻松

人们外出旅游是为了愉悦身心、陶冶情操,导游人员在服务过程中不要过于严肃。一位能使旅游者开心、有幽默感和智慧的导游人员比一位工作认真、但没有笑容的导游人员更受旅游者的欢迎。轻松,实际上是内紧外松,是以办事认真为基础的。导游服务的各个环节都很重要,工作前必须做好充分的准备。

3. 行使领导权

在旅游活动初始阶段,导游人员应该树立领导者的权威,让旅游者相信你有能力、负责任。如果旅游者看到导游人员遇事总是一马当先,表现沉着、冷静、面带笑容,便会感到有人在精心地照顾着他们;同时,他们对导游人员的能力也会认可,并感到轻松自在。

4. 提供超常服务

超常服务作为额外服务,是一种富有人情味的服务。在导游接待中,提供超常服务会使导游人员在旅游者心目中的形象更加美好。

(三)导游人员的角色定位

在导游服务中,导游人员是多种角色的统一体,应分清不同角色的作用并适时完成角色的转换。当叮嘱旅游者多穿衣服或穿合适的鞋时,导游人员就像母亲对自己的孩子一样细心体贴;当导游人员给偶染疾病的旅游者以精心的照料时又如同护士一般;当导游人员讲解异国的饮食文化、宗教信仰及社会制度时,是作为国际主义者提倡对他国文化的理解与包容;当进行精彩的景物讲解时,导游人员则承担着"游人之师"的角色……因此,在不同情况下,导游人员要承担多种角色。

二、协调导游人际关系

(一)导游人员与领队的合作

导游人员带团顺利与否,与其和旅游团领队的关系处理好坏大有关系。一般来说,旅游者对领队非常信赖,遇事也会站在领队一边。为此,导游人员首先要积极争取领队的支持和配合,尤其是涉外领队。多数情况下,这些外国领队都比较注意与中方导游人员合作。但也有少数领队,尤其是职业领队,由于性格古怪或者私心太重,中方导游人员感觉很难与之合作。为了提高导游服务质量,导游人员应与领队搞好关系。老导游人员要力戒傲气,消除与之一争高低的念头;新导游人员则要消除胆怯,树立与领队合作的信心。

1. 尊重领队权限

维护旅游团的团结,与接待社的导游人员联络,是领队的主要工作。当领队提出意见和建议时,导游人员要给予足够的重视;当领队在工作或生活中遇到麻烦时,导游人员要给予必要的帮助;当旅游团内部出现纠纷,领队与旅游者之间产生矛盾时,导游人员一般不要介入,尊重领队的工作权限,必要时助其一臂之力。这样做有利于彼此之间的合作,便于双方建立互信关系。

2. 多同领队协商

导游人员遇事要多与领队协商,在旅游日程、旅行生活的安排方面一定要先征求领队意见。一方面,领队有权审核旅游活动计划的落实情况;另一方面,导游人员可以通过领队更清楚地了解旅游者的兴趣爱好以及生活、游览方向的具体要求,从而向旅游者提供有针对性的服务,掌握工作的主动权。当旅游计划因故发生变化,增加新的游览项时,以及游客与导游人员之间出现矛盾时,导游人员要多与领队商量,实事求是地说明情况,争取领队的理解与合作。

3. 多给领队荣誉

导游人员要搞好与领队的关系,首要应该尊重领队。导游人员要尊重领队的人格,尊重领队的工作,尊重领队的意见和建议,并注意随时给领队面子,遇到一些可显示权威的场合,应多让领队抛头露面,使其博得游客的好评。只要导游人员真心诚意地尊重领队,多给他荣誉,一般情况下,领队会领会导游人员的用心和诚意,从而端正合作的态度,并在导游人员工作遇到困难时出面解围。

4. 避免正面冲突

在导游服务中,接待社导游人员与领队在某些问题上意见相左是正常现象。一般情况下,导游人员要尽量避免与领队发生正面冲突,一旦出现这种情况,导游人员要主动与领队沟通,力求及早消除误解,避免分歧继续发展。

在涉外导游服务中,有些海外职业领队曾多次带团访华,对中国的情况比较了解,他们为了讨好游客,一再提"新主意",给中方导游人员出难题,以显示自己"知识渊博"和"为游客着想";还有些领队一味照顾自己的游客,以换取他们的欢心,多得实惠,而不考虑实际情况;有些领队就是组团社的老板或他的亲属,有时会向接待方旅行社提出过分要求,甚至当着游客的面指责接待社服务不周,以掩盖其暴利行为。

对这种不合作的领队,首先,导游人员绝不要让自己被牵着鼻子,以免被动;其次,应采取适当措施,做好游客的工作,争取大多数游客的同情和谅解,必要时警告这种领队并报告他的老板;对那些本身是老板的领队,可采用有理、有利、有节和适当的方式与之交涉。

具体说来,就是选择适当的时机,简明扼要地指出其要求已超出旅游合同确定的内容,必须放弃;在方式上,可以采取伙伴间的交谈方式,使之有所领悟,万不得已时也可以当着旅游者的面提醒领队。在与领队的交涉中,导游人员应始终坚持以理服人,不卑不亢,不与之当众冲突,更不能当众羞辱,适时要给领队台阶下,事后仍要尊重领队,争取以后的友好合作。

(二)导游人员与司机的合作

司机在旅游活动中是个非常重要的角色,他们一般比较熟悉旅游线路和路况。如果导

游人员与司机配合默契,就能够保证旅行活动顺利进行。在与司机的合作中,导游人员应注意以下几点:

(1)如果接待外国游客,当旅游车抵达旅游景点时,导游人员用外语向游客宣布集合的时间和地点后,一定要用中文告知司机。

(2)当旅游线路有变化时,导游人员应提前告诉司机,让司机提前做好相应的准备。

(3)与司机一起研究日程安排,征求司机对日程的意见。导游人员注意倾听司机的意见是使司机积极参与旅游服务工作的好方法。

(4)导游人员要协助司机做好安全行车工作。如保持旅游车挡风玻璃和车窗的清洁;不要与司机在行车途中闲聊;帮助司机更换轮胎、安装或卸下防滑链,或帮助司机进行小修理;遇有险情,或由司机保护车辆和游客,导游人员去求援。

(三)导游人员与其他旅游接待单位的合作

1. 尊重相关旅游接待人员

是否尊重为游客提供相关旅游服务的工作人员,是衡量导游人员个人修养的重要标志。导游人员应尊重自己的同事,尊重其他同事的劳动和人格。当其他专业人员登场为游客服务时,导游人员应起辅助作用。

2. 多与旅游接待单位沟通

旅游接待中涉及多个环节,情况经常发生变化。为了保证旅游接待环节不出现问题,导游人员应与景点、酒店、餐厅、机场(火车站、码头)等相关单位保持联系,及时了解各种信息,以确保旅游活动顺利进行。

3. 工作上相互支持

在与酒店、交通、景区景点以及其他部门的接触中,导游人员应在工作上对他们给予支持和帮助,使旅游者在旅游活动的各个环节都能感到满意。接待单位的服务做得再好,也难保工作上万无一失。因此,导游人员一定要和相关部门的工作人员配合好,共同做好旅游接待工作。

三、调节旅游者的审美行为

旅游活动是一项寻觅美、欣赏美、享受美的综合性审美活动。导游人员是旅游者审美行为的引导者和调节者。如何结合旅游者的审美个性、针对不同的审美对象、把握适当的时机和角度、运用适当的方法引导和调节旅游者的审美行为是导游人员必须具有的专业技能。

(一)传递正确的审美信息

旅游者来到目的地,由于对其旅游景观,特别是人文景观的社会、艺术背景不了解,审美情趣会受到很大的影响,往往不知其美在何处,从何着手欣赏。尤其是外国旅游者,他们的审美观同中国人的审美观差别较大,对中国旅游景观的美更是茫然。作为游客欣赏美景的向导,导游人员首先应将正确的审美信息传递给游客,帮助他们感觉、理解、领悟其中的奥妙和内在的美。

(二)激发游客的想象思维

人们在审美赏景时离不开丰富而自由的想象,想象思维是审美感受的枢纽。人的审美活动是通过以审美对象为依据,经过积极的思维活动,调动已拥有的知识和经验,进行美的再创造过程。想象作为一个心理范畴,其内容和功能十分广泛多样,一般可分为初级和高级两种形式。初级形式指简单联想,包括接近联想、类比联想和对比联想,高级形式包括知觉想象和创造性想象。导游人员应通过生动的讲解和提示,激发旅游者的想象思维。

1. 接近联想

接近联想是指由某一事物想到与其时空上相接近的其他事物的心理过程。例如,由秦始皇兵马俑想到秦始皇横扫六合、一统天下的盛况。对于在观光游览中的审美主体来说,接近联想在丰富其审美感受方面起着积极的作用。

2. 类比联想

类比联想是指具有相似特点的事物在人脑中形成反映的心理过程。例如,看到绿色想到生命,看到残阳想到暮年,看到圆月想到团圆等。这种联想形式的关键在于将审美客体赋予人的思想感情,这对深化或升华主体的审美感受十分有益。

3. 对比联想

对比联想是指由对某一事物的感受引起对和它特点相反的事物的联想。例如,由美想到丑,由真想到假,由善想到恶等。在各种艺术中想象的反衬,就是对比联想的具体运用。

4. 知觉想象

知觉想象是指个体对感性形象的事物经过想象的加工后,使之成为合乎自然而不同于自然事物的心理过程。这种想象常常是在面对风光旖旎的自然胜景或优美感人的艺术作品时展开的。例如,"阿诗玛"的形象原本出自于一根造型酷似美丽少女的石柱。先人赋予它一个美丽的传说,流传至今。在旅游者的眼中,它是石柱又不是石柱,面对石柱,人们会不由自主地由现实心境进入审美心境,石柱和美丽动人的阿诗玛形象已经融为一体,不可分离。外部自然本是一种物质,而知觉想象却赋予它们生命。在具体的现场导游中,切忌简单武断地讲解,如顺手一指便说,那是××、这是×××,而是要以生动的直观描述作为一种渲染手段,着力于激发观赏者的审美想象,让旅游者自己去体会,不宜先声夺人,把话说满。

5. 创造性想象

创造性想象是一种能够表现内在本质的艺术想象,这种想象最概括,难度最大。艺术家往往通过这种创造性的想象,在内在情感的驱动下对许多记忆表象进行剖析和综合,从而创造出一个个从未存在过的崭新的形象,即艺术典型形象。在旅游过程中,导游人员应该帮助旅游者理解和欣赏艺术家通过创造性想象而产生的艺术作品。从审美角度来看,导游就是一个再创造过程。导游人员通过艺术化的语言、故事化的讲解,联系个人的实践体会,借鉴前人的间接经验,参照旅游者的审美需求,运用相应的审美原理,化景物为情思,使旅游者在怡然自得的游览活动中得到审美的满足。

(三) 帮助游客保持最佳审美状态

审美意识是一种个人意识,依赖于人的审美知识和能力,也取决于人的情感。情感是审美过程中的动力因素,人的情绪会直接影响人的审美心境。导游人员要向旅游者提供热情周到的服务,采用多种有效方法,强化他们的肯定态度,弱化他们的否定态度,使他们的情绪愉快而稳定并随时激发旅游者新的游兴,努力保持他们的最佳审美心境。旅游期间,旅游者往往处于既兴奋又紧张的状态之中。紧张感容易使人疲劳,影响游兴,而兴奋感却促使他们随导游人员去探新、求奇,去寻觅美、欣赏美。旅游者的情绪高、游兴浓、精力充沛,旅游活动一般就会顺利进行,就有可能达到预期的效果。因此,调节旅游者的情绪,保持、提高他们的游兴并激发新的游兴是导游人员的一项重要工作,是旅游活动成功的基本保证,也是衡量导游人员的能力的一个重要标准。

1. 调节游客的情绪

情绪的产生与人的心理需求有着密切的关系,它受客观条件的直接影响,还受本人生活方式、文化修养、宗教信仰等因素的制约。在旅游的过程中,游客会随着自己的需要是否得到满足而产生不同的情感体验。如果他们的需要得到满足,就会产生愉快、满意、欣喜等肯定的、积极的情感;反之则会产生烦恼、不满、愤怒等否定的、消极的情感。导游人员要善于从游客的言谈举止和表情变化去了解他们的情绪,在发现游客出现消极或否定情绪后,应及时找出原因并采取相应的措施来消除。调节旅游者情绪,消除消极情绪的方法很多,导游人员要根据不同情况采用不同的方法。

(1)转移注意法:导游人员有意识地调节游客的注意力并促使他们的注意力从一个对象转移到另一个对象的方法称为转移注意法。当旅游团内出现消极现象时,导游人员就应设法用新的、有趣的活动、新的事物和真挚的感情去激励他们,或者用幽默、风趣的语言、诱人的故事去吸引他们,从而转移他们的注意力,暂时忘掉不愉快之事,恢复愉快的心情。例如,有的游客因对购物地点有不同意见而不快,有的游客因爬山不慎受伤而烦恼等,导游人员除了说服或安慰游客,还可通过讲笑话、唱山歌、学说方言、讲故事等形式来活跃旅途的气氛,使游客的注意力转移到有趣的娱乐活动上。

(2)补偿法:导游人员从物质上或精神上给游客以补偿,从而消除或弱化游客不满情绪的一种方法,使有不满情绪的游客获得新的心理平衡。物质补偿法指在住房、餐饮、游览项目等方面如果没有按协议书上规定的标准提供相应的服务,应给游客以补偿,而且替代物应稍高于原先的标准。精神补偿法指因某种原因无法满足游客的合理要求而导致游客不满时,导游人员应实事求是地说明困难,诚恳地道歉,请求游客的谅解,从而消除游客的消极情绪;也可以先让游客将不满情绪发泄出来,待气消后导游人员再设法向游客解释。

(3)分析法:导游人员将造成游客消极情绪的原委向游客讲清楚,并分析事物的两面性及其与游客的得失关系的一种方法。导游人员采用这种方法往往是不得已之举,不能滥用。例如,由于天气原因不得不改变游览日程,游客要花更多时间于旅途之中,常常会引起他们的不满,甚至愤怒。导游人员应耐心地向游客解释造成日程变更的客观原因,诚恳地表示歉意,分析改变日程的利弊,强调其有利的一面,着重介绍新增加游览内容的特色,这样往往能收到较好的效果。

2. 提高游客的游兴

要取得良好的导游效果,需要导游人员在游览过程中激发游客的游兴,使游客始终沉浸在兴奋的氛围之中。兴趣是人们力求认识某种事物或某种活动的倾向,这种倾向一经产生,就会出现积极主动、专注投入、聚精会神等心理状态,形成良好的游览心境。导游人员可以从以下四个方面去激发游客的游兴:

第一,运用语言艺术激发游客的游兴。导游人员通过语言艺术调动游客的情绪,激发游客的游兴。例如,通过讲解历史故事可激发游客对古典园林的探索,通过吟诵古诗名句可激起游客漫游名山大川的豪情,通过提出生动有趣的问题可引起游客的思考。通过这种方法营造出融洽、愉快的氛围,使游客的游兴更加浓烈。

第二,通过文娱活动激发游客的游兴。一次成功的旅游活动,只有导游讲解是远远不够的,导游人员还应抓住时机,组织丰富多彩的文娱活动,带领全团营造愉快的氛围。例如,在旅游活动开始不久,导游人员可以请游客们做自我介绍,以加速彼此的了解,缓解拘泥的气氛,发现游客的特长;如所去景点的路途较远,导游人员可组织游客唱歌、猜谜语、做游戏,教外国游客使用筷子、学说汉语等;如果旅游团有多才多艺的游客,可请他出来主持或表演等。导游人员也应有一手"绝活",来回报游客的盛情邀请。有的导游人员会演奏民族乐器,有的导游人员会唱山歌,他们常常带着唢呐、笛子上团,为游客演奏民乐或演唱山歌,使游客惊叹不已,对民间艺术兴趣倍增。

第三,使用声像导游激发游客的游兴。声像导游是导游服务常用的辅助手段。去景点游览之前,导游人员若能先为游客播放一些内容相关的视频资料,往往会收到事半功倍的效果。有时,有些景点因客观条件的限制或游客体力不支,游客往往难以欣赏到景点的全貌,留下一些遗憾,通过声像导游可以给游客留下完整的美好印象。如果是在旅游车上进行讲解,导游人员还可利用车上的音响设备,配上适当的音乐,播放一些地方特色的歌曲、乐曲、戏曲等,使车厢内的气氛轻松愉快,让游客始终保持愉悦的心情。

第四,通过直观形象激发游客的游兴。导游人员应通过突出游览对象本身的直观形象来激发游客的游兴。例如,湖北通山九宫山喷雪崖,崖顶之云中湖水喷薄而出,直落涧底峡谷,深达70余米。因谷口通风,跌落之水化成缕缕雾霭,围绕山崖旋转,色白如雪,蔚为壮观。导游人员要引导游客从最佳的角度观赏,才能突出喷雪崖的直观形象,使游客产生流连忘返的美感,激起游客强烈的兴趣。

【经典案例】
　　九寨沟是以翠海、叠瀑、彩林闻名的世界自然遗产。九寨沟的水清澈见底、色彩斑斓,每年都吸引着大批海内外游人。这么好的口碑在九寨沟刚开发的时候是不可想象的。当时,当地政府急于将景区推向世界,为此特地邀请了某著名的英籍华人作家到九寨沟游览,想借助作家的笔墨让世界认识九寨沟。但没有想到的是,该作家到九寨沟时景区正好停电,让作家度过了一个又黑又冷的夜晚。返回成都后,该作家对九寨沟不但没有好印象,反而不断抱怨路途危险、基础设施差,这犹如给当地政府泼了一盆冷水。多年后人们才发现,并不是九寨沟不美,也不是作家不会审美,问题出在当地政府对该作家不了解。该作家在欧洲的居所竟然在美丽的莱蒙湖旁,景观跟九寨沟很相似,熟视则无睹,他当然对九寨沟不会格外地看重。

【案例分析】
　　人们的审美思维受到各种因素影响,存在差异是很正常的。一位久住高山的人,常年感觉的是高山的不便,绝不会像游人那样对高山大加赞赏。同样,这位作家长年居住在类似九寨沟的美景中,对九寨沟式的景观熟视无睹,但对到九寨沟的公路危险却很在意,这也是正常的现象。导游在指导客人观景赏美时,一定要了解客人的审美需求,才能有的放矢,达到最佳的审美效果。

(四)灵活运用观景的方法
　　审美活动是从感知开始的,游客亲自看到的、听到的、体验到的对象是其审美活动的基础。观赏同一景物,有的人获得了美感,有的人却没有;有的人得到了最大的美的享受,有的人则感到不过如此。究其原因,除了文化修养、审美情趣和思想情绪,还受到观景赏美方法的影响。

1. 设计最佳的观景路线

任何美景都会有一个总体特征或艺术主题。在游览时间有限的情况下,把握主题可以起到事半功倍的效果,即使游览时间较长,也同样需要突出主题,以加深游客的游览印象。在把握主题的基础上,注意细节才会收到更好的审美效果。有时,游览的主题是需要导游人员来设计的,如市容观光,导游人员设计的不同主题和观光线路,会使游客对一个城市产生截然不同的印象,收到意想不到的效果。

2. 保持适当的观赏距离与角度

距离和角度是两个不可缺少的观景因素。自然美景千姿百态、变幻无穷,一些像人似物的奇峰怪石,只有从一定的空间距离和角度去欣赏,才能领略其风姿。空间距离和观赏角度不同,可造就不同的景观。当导游人员带团游览时,要善于引导游客从最佳距离和最佳角度去观赏风景,使游客获得最大的美感。

除了空间距离,游客观景时还应把握心理距离。心理距离是指人与物之间暂时建立的一种相对超然的审美关系。在审美过程中,游客只有真正从心理上超脱于日常生活中功利的、伦理的和社会的考虑,摆脱私心杂念,才能真正获得审美的愉悦,否则就不可能获得美感。

3. 运用静态与动态观赏手段

静态观赏指旅游者在一定的空间停留片刻或缓慢地移动视线,做选择性的景物观赏,通过联想、想象来欣赏和体验美感。站在山顶观日出、看云海,站在大海之畔听涛声,驻足仰望神像雕塑,凝神于艺术珍品等,都属于这种观赏形式。这种观赏形式时间长、感受较深,人们可以获得特殊的美的享受。使用这种方法的关键在于选择最佳的观赏位置、适当的观赏距离和角度。此外,还要注意周围的环境,尽量避开嘈杂的人群。

动态观赏指让旅游者步行、乘船或乘车于景物之中,使观赏对象呈现一种动态的美感,一步一景,步移景异。我们常说的"游山玩水"正表明了审美活动处于动的状态。使用这种方法的关键在于设计最佳游览路线,好的路线能够让人更加完整、细致地领略观赏对象的全貌和精髓所在。

无论是山水风光,还是古建园林,任何风景都不是单一的、孤立的、不变的画面形象,而是生动的、多变的、连续的整体。在游览活动中,至于何时"动观",何时"静观",则应视具体的时空条件而定。导游人员要灵活运用赏美方法,"动""静"结合,努力使游客在情景交融中得到最大限度的美的享受。

4. 掌握观赏时机

观赏美景应掌握好时光,即掌握好季节、时间和气象的变化。清明踏青、重阳登高、春看兰花、秋赏红叶、冬观蜡梅等,都是自然万物的时令变化规律造成的观景活动。变幻莫测的气候景观是欣赏自然美景的一个重要内容。例如,在华山之巅观看日出,在峨眉山顶欣赏佛光,在蓬莱阁观赏海市蜃楼,这些都是因时间的流逝、光照的转换造成的美景。观赏这些自然美景,就必须把握稍纵即逝的观赏时机。

5. 注意观赏节奏

旅游是为了让游客愉悦身心,获得享受。在旅游过程中,导游人员应力争使观赏节奏适合游客的生理负荷、心理动态和审美情趣,安排好行程,组织好审美活动,让游客感到既顺乎自然又轻松自如。只有这样,游客才能获得旅游的乐趣和美的享受。如果游览速度太快,不仅使游客筋疲力尽,达不到观赏目的,还会损害他们的身心健康,甚至会影响旅游活动的顺利进行。因此,导游人员要注意因人、因时、因地调节观赏的节奏,努力做到有张有弛、劳逸结合,有急有缓、快慢相宜,有讲有停,导、游结合。

导游人员要根据旅游团成员的身体情况安排有弹性的活动日程,努力使旅游审美活动既丰富多彩又松紧相宜,让游客从轻松自然的活动中获得最大限度的美的享受。在审美活动中,导游人员要视具体情况把握好游览速度和导游讲解的节奏,哪儿该快、哪儿该慢、哪儿多讲、哪儿少讲甚至不讲,必须做到心中有数;对年轻人讲得快一点、走得快一点、活动多点;对老年人则相反。如果游客的年龄相差悬殊、体质差异大,要注意既让年轻人的充沛精力有发挥的余地,又不使年老体弱者疲于奔走。导游人员通过导游讲解,让游客适时地、正确地观赏到美景,但在特定的地点、特定的时间让游客去凝神遐想,去领略、体悟景观之美,往往会收到更好的审美效果。

四、特殊旅游团的接待及导游服务技巧

(一)老年旅游团的接待技巧

老年旅游团是以老年人为主体、以休闲观光为主要目的的旅游团队。近年来,我国已经逐渐步入老龄化社会。随着老年人人数的增多,老年人旅游市场有了很大的发展。

1. 老年旅游团的特征

(1)行程舒缓。这是老年旅游团的明显特征,是由老年人的生理条件所决定的。他们很难接受节奏很快、具有挑战性和刺激性的旅游活动,需要舒适从容的旅行过程,追求旅游的质量而非数量,希望旅游全程一直处于轻松状态。

(2)希望得到尊重。任何游客都希望得到尊重,老年人则表现得更为突出。他们需要导游人员的悉心照料,希望听到高质量的讲解,希望言行能够得到别人的重视。

(3)对讲解要求较高。大多数老年游客具有较高的文化素养和丰富的社会阅历,往往有自己独特的见解,希望听到高水平的导游讲解,以满足旅游过程中对求知、求新、求异的需要。

2. 导游服务技巧

导游人员应根据老年游客的心理和生理特点以及欣赏习惯,对旅游团的游览行程进行合理安排。老年旅游团一般时间比较宽松,从方便和舒适的角度考虑,乘坐火车是老年游客的主要选择。为老年游客服务,要处处体现导游人员对游客的关怀。当安排老年游客的住宿、餐饮、旅途及游览时,应了解游客的特殊需要,尽量予以满足。如希望所住房间离电梯较近,避免高脂肪、高糖分的食品,旅途中去厕所的次数较多,游览过程中行动迟缓等,导游人员应提供针对性的服务,做到"老吾老,以及人之老"。

【经典案例】

山东某旅行社在"五一"黄金周期间接待了一个"夕阳红"旅游团。由于黄金周旅游市场异常火爆,团队导游小王为了有更多的购物时间,不断加快游览的节奏,很多景点的游览都是点到为止。这种做法引起了旅游团成员的不满,游览结束后他们向旅游质监部门投诉了导游小王。

【案例分析】

老年人的身体状况决定了老年旅游团的行程应该迟缓、轻松。导游人员为一己私利，违背团队接待规律，加快团队游览节奏，极可能造成旅游意外事故的发生，遭受游客投诉是必然的。

（二）儿童旅游团的接待技巧

儿童旅游团是以儿童为主体，以增长知识为主要目的的旅游团队。近年来，随着国民生活水平的逐渐提高，我国儿童旅游有了很大的发展。

1. 儿童旅游团的特征

儿童旅游团一般是以学校、单位为组织的，以寒假、暑假旅游为多。儿童的最大特点是好奇、多动、不注意安全，不像成年人旅游团那样乐意听导游人员的讲解。因此，带领儿童旅游团进行参观游览时，应根据儿童的特点，有针对性和选择性地进行讲解。

2. 导游服务技巧

导游人员带领儿童旅游团进行参观游览时，要突出爱国主义教育，要特别关注儿童的安全问题。导游人员在宣传讲解中，语言要生动形象，富有激情而又准确，语速要亲切、缓慢。导游技巧上多使用提问式或启发式的方法，使儿童对景物产生浓厚的兴趣，同时也要让他们了解一些相关的历史知识和文化内涵，适当进行美学教育和社会实践。在安全问题方面，导游人员要主动配合学校老师做好安全防范工作，不准他们乱跑瞎闯，确实做到有组织、有纪律、听指挥，同时也要告诫他们不要随意购买小摊上的食品，不喝生水，注意个人卫生。

（三）宗教旅游团的导游服务技巧

宗教旅游团是指由宗教信徒组成的以朝拜圣迹、烧香还愿、参加法事活动、捐赠布施及学术交流为主要目的的特殊旅游团体。

1. 宗教旅游团的特征

第一，目的明确。宗教旅游团的旅游目的十分明确，他们前往的旅游目的地是经过认真选择才决定下来的。在某个地方举行某种活动具有严格的计划性，不能轻易改变。计划中的景点是必须保证的，不可以更换或调整，这一点与一般的旅游团完全不同。

第二，时间严格。宗教旅游团在时间安排上也是极其严格的，行程不可随意调换，甚至上午和下午的行程都不能互换。

第三，禁忌较多。宗教旅游团由于其信仰、习俗的特殊性，都保留着宗教本身所特有的禁忌。在旅游过程中，为了体现其态度的真诚，往往又将禁忌内容加以强化。

第四，待人宽容。在旅游目的得以实现、宗教习惯得到尊重之后，宗教旅游团的游客在其他方面普遍表现出其宽容的美德。

2. 导游服务技巧

宗教旅游团的接待工作是一项政策性很强的工作，尤其是对那些与国外某些宗教组织、领袖人物有着密切关系的宗教信徒组成的旅游团的接待，强调政策有着更重要的意义。导游人员要根据旅游团的计划安排及主要活动行程，对相关事宜事先给予充分的落实。

3. 尊重宗教习惯

能否对旅游团的宗教习惯给予充分的尊重，既能考察出导游人员的工作责任心和综合素质，也决定了旅游团成员的满意程度。

导游人员在与旅游团的游客交往中,要注意在礼貌礼节、谈话聊天、动作神态上尊重其宗教习惯,避免出现令人不愉快的场面。导游人员在讲解过程中,要根据自己所接待的旅游团的特点组织讲解内容,充分考虑游客的禁忌,尽量避免那些不适合的话题。如在接待佛教旅游团时,"尼姑"的称谓就带有明显的不敬成分,应改称"比丘尼"。

饮食禁忌是宗教团的重要禁忌内容,导游人员在安排游客餐饮时,要反复提醒餐厅注意事项,无论从环境安排上,还是饭菜内容上,都要认真检查,以免因餐厅、厨房的疏忽而造成失误。

宗教旅游团常常会伴随着旅游安排一些其他活动,这些活动往往是该旅游团行程中的重要内容。导游人员要与领队、全陪及团队内部核心人物一起认真研究商量组织活动的有关事项,了解每一个程序的细节,并在活动过程中能给予积极的组织和有力的配合。

【经典案例】

导游小李接待了一个到峨眉山朝圣的宗教旅游团。当该团抵达峨眉山××酒店准备用午餐时,由于旅行社计调人员的疏忽,没有向餐厅说明这是宗教团队,导致酒店提供的是一般旅游团队的饮食。见此情景,团队拒绝用餐,并表示了强烈的不满。酒店餐饮部经理闻讯赶来,表示酒店没有责任,是旅行社订餐出现失误,这样矛头更尖锐地指向导游小李。小李处变不惊,先代表旅行社向客人道歉,同时也对自己前一天向酒店确认餐标时未强调餐食内容致使失误未得到及时纠正表示了歉意。考虑到该酒店已来不及做素席,小李恳请酒店尽快做点面条、米饭并炒几个素菜供大家食用,以免耽误下午的行程安排。餐毕,小李向客人宣布了刚与旅行社协商确定的处理意见:诚恳地向客人致歉,中午用餐全部免费,旅行社退还餐费并给予一倍补偿。客人被小李的诚意所感动,同意了旅行社的处理意见,此事得以圆满解决。

【案例分析】

由于宗教型旅游团对饮食、住宿等有特殊的要求,所以导游人员办理接待确认时应告诉接待方团队性质,这可在一定程度上弥补旅行社工作的失误。当事故一旦酿成后,导游人员不要急于推卸责任,应该立即解决客人当前面临的问题,待问题解决后,再与旅行社商定补偿办法,使客人感觉旅行社工作虽然有失误,但解决失误措施得力、诚意可嘉。不少导游接团经历都证明,客人可以原谅旅行社和导游工作的失误,但不能原谅失误后推卸责任、不积极采取合理的补救措施的行为。

(四)考察旅游团的接待技巧

考察旅游团是旅游的特殊形式,是指以特定的旅游资源为对象,进行有目的的、有计划的专业考察活动的旅游团队。

1. 考察旅游团的主要特征

第一,具有相关的专业知识。考察旅游团按其组织者和发起者的性质可以分为民间组织旅游团和官方组织旅游团。民间组织旅游团是由专业研讨会的会议组织者或承办者在会后进行某些专项考察的参会人员组成。官方组织旅游团是指由专门研究机构、学术团体、专业协会发起并组织的有共同专业特长的人员组成。无论哪种组织方式,其成员对考察的对象比一般人有更多的了解,并具备相关的专业知识。

第二，目的明确。考察旅游团的考察对象是当地的经济、产业、社会文化、自然景观或文物古迹，但要比一般的旅游团有着更直接、更明确的目的性。他们重视导游人员对考察对象的介绍和讲解，以便获取更多的信息。

第三，观察细致。考察团不同于一般旅游团走马观花的游览，他们对感兴趣的内容观察得非常细致，在观赏中会提出更多的问题，需要导游人员详细的解答，会提出更多的要求，希望导游人员能协调配合。

2. 导游服务技巧

在考察旅游团的接待过程中，对导游人员的知识和处理问题的能力有着更高的要求。当接待考察旅游团时，为了能与游客进行有效的沟通，在讲解中满足游客的需要，就必须在接团前收集相关资料，做好必要的知识准备。导游人员是杂家而不是专家，这就要求导游人员在为考察旅游团提供讲解服务时，要尽量不涉及那些专业性较强的内容，只讲基础知识。在导游讲解中，最忌讳的就是打肿脸充胖子，导游在面对考察团队的时候讲解的原则是"不求深，只求对"。

（五）探险旅游团的接待技巧

探险旅游团是由有冒险精神、有自主意识的人们组成的以征服自然、探索奥秘、实现自我价值为目的，到未开发的地方进行野外旅游的团队。

1. 探险旅游团的特征

第一，旅游目的地特殊。探险旅游团的旅游目的地有着与众不同的特点，大多人迹罕至，未经开发。非常规的旅游线路意味着行程的艰苦，旅游团的探险者正是从这个艰苦的过程中得到了快乐，实现了自我价值。

第二，成员意志坚定。探险旅游团的成员在身体和心理方面都做好了充分的准备，他们不怕艰苦，不怕挫折，意志坚定。

第三，配套装备较多。为了保证探险旅游能顺利完成，探险旅游团不像其他常规旅游团那样轻车简从，而是要携带一些必要的装备，包括生活保障装备（帐篷、背包、睡袋、水壶、炊具等）、探险专用装备（手套、登山靴、绳索、上升器、下降器、头盔、护目镜、氧气瓶、登山杖等）、辅助装备（指南针、望远镜、照相机、等高线地图、医药箱等）。

第四，专业性较强。参加探险的旅游者，除了有强壮的身体，一般都有一定的专业知识和能力。

第五，风险性较高。风险性是探险旅游的主要特征，往往由于这种风险而带来了更大的刺激性，进而成为吸引人们不断探险的重要动力。

2. 导游服务技巧

专业探险大都有专门的教练和向导，导游人员只有具备了强壮的身体和与探险活动相关的知识和能力，才能有效地提供服务。在上团前，导游人员必须做好充分的物质准备，提醒、督促游客予以认真的检查；对游客生活照料要周到，如搭好帐篷，提醒餐厅准备热量高、营养丰富的饭菜，配备必要的急救药品等。

五、导游人员带团时应注意的问题

导游人员带团时，应严格按照导游服务程序工作，不断积累总结经验，探索导游服务工作的科学性，使导游服务工作更主动有效，使游客获得身心满足。

(一)正确引导游客购物

在到达旅游目的地之后,对游客最具吸引力的除了当地的美景,还有当地特色的旅游纪念品。游客每到一地,总希望购买一些旅游纪念品和土特产品,或馈赠亲友,或自己留存。购买自己满意的旅游纪念品,导游人员就自然而然地成了游客最直接的咨询和依赖的对象,导游对旅游商品的促销也就显得尤为重要。

1. 摆正购物动机

一般来说,当游客对导游人员的知识、魅力、敬业精神予以认可时,就容易对导游人员产生信任感,并愿意购买导游人员推荐的商品。如果导游人员在整个旅游过程中显得过分关心此事,那他在做购物推荐时,游客可能觉得导游人员怀有个人目的。个别导游人员与当地不法商贩相勾结,出售的商品质次价高,甚至有些商品根本就是假货,令游客上当,个人从中牟取暴利,这是违反导游人员职业道德的。导游人员应遵守职业道德,不能把个人利益凌驾于游客利益之上。

2. 当好购物参谋

游客对旅游商品的需求在种类、档次、数量等方面有很大差异。导游人员应该了解当地商品的特色、种类,在游客自愿购物的前提下,当好购物参谋与顾问,帮助游客买到称心如意的旅游商品。

(二)灵活调整游览行程

灵活调整游览的时间与线路,有些矛盾可以得到缓解或避免。例如,参观北京的定陵,各旅游团队几乎都是早上 8:00 左右从酒店出发,10:30 左右到达定陵。按照进口—展室—地宫—出口这样一个路线,各旅游团队几乎是从进口开始一直拥挤到出口。地宫里有时会拥挤到人挨人的程度,导游人员很难正常进行讲解,游客听得十分费劲。一名爱动脑筋的导游人员把参观线路改变为进口—地宫—展室—出口,即先游览地宫。这样他带的旅游团到地宫时,地宫里的人不多,导游人员可以从容地给游客讲解;参观完地宫来到展室时,其他旅游团队的人已基本走光,他的游客欣赏展品一点也不拥挤,从而取得了较好的导游效果。

(三)推荐优质附加项目

附加项目是对游客此次旅游的补充与调剂,好的附加项目能使游客对此次旅游更加满意。很多旅行社都给游客提供一些可供选择的额外支付费用的附加项目,因为满足游客不同兴趣的最理想的方法,是帮助游客规划他们的空闲时间。导游人员不能向游客推荐"货不真、价不实"的附加项目,否则,不仅给游客造成损害,而且还将影响旅行社的信誉。附加项目可以单列在发给游客的日程表下方,这样使游客有选择机会,并愿意支付额外的费用。

(四)选择合适的工作位置

在旅游车上,导游人员最好坐在司机身后的座位上,这样更容易看到前面的景观,及时地向游客介绍,当有情况时也方便和司机沟通。当乘坐飞机或火车时,导游人员应选择靠近游客和通道的座位,便于照顾游客。

(五)留有一定的摄像时间

摄像是人们用影像的方式把自己美好的旅行永远保留起来的常用方法,也是旅游活动的重要内容之一。因此,在沿途一些有特色的地方,导游人员可以让司机停车,让游客抓紧机会拍照,并为他们推荐好的摄影地点,让客人带走美好的瞬间;在参观结束后,应给游客留有一定的摄像时间,让他们带走这些美好的回忆。

(六)掌握散客与团队导游的区别

导游人员应尽快记住散客的姓名、体态和容貌,并设法了解散客的性格、特征和习惯行为——性急或从容、奢华或朴实、国籍及职业等;如果有旅伴,导游人员可从侧面了解是家眷还是朋友,不宜直接询问散客;对散客的行李要特别小心,留心照顾;导游人员要将散客托付的事情记在便条或小册子里,并落实做好,最后将办理的结果告诉客人;导游人员和散客之间以及各散客之间都不熟悉,在导游人员做完介绍后,最好让客人再自我介绍,这样散客之间便于相互帮助,导游人员的工作也便利得多;导游标识应鲜明易认,如让散客戴色彩分明的帽子等。

(七)正确处理游客投诉

游客投诉是难免的,投诉涉及面较广,情况较为复杂,原因多种多样。如果投诉涉及导游人员本人,应该冷静理智地考虑问题出在哪里,怎样做才能消除游客对自己的投诉。不要因为遭到投诉就消极对待游客,有意冷落游客,更不该有意报复、谩骂游客;即使游客的投诉是片面的、有出入的或不正确的,导游人员也应始终保持热情周到的服务。如果游客的投诉有道理,那导游就应该把重点服务放在游客的投诉问题上来,这样才能争取游客的谅解。

处理游客投诉的方法主要有以下四种。

1. 尽量缩小范围,防止事态扩大

一旦游客向导游人员提出投诉,其复杂的心情和不满的态度是可以想象的,这种不满情绪可能引起其他游客的注意和同感。因此,把游客的不满情绪降低到最小程度是导游人员必须重视的问题。此时,导游人员要采取积极认真的态度,最好把游客请到远离旅游团队的地方,比如在导游人员单独住宿的房间,或把游客请到另一边,切忌在游客中间议论交谈,更不要在乱哄哄的环境中交谈。即使是集体投诉,也希望游客选派少数代表前来谈判,要知道游客人数越多,越谈不好,达不成解决问题的协议。同时,也要防止事态进一步扩大,造成不良后果。

2. 头脑冷静,认真倾听

一般来说,游客对导游人员进行投诉时,其情绪较为激动,声调较为响亮,其中也难免带有一些侮辱性的话语。游客的观点可能是合情不合理,也有合理不合情的现象。这时,导游人员要保持头脑冷静,认真倾听,弄清其投诉的内容和实质,必要时做一些记录,使游客觉得导游人员在认真听他的陈述,态度是端正的。导游人员要善于引导游客把投诉内容讲得尽量详细和具体些,以便导游人员更全面、更准确地掌握游客投诉的基本情况。

3. 努力找出投诉核心内容,准确分析投诉性质

处理投诉的关键在于搞清问题的实质,主要矛盾抓住了,其他问题就迎刃而解了。导游人员对游客投诉的性质一定要搞清楚,这也是导游人员处理投诉的基础。当分析游客投诉的性质时,一是分析投诉的事实是否确实,二是分析其核心问题性质的轻重程度,三是分析解决投诉的初步方案,四是选择最佳解决办法等。导游人员千万不要轻易对解决问题的方案表态,即使是旅行社的责任,也得向旅行社汇报,得到旅行社同意后才可宣布。

4. 做好落实工作,增强留证意识

事后,导游人员要做好落实工作,一旦双方达成协议,游客的要求即可落实。提醒双方办好必要的手续是导游人员应尽的义务,必要时也可把手续复印一份作为业务资料保存。同时,导游人员也可检查一下自己的工作,成功在哪里,失败在何方,这对推进工作大有

益处。

在法律意识和自我保护意识得到进一步提高的今天,导游人员在处理投诉的过程中特别要做好保留证据的工作,避免原本妥善处理的事件"死灰复燃",原先处理投诉所花的心血付诸东流,甚至带来更大的麻烦,这是因为游客此时是有备而来,弄不好还会上诉法庭。

【经典案例】

有一次,某旅行社公关部的英语导游人员王某作为地陪负责接待一支由选择性旅游的散客组成的旅游团。旅游团共13人,其中8人讲英语,5人讲普通话。在旅游车上,他用两种语言交替为游客讲解。到达某一游览点时,考虑到团队中讲英语的较多,便先用英语进行讲解,没想到讲解完毕想用中文再次讲解时,讲中文的游客已全都走开了,因而他就没用中文再做讲解。事后,王某所在旅行社接到了那几位讲中文游客的投诉,他们认为地陪崇洋媚外,对待游客不平等。

【案例分析】

这是一次由误会而导致的投诉。本案例中,导游遭受投诉的原因并非他真的崇洋媚外,也并非没有遵照"为大家服务"的原则去做,只是在服务过程中工作欠细致、周到而已。从案例中我们可知,无论是在动机上还是在行为上,导游都没有不想为这些讲中文的游客做讲解,但是由于他没有与游客讲明自己的服务方式,没有考虑自己先用英语讲解会给讲中文的游客带来心理上的不平衡,结果导致游客的投诉。消除这种因"误会"而导致投诉的方法其实非常简单,只要事先与游客声明,将用英中文交替的方式为游客讲解即可;若要完全平等,则可采用转换讲解法,在甲地"此时",英语讲解在先,到了乙地"彼时",则英语讲解在后。

【技能训练】

常见问题和事故的预防与处理

训练目的

(1)使学生掌握导游带团理论知识;

(2)培养学生的导游带团技能;

(3)培养学生的导游应变能力。

工作指引

(1)将班级分成若干个小组,并指定小组组长;

(2)在组长的组织下,结合带团常见问题,如错接、旅游者丢失证件、旅游者投诉、旅游者走失等,通过教师示范讲解、学生分组模拟练习、分组讨论等方式完成;

(3)进行小组实训成果展示;

(4)教师进行点评和反馈;

(5)实训结束后,要认真总结本次实训的心得、体会,并完成实训总结报告。

阶段成果检测

(1)小组进行实训成果展示;

(2)各个小组展示模拟导游讲稿;

(3)实训总结报告。

任务三 导游讲解技能

【情景导入】

苏州的一位导游把虎丘塔介绍得有声有色,旅游者平心静气地听他的讲解。当游客登上虎丘山上最高处致爽阁休息时,导游开始讲解虎丘塔建造的年代:"虎丘塔究竟有多少年?1 000年还是1 500年?过去人们猜测着,说法不一,直到新中国成立后才搞清楚。"休息室里顿时静下来,大家在想,怎样搞清楚的呢?"加固修理塔的时候,古塔内发现了一个窟窿,建筑工人探身进去,在那里找到一个石头箱子",导游人员环顾四周,只见大家都在屏息静听,"工人们把它搬出来,打开一看,里面还有一个木头小箱子,大概那么大……",客人们瞪着眼睛、张着嘴,想知道小箱子里放着什么,室内鸦雀无声。"再把小箱打开,里面有一包佛经,用刺绣的丝织物包着。解开这包东西,箱底写着年代,为中国北宋建隆二年,即公元961年。因此,虎丘塔至今有1 000多年了。由此可知,苏州的丝绸刺绣工艺也至少有1 000多年历史了。"这位导游很能抓住游客的心理,提出了一个问题,一环扣一环。你想知道答案吗?就不由你不听下去,他把答案最后才说出来,客人也豁然意会。这是一个善于用提问制造悬念来吸引游客注意力的成功例子。

【思考】

(1)导游讲解时应遵循哪些原则?

(2)常用的导游方法有哪些?

(3)导游讲解时应注意什么问题?

导游服务是一门艺术,集表演艺术、语言艺术和行为艺术于一身,集中体现在导游的讲解之中。讲解是导游服务的一项重要内容,导游人员对讲解技巧恰当运用,可以提高导游服务的质量。导游讲解就是导游人员以丰富多彩的社会生活和璀璨壮丽的自然美景为题材,以兴趣爱好不同、审美情趣各异的游客为对象,对自己掌握的各类知识进行整理、加工和提炼,用简要明快的语言进行的一种意境的再创造。因此,导游讲解技能表现的就是导游方法的多样性、灵活性和创造性。

一、导游讲解的原则

灵活运用导游方法,是高质量完成导游服务的基本保证之一。一名优秀导游人员的服务之所以卓有成效,其导游效果之所以不同凡响,是因为他有渊博的知识,是因为他的导游技巧适合实际需要,符合客观规律,又敢于抛弃僵化的模式;探索新的表现形式,敢于标新立异,使导游讲解具有自己的特色,形成与众不同的导游风格。导游方法千差万别,不同的人在运用时又千变万化,然而,这些方法和技巧有其内在的基本规律。导游人员在导游活动中应遵循以下三个原则。

(一)客观性原则

客观性是指独立于人的意识之外,能为人的意识所反映的客观存在。它包括自然界的万事万物和人类社会的各种事物和因素,其中有的是有形的,有的是无形的,前者如名山大川、文物古迹等,后者如社会制度、旅游目的地居民对游客的友好态度等,但它们都是客观存在的。导游人员在进行导游讲解时,无论采用何种方法或技巧,都必须以客观存在为依托。那种不以客观现实为依托、凭空想象的导游词最多只能博得游客的一笑,弄不好还会产生相反的效果。

(二)针对性原则

针对性就是从对象的实际情况出发,因人而异,有的放矢。导游服务对象复杂,层次悬殊,审美情趣各不相同,因此导游人员要根据不同对象的具体情况,在接待方式、服务形式、导游内容、语言运用、讲解方法上有所不同。导游人员应在导游讲解的内容和方式方法上多下功夫,从实际出发,因人、因时、因地讲解,尽可能做到有的放矢,使游客的不同需求得到合理的满足。

导游讲解时,导游词内容的广度、深度及结构应该有较大的差异。通俗地说,就是要看人说话,投其所好。例如,到陕西的国内外游客都要参观秦始皇陵博物院,但是,导游词的内容应因对象的不同而有所区别:对初次远道而来的国外旅游者,导游人员可以讲得简单些,简洁明了地作一般性介绍;对多次来华的游客则应多讲一些,讲深一点;对比较了解中国的邻近国家的游客,导游词的内容应广一些、深一点;对港澳台同胞和海外侨胞,特别是对他们中的老年知识分子,除应比较详细地介绍秦始皇陵博物院、兵马俑外,还应讲一些有关典故和背景材料;对研究雕塑艺术和中国历史的学者,导游人员就应对他们感兴趣的专业内容作比较详细、深入的讲解,还可进行一些讨论;对文化层次比较低的游客就得多讲些秦始皇的传闻轶事,尽力使导游讲解更生动、更风趣。

(三)灵活性原则

灵活性就是导游讲解要因人而异、因时制宜、因地制宜。我们所讲的最佳时间、最佳线路、最佳旅游点等都是相对的,客观上的最佳条件缺少主观导游技巧的灵活运用,就不可能达到预期的导游效果。

导游讲解贵在灵活,妙在变化。游客的审美情趣多种多样,不同的旅游景点的美学特征千差万别,大自然又千变万化,游览时的气氛、游客的情绪也随之变化。即使游览同一景点,每次也都不一样,导游人员必须根据季节的变化及时间、对象的不同,灵活地选择讲解内容,采用切合实际的方式进行导游讲解。世界没有两次完全相同的旅游,无论一名导游人员拥有的知识和经验如何丰富,他总会遇到各种新情况,需要随机应变。

二、不同场合的导游讲解技巧

旅游是一项旅行与游览相结合的综合性活动。旅行是为了游览,在旅行过程中,旅游者对窗外沿途的景物也进行了观赏。游览的地方既包括以露天为主的景区景点,也包括以室内陈列为主的博物馆、陈列室和纪念馆等。导游人员只有根据不同的场合,运用不同的方法进行导游讲解,才能获得较好的导游效果。

(一)在旅游车上的导游讲解技巧

1. 注意信息传递的数量

导游人员应根据距离远近、交通状况等因素适当调整讲解内容的长短。导游人员不必在整个旅途中不断地讲解,在前往途中,讲解时间以占旅途60%~75%为佳。如果讲解过多,游客会有厌烦情绪;讲解过少,导游人员将不被关注,游客会通过与邻座聊天、手机上网等方式来打发时间。在返回住地时,讲解时间以占旅途的20%~30%为宜,给游客留有足够的回味与休息的时间。

2. 指示明确

在旅游活动中,我们经常会碰到这样一个错误,导游人员指着经过的景点说:"在那边……"而此时游客可能正看着景物而不是导游。因此,导游人员应使用表示准确方向和指示物的语言,例如,"在你们的左边""在你们的右边"等。这样,当游客把视线投向导游人员所讲的景物时,景物正好在游客的视线之内。

3. 把握时机

无论游客乘坐飞机或火车,当他们在晚上11点以后到达时,一般都疲惫不堪,昏昏欲睡。这时,导游人员应以最简洁的语言做完自我介绍并介绍完司机,用寥寥数语表示欢迎后,戛然而止,留出充足的时间让游客休息。如果这时还喋喋不休,就只能是出力不讨好。如果飞机或火车晚点时间较长,游客满腹牢骚,就应当以最快的方式交接好行李,热情引导他们上车,在表示欢迎的同时对他们表示安慰,并告诉他们自己准备怎样调整计划把失去的时间弥补回来。这样就会缓解游客的不满情绪,争取游客的理解与配合。

(二)在景区的导游讲解技巧

1. 巧妙安排参观路线

在旅游旺季,各旅游景区客流量都比较大,加之景区规模有限,导游人员必须根据团队到达的时间,巧妙地安排参观路线,尽量避免拥挤的现象。例如,在某博物馆参观,第一展室是最易出现拥挤的地方,你的团队如果来得较早,就可以先从这里开始,再依次参观别的展室;你的团队如果和别的团队同时抵达,当别的团队都在第一展室挤成"一锅粥"时,你不妨先参观别的展室,等他们人去室空后,再参观这最易出现拥挤的地方。

2. 由此及彼合理延伸

有的旅游景点可参观的内容过于单薄,如果不进行合理的延伸,就会使游客感到索然无味。例如,西安小雁塔只剩孤塔一座,且塔顶塔角均被震毁。当参观小雁塔时,如能就看到的塔讲唐代的工匠们如何在1 000多年前就已为该塔设计了能抗八级地震的半球形地基,讲小雁塔的密檐式建筑风格,再延伸到中国古塔的各种建筑风格,塔的起源、种类,塔在中国的发展与演变等,这样就能使小雁塔在这种由此及彼的合理延伸中渐渐变得"高大"和"丰满"起来。

(三)在博物馆的导游讲解技巧

1. 突出重点,讲深讲透

博物馆内的展品数量大、种类多,导游人员不可能面面俱到地逐一讲解,这时就应从众多展品中挑出几件最具代表性的精品来讲深讲透,以便通过这些重点展品的深入讲解,给客留下深刻的印象。

2. 快慢得当,闹中求静

博物馆内团队多,地方小,经常出现多个导游人员同时讲解,互相干扰,影响导游讲解效果。这时就要掌握好快慢,尽量避免跟相邻的导游人员离得过近。如果时间多,就适当多讲点,让前面的导游人员和团队走得离你远些;如果时间少,就稍微走快些,超过与你相邻的导游人员与团队,以此来闹中求静。

3. 半圆人墙,避免干扰

有时候,你正在给游客讲解,突然从后面钻出几个人,插在导游和橱窗前,挡住了游客的视线,使自己无法正常讲解。这时,你不妨利用团队人多的优势,在某一重点展品前围成一个半圆形的包围圈,这样,外面的游客就插不进来,你就可以尽情施展自己的讲解技能了。

三、常用的导游方法

在实际导游工作中,导游方法多种多样。然而,在具体导游工作中,这些导游方法和技巧并不是孤立的,而是相互渗透、相互依存、相互联系的。导游人员在学习众家之长的同时,必须结合自己的特点融会贯通,在实践中形成自己独特的导游风格,并视具体的时空条件和对象,灵活熟练地运用,才能获得不同凡响的导游效果。

常用的导游方法主要有以下几种。

(一)概述法

概述法就是用直截了当的语言,简明扼要地介绍参观景点概况的讲解方法。它的特点是言简意赅、突出重点,给游客以深刻印象。当运用这种方法时,导游人员不仅要言辞简洁,还要辅以优美的语音语调、适当的面部表情和手势动作,才能提高旅游者的兴趣。这种方法适合于前往景点的途中或在景点入口处讲解时使用。例如,来到某一旅游景点,大家游兴正浓,争先想去看个痛快的时候,导游人员在大门口长篇大论,就会令游客不耐烦。这时,应采用概述法,将该景点的历史沿革、占地面积、布局规划、主要景观等情况作一个简要说明,使游客对即将游览的景点建立初步印象,达到"见树先见林"的效果,使之有"一睹为快"的要求,然后再进入参观,边看边介绍。这样,导游效果要好得多。

导游示范

> 导游人员引领旅游者到岳阳楼游览。在登楼前,导游人员可以这样讲解:"这就是驰名中外的岳阳楼,它与武昌的黄鹤楼、南昌的滕王阁合称为'江南三大名楼',素有'洞庭天下水,岳阳天下楼'的美誉。它原是三国时代东吴名将鲁肃训练水师的阅兵台,唐代建为岳阳楼,宋代由巴陵县令滕子京主持重修。整个楼阁为纯木结构,重檐盔顶,1984年落架大修后重新开放。现在楼高20米,由四根楠木柱支撑,楼顶就像古代将军的头盔。全楼没有一颗铁钉,这在力学、美学、建筑学、工艺学等方面都有杰出的成就。楼内现藏有清代刻的《岳阳楼记》雕屏,大家要想领略'衔远山,吞长江,浩浩荡荡,横无际涯'的风光,就请随我登楼观赏。"

(二)分段讲解法

导游人员把要讲解的内容分成若干个段落,进行前后互相衔接的分段式介绍的方法叫分段讲解法。当使用这种方法时,应注意在讲解这一景区的景物时不要过多涉及下一景区的景物,在快结束这一景区的游览时,再适当地介绍一点下一个景区,目的是引起游客对下一景区的兴趣,并使导游讲解一环扣一环,环环扣人心弦。这种方法一般适用于景区规模大而且重要的景点。导游人员先向游览者交代游览的程序、步骤以及每个步骤中的注意事项,然后带领旅游团按顺序参观,边看边讲,由此及彼,逐渐达到高潮,使得大景点、长线路中的精华"浓缩"在游客的脑海里。比如在故宫、九寨沟、大唐芙蓉园等大景点进行导游讲解时,就可以采用这种方法。

导游示范

香港迪士尼乐园导游词

各位游客：

大家好，欢迎大家来到迪士尼！

香港迪士尼乐园位于大屿山，环抱山峦，与南中国海遥遥相望，是一座融合了美国加州迪士尼乐园及其他迪士尼乐园特色于一体的主题公园。香港迪士尼乐园包括四个主题区：美国小镇大街、探险世界、幻想世界、明日世界。每个主题区都能给游客带来无尽的奇妙体验。

美国小镇大街

到访香港迪士尼乐园的游客会在美国小镇大街展开他们的旅程。美国小镇大街是根据典型的美国小镇设计而成的，富于怀旧色彩，所展现的时代是煤气灯正由电灯取替以及汽车代替马车的年代。这些怀旧设计带领游客进入神奇王国，让他们体验乐园内不同的世界。

探险世界

探险世界让游客亲身感受一个亚洲及非洲地区原始森林的旅程，同时探险世界将多种奇珍异卉集中在一处展出。游客可以参加乐园内的森林河流之旅，并发掘其他惊险的游乐设施，如整个以森林之王——King of the Jungle 为题的岛屿等。探险世界更设有一个最大的室内剧场，这剧场专为迪士尼现场表演而设。

幻想世界

幻想世界的中心标志是一个崭新、独特的梦想花园，唯香港迪士尼乐园独有。

到访幻想世界的游客会在睡公主城堡展开他们的旅程。游客犹如置身于迪士尼故事中，能在此找到他们最心爱的迪士尼人物：可以在咖啡杯内盘旋，又或者与各个可爱的迪士尼人物如小熊维尼、白雪公主及"老鼠大哥"——米奇老鼠见面。

明日世界

明日世界是一个充满科幻奇谈及实现穿梭太空幻想的地方。香港迪士尼乐园中明日世界的全新设计和感觉与其他的主题乐园截然不同，华特迪士尼幻想工程将整个园区创造成一个专为探索太空漫游奇遇与经历的星河太空港口。每个游乐设施、商店及餐厅均以机械人、宇宙飞船、浮动星体作装饰，作为太空港口的一部分。

游客朋友们，今天就为大家讲解到这儿，谢谢各位的支持！

（三）问答法

问答法就是在导游讲解时，导游人员向游客提问题或启发他们提问题的导游方法。使用这种方法的目的是调动游客的积极性，活跃游览气氛，激发游客的想象思维，促使游客与导游人员之间进行思想交流，使游客获得参与感或成就感，也可避免导游人员从头到尾的灌输式讲解，加深游客对所游览景点的印象。

问答法主要有以下三种形式。

1. 我问客答法

为提高游客的参与意图,在导游讲解过程中,导游人员应适当设计一些问题,并且设计的问题难度要适宜,不能太难,避免出现游客一无所知的局面,同时也要估计会有不同答案。导游人员要引导游客回答,但不要强迫他们回答,以免造成尴尬。游客的回答不论对与错,导游人员都不应打断,更不能嘲笑,而要给予鼓励;由导游人讲解,并引出更多的话题。

2. 自问自答法

导游人员先自己提出问题,并作适当停顿,让旅游者猜想,但并不期待他们回答,只是为了吸引他们的注意力,促使他们思考,引起兴趣,然后作简洁明了的回答或作生动形象的介绍,还可借题发挥,给游客留下深刻的印象。例如,参观西安大雁塔前,导游人员就可巧妙设问:"大雁塔为什么要以大雁为名呢?"问题一提出,游客必定会猜想,但一般很难回答出来,人人都想知道答案。这时,导游人员再讲一下菩萨化雁布施、感化众僧的故事,大雁塔这个名字就会深深铭刻在游客的心中。

3. 客问我答法

游客提出问题,证明他们对某一景物产生了兴趣,进入了审美角色。导游人员要善于调动游客的想象思维,欢迎他们提出问题。他们提出的问题,即使是幼稚可笑的,导游人员也绝不能置若罔闻,千万不要笑话他们,更不能显示出不耐烦,而要善于有选择地将回答和讲解有机地结合起来。不过,对于游客的提问,导游人员一般只回答一些与景点有关的问题,注意不要让游客的提问冲击你的讲解,打乱你的安排。在长期的导游实践中,导游人员要学会认真倾听客人的问题,掌握游客提问的一般规律,总结出相应的"客问我答"的导游技巧,随时满足游客的好奇心理。

(四)类比法

类比法就是用类似的东西进行对比、以熟喻生,达到类比旁通效果的导游方法。用旅游者熟悉的事物与眼前景物比较,使其对生疏的事物能很快理解,使他们感到亲切,从而达到事半功倍的导游效果。正确熟练地使用类比法,要求导游人员掌握丰富的知识,熟悉客源国的情况,对相比较的事物有比较深刻的了解。面对来自不同国家和地区的游客,要将他们知道的风物与眼前相比较,切忌作胡乱、不相宜的比较,否则会弄巧成拙,惹旅游者耻笑。无论在哪个景点导游,导游人员都应抓住景点主要内容向客人介绍,进行恰当类比,才可尽兴发挥。类比法分为同类相异类比法和同类相似类比法两种,不仅可在物与物之间进行比较,还可作时间上的比较。

1. 同类相异类比法

这种类比法可将两种风物比出规模、风格、工艺、价值等方面的不同。例如,在价值上,将秦始皇陵地宫宝藏同埃及第18朝法老图但卡蒙陵墓的宝藏相比;在规模上,将唐代长安城与东罗马帝国的首都君士坦丁堡相比;在宫殿建筑和皇家园林风格与艺术上,将北京的故宫和巴黎的凡尔赛宫相比,将华清池与凡尔赛花园相比等,不但使游客对中国悠久的历史文化有较深刻的了解,而且对东西方文化的差异有进一步的认识。

2. 同类相似类比法

同类相似类比法是指将相似的两物进行对比,便于游客理解并使其产生亲切感。例如,将北京的王府井比作纽约的第五大街、东京的银座、巴黎的香榭丽舍大街等;当讲到梁山伯和祝英台或许仙和白娘子的故事时,可以将其称为中国的罗密欧与朱丽叶等;当对美国人讲解西安半坡文化村时,导游人员若讲解为"半坡人的生活在很大程度上和当今居住在美国保留地的印第安人的生活习性很相似",就会令美国人恍然大悟;当新加坡游客泛舟于碧波万顷、风帆点点、海鸥翻飞的洱海上时,突然问导游人员:"洱海有多大?"熟悉新加坡的导游人员没有说洱海面积为250平方千米,而是巧妙地回答"有半个新加坡大",客人一听,便心领神会。

3. 时间之比法

以故宫的修建年代为例,导游人员如果说故宫建成于明永乐十八年,外国游客听了一头雾水,因为没有几个外国游客知道这究竟是哪一年。如果说故宫建成于公元1420年,就会给人以历史久远的印象。如果说在哥伦布发现新大陆前72年或莎士比亚诞生前144年,中国人就建成了面前的宏伟宫殿建筑群,这样便于游客记住故宫的修建时间,给他们留下深刻印象。

(五)虚实结合法

虚实结合法是编织故事情节的导游方法,在导游讲解中,将典故、传说与景物介绍有机结合。虚实结合法中的"实"是指景观的实体、实物、史实、艺术价值等,而"虚"则是指与景观有关的民间传说、神话故事、趣闻轶事等。"虚"与"实"必须有机结合,但以"实"为主,以"虚"为辅,努力将无情的景物变成有情的导游讲解。导游讲解要故事化,以求产生艺术感染力,避免平淡、枯燥、乏味的就事论事的讲解方法。用这种方法对景点细节精雕细琢,使得当时的场景温柔地再现、诗意地复活,这样的导游讲解会更有说服力,也更有亲和力。例如,当讲解山西的景点时,虚实结合法的使用尤显重要。因为山西的旅游景点以人文景观为主,有博大精深的佛教文化,有晋商渊源的大院文化,有历史悠久的黄河文化,山西大地上人文景点众多。可以说,抬头可以仰望,伸手可以触摸,低头可以沉思,几乎所有景物都有历史文献佐证,并伴有民间传说。如果虚实结合得恰到好处,就能获得较好的导游效果。

(六)突出重点法

突出重点法就是在导游讲解时避免面面俱到,突出某一方面的讲解方法。这种方法可以给游客留下深刻的印象。景点可讲解的内容很多,导游人员可根据不同的时空条件和对象,有的放矢地做到重点突出、详略得当。

1. 突出有代表性的景观

针对规模较大的景点,导游人员必须做好周密的计划,确定重点景观。这些景观既要有自己的特征,又能概括全貌。到现场游览时,导游人员主要讲解这些具有代表性的景观。例如,在秦始皇陵博物院、兵马俑进行导游讲解,要突出对一号坑和二号坑的讲解。一号坑讲好了,就能使游客从这6 000多披坚执锐的将士俑及双耳前竖昂首嘶鸣的战马俑的雕塑艺术群中,想象到"秦王扫六合,虎视何雄哉。挥剑决浮云,诸侯尽西来"的壮阔场面;二号坑讲好了,就可以使游客领略中国古代阵法中大阵套小阵、大营包小营、阵中有阵、营中有营、互相勾连、可分可合的无穷奥妙。

2. 突出景点的特征

游客在中国游览,总要参观很多宗教建筑,它们中有佛教寺院,有道教宫观,有伊斯兰教清真寺,各具特色。同为佛教寺院,即使是同一佛教宗派的寺院,其历史、规模、结构、建筑艺术、供奉的佛像等也各不相同,导游人员在讲解时必须讲清其特征,尤其是在同一地区或同一次旅游活动中参观多处类似景观时,更要突出其特征,吸引游客的注意力,避免产生"雷同"的感觉。

导游示范

在对山西省祁县渠家大院游览的讲解时,可以先介绍景点"面"上的知识,可以从山西晋商讲起。"在历史上,山西商人以善于经商著称于世,从夏、商以至宋、元,尤其是明清两代,晋商成为国内势力最大的商帮,同时,也是国际贸易中的一大商人集团,活动区域不仅遍及全国各地,还跨出国门,走向世界。曾经有人这么说:"凡是有麻雀的地方,就有山西商人"。各位请看这组模型,它所反映的就是山西商人在经营茶叶时,路过西口运往蒙古的一个场景,西口又名杀虎口。关于杀虎口当时流传着这么一首民谣:"杀虎口,杀虎口,没有钱财休过口,不是丢钱财,就是刀砍头,过了虎口心还抖。"可见山西商人的经商过程相当艰险。晋商文化是一种独特的历史现象,在渠家大院各展室主要介绍了晋商的历史渊源。晋商巨族渠家当年的主人在祁县县城内建有40个院落,占地总面积为23 628平方米,人称"渠半城"。整个院落始建于清乾隆年间,距今已有300年的历史。现在我们所参观的晋商文化博物馆是渠家第17代渠源潮的住所,整个大院的外观为城堡式,墙头是垛口式女儿墙,内分8个大院、19个小院、240间房屋,占地面积为5 317平方米,其中的石雕栏杆院、五进式穿堂院、牌楼院、戏台院、女儿墙镂空砖雕,错落有致、主次分明,堪称五大建筑特色,被专家誉为"中华民居建筑艺术的瑰宝。"接下来就让我们逐一领略一下她的风采……

3. 突出游客感兴趣的内容

旅游者的兴趣爱好各不相同,但职业相同的人、文化层次相同的人,往往有共同的爱好。导游人员在研究旅游团的资料时,要注意游客的职业和文化层次,以便确定旅游团大多数成员感兴趣的内容。投其所好的讲解方法往往能产生良好的导游效果。例如,在西安碑林博物馆进行导游讲解时,面对以书法爱好者为主的旅游团,你尽可以大讲特讲篆、隶、楷、草的演变,颜筋柳骨的特色,隶书的行云流水,草书的奇异多姿;而面对以历史学家为主的旅游团,导游人员就要多讲一些儒家学派的形成、主要学说及对中国文化的影响,大秦景教流行中国碑的意义,达摩东渡及佛教在中国的传播等。

4. 突出景点之最

导游讲解应突出景点最值得关注的方面,导游人员可根据实际情况,用最大、最小、最高、最长、最古老等内容吸引游客,激发他们的游兴。这些景点之最可以是世界之最,也可以是中国之最、本地之最。例如,北京故宫是世界上规模最大的宫殿建筑群,长城是世界上最伟大的古代人类建筑工程,天安门广场是世界上最大的城市中心广场。这样的导游讲解突出了景点的价值。不过,使用这种导游方法,必须实事求是,要有来源依据,不能任意杜撰。

(七)制造悬念法

制造悬念法是导游人员在讲解时提出令人感兴趣的话题,但故意引而不发,激起游客急于知道答案的欲望,使其产生悬念的方法,俗称"吊胃口""卖关子"。制造悬念是导游讲解的重要手段,在活跃气氛、制造意境、提高旅游者游兴、提高导游讲解效果诸方面往往能起到重要作用,导游人员都比较喜欢使用这种方法。但是,再好的导游方法都不能滥用,悬念不能乱造,以免起反作用。

制造悬念的方法很多,例如问答法、引而不发法、引人入胜法、分段讲解法等都可能激起游客对某一景物的兴趣,引起他们的遐想,使他们急于知道结果,从而制造出悬念。这种方法通常是导游人员先提起话题或提出问题,激起游客急于知道答案的欲望,但不告知下文或暂不回答,让他们去思考、去琢磨、去判断,最后才讲出结果。这是一种"先藏后露、欲扬先抑、引而不发"的手法,一旦讲出答案,会给游客留下特别深刻的印象,导游人员可始终处于主导地位,成为游客的关注焦点。

(八)触景生情法

触景生情法就是导游人员在行车、游览途中见到景物后,不是简单地只讲一下景色,而是由此引出话题、见物生情、借题发挥的导游讲解方法。这样使游客不仅知其然,还知其所以然,从而达到通过旅游获得知识的目的。

在导游讲解时,导游人员不能就事论事地介绍景物,而是要借题发挥,利用所见景物制造意境,引人入胜,使游客产生联想,从而领略其中之妙趣。触景生情贵在发挥,要自然正确切题地发挥。导游人员要通过生动形象的讲解、有趣感人的语言,赋予景物以生命,注入情感,引导游客进入审美对象的特定意境,从而使他们获得更多的知识和美的享受。这种方法的使用,只能是"触景"后才"生情",不要无感而发,无病呻吟。

(九)画龙点睛法

画龙点睛法是在一般讲述的基础上,用凝练的词句概括出所游览景点最精彩、最有特色之处的导游方法。这种方法将景观最精彩的部分用简要的词语说明,生动有趣,易于理解,有说服力,令人难忘,使其领略奥妙所在、匠心独运之处,能给人留下鲜明的印象,起到"画龙点睛"的作用。游客听了导游讲解,观赏了景观,一般都会有一番议论。导游人员可趁机给予适当的总结,以简练的语言,甚至几个字,点出景物精华之所在,帮助游客进一步领略其奥妙,获得更多的精神享受。使用这种方法时,不能为了突出特点而信口开河、胡编乱造,甚至夸大其词,所讲内容要有根据。一旦被游客发现讲解内容有错误,导游人员的可信赖程度就会受影响。

在实际的导游工作中,经常用到这种方法。例如,导游人员带领游客游览了云南之后:"阳光晒黑了皮肤,你们留下了友谊,而把青岛的夏天带走了!"从这位导游人员创新立意的讲解中,我们看到,使用这种方法不但要敢于"创新",还要讲究"立意",绝不能勉强;否则,只能适得其反。

四、导游讲解时应注意的问题

导游服务对于游客来说是一项必不可少的服务。来到异国他乡的游客,由于情况不熟悉,加之语言不通,常常会有一种茫然不知所措的感觉。这时如果有一位导游人员出现在他的面前,用他的母语为他介绍基本情况和注意事项,进行详细的导游讲解,在游览地与游客的心理之间架起一座"桥梁",不但可以消除游客在异地的紧张感和恐惧感,而且可以缩短游客与导游人员之间的心理距离。

导游在讲解时,应注意以下问题。

(一)注意体态语言

导游讲解主要是通过语言来表达的,但有时还应辅以必要的表情、手势和动作以及其他物质手段,将知识化为技能,将语言技能寓于讲解之中,让旅游者开阔眼界、愉悦身心、享受友谊。

导游人员的讲解应该是生动、活泼、引人入胜的,呆板和生硬的讲解、毫无表情的表达,必然会使游客在心理上产生不快的情绪体验,听起来索然无味。在讲解时,如果用手势、动作和表情帮助说话,就可增加语言的生动性,尽管它们不是导游讲解的主体,但可直接影响导游讲解的效果。手势、动作和表情如果做得很不明显或生硬,就起不了作用;如果做过了头,就会给游客以装腔作势之感,甚至会觉得面前这位导游像滑稽演员或舞台小丑。因此,这三者要做得自然、协调、恰到好处。

(二)掌握导游讲解节奏

旅游是一项审美活动,游客听导游人员讲解可以欣赏到看不到的东西。而自己独游,驰骋想象,神游在风景名胜之中,有时更能领略悠然自得、陶冶性情之趣。因此,导游人员并不是讲得越多越好,有时要娓娓而谈,有时则让游客自我陶醉。要以讲解为主,以游客独游为辅,有导有游,导、游搭配,才能产生更好的效果。一般情况下,行路时少讲些,讲快些,观赏时多讲些,讲慢些。至于何处该快,何处该慢,要根据游览点的具体环境而定。这就要求导游人员熟悉沿途各景点的情况及其观赏价值,做到有的放矢。

(三)把握最佳时机

讲解,对于导游人员来讲,是必不可少的,但什么时间讲什么内容,什么地点讲什么内容,应该有所选择。导游人员在讲解景点的历史、规模、传说、现状等内容时不仅要选择恰当的时机和地点,而且要根据季节、气候的变化灵活掌握。例如,游览长江三峡,船到巫山神女峰之前,导游人员要预先讲解神女峰的由来及神话传说;船行至巫山时停止讲解,让游客自己去寻找或借助导游人员的指点,看看神女峰像不像神女,如果此时从旁稍加描述或讲解,则有意想不到的效果。

当在现场讲解时,要选择合适的地点。若是在冬季或夏季进行讲解,注意不要站在露天处长篇大论,让游客忍受寒冷或酷暑,否则,会引起游客的反感。在夏季,要找一个阴凉通风的地方进行讲解;而在冬季,要找个避风、有阳光的地方进行讲解,而且时间不宜太长。另外,值得关注的是,选择的讲解地点还应便于集中游客。

导游讲解的时机与地点把握好,能提高游客的观赏意识,提高游兴,获得较好的审美效果。这要求导游人员对景点的特色、游客的心理变化、行车路线和速度以及日程安排等做统一考虑,选择最佳时机和适宜的地点,进行有条不紊地讲解。

(四)讲解内容要有取有舍

导游人员在讲解任何一处景观时,都不可能面面俱到,只能有所取舍;当导游人员在选取讲解内容时,必须依据团队的性质、特点等情况进行取舍,如果对任何游客都背诵"放之四海而皆准"的导游词,就有失妥当,令客人不满。

(五)合理利用导游辅助手段

随着科学技术的不断发展,导游讲解也随之向科学化、现代化发展,许多新型现代设备的出现,大大减轻了导游人员的劳动。导游人员可以用书刊画册、电影录像、多媒体投影、触摸电脑、电子导游器等手段辅助自己的口头讲解,使讲解的形式更有吸引力。

现代化的声光、声像设备在导游讲解中的位置日益重要,但并不意味可以完全取代导游人员的语言讲解。因为导游服务是一种特定形式的服务,讲究人情味,这是任何完善先进的声像设备无法替代的。导游讲解永远是导游人员的基本功,科学化的声光、声像设备以及宣传资料是为导游人员搞好讲解而服务的,毕竟只能作为辅助手段。只有依靠面对面的服务进行思想交流,辅以必要的仪器设备、材料,才能使游客得到温暖周到的、具有人情味的服务。

(六)集中注意力

注意是心理活动对一定对象的指向和集中,是人的一种意向活动。人的心理活动是不容易观察的,这主要是因为人的心理活动有隐蔽性、主动性和灵活性的特点。因此,导游人员要善于察言观色,注意游客的动作、表情和言谈上的细节以及细微变化,讲游客最想听的和最想知道的是极其重要的一点。导游人员要做到有针对性的讲解,必须注意研究客人的心理,集中精力对游客的需求做出准确的判断,在讲解之前就要做到心中有数,有备而讲。

导游工作的复杂性和特殊性要求导游人员不但要有一定的口才,而且要有稳定的注意力,具备合理分配注意力和把注意力迅速从一个客体集中转移到另一个客体上的能力。一个旅游团队有十几名甚至几十名、上百名旅游者,导游人员必须把握住每个旅游者,因此没有高度集中的注意力以及对注意力的分配能力是做不到的。同时,导游人员还要根据导游活动的安排及时转移自己的讲解重心,只有这样才不至于顾此失彼。如果导游人员不具备这种转移注意力的能力,往往会影响导游服务的质量。例如,一位导游人员在某景点讲解时,他不善于分配注意力,往往会把全部的精力都集中于讲解上,只顾自己口若悬河、滔滔不绝,而不注意游客的情绪反应,等他讲解完毕,才发现客人早就不耐烦或根本没去听,这样的讲解效果是可想而知的。

(七)综合运用各种知识

导游是一门综合性的学问,包罗万象,知识无穷。会外语者不一定都能当导游,导游之所以成为一种职业,其原因也在于此。导游人员没有丰富的知识作为后盾,在工作中就不会得心应手,舌头就会不听使唤,最终使自己丧失自信。学然后知不足,"活到老,学到老"应该成为导游人员的座右铭。导游人员所接待的旅游者的身份、阶层、职业、年龄、志趣、爱好、生活习惯、民族、性格都有很大的差异,没有丰富的知识,是难以接待好客人的。因此,在讲解的过程中,导游人员应注意综合运用各方面的知识,不断提高自己的讲解技能。

【技能训练】

导游带团讲解技能

训练目的

(1)使学生掌握导游带团技能、讲解技能理论知识;

(2)培养学生的导游带团技能;

(3)培养学生的导游讲解技能。

工作指引

(1)将班级分成若干个小组,并指定小组组长;

(2)在组长的组织下,结合全国导游资格考试对旅游景点的要求进行讲解,通过教师示范讲解、学生分组模拟练习、分组讨论等方式完成;

(3)进行小组实训成果展示;

(4)教师进行点评和反馈;
(5)实训结束后,要认真总结本次实训的心得、体会,并完成实训总结报告。

阶段成果检测

(1)小组进行实训成果展示;
(2)各个小组展示模拟导游讲稿;
(3)完成实训总结报告。

模块二　旅游市场营销

☞知识目标
(1) 掌握旅游营销的基本理念；
(2) 掌握旅游营销战略的内容；
(3) 掌握旅游营销策略。

☞技能目标
(1) 具备旅游营销的基本理念；
(2) 能为旅游企业制定营销战略；
(3) 具备旅游营销的技巧和策略。

营销理念、营销战略和营销策略是贯穿"旅游市场营销"课程的主线，为了突出重点、强调实践，围绕旅游企业的工作环境进行有效营销，本模块以营销理念、营销战略和营销策略为核心，以旅游营销案例作支撑，以旅游企业的工作过程设置情景进行教学安排。

任务一　旅游营销理念

【情景导入】

肯德基的社会营销

改革开放初期，肯德基进入中国，首家落户北京，并取得了极大的成功。这让投资者喜出望外，意欲扩大餐厅规模。然而，考虑到过去的一些因素，公司对可否扩大规模心中没底，害怕许多人对美国还存在某种心理上的抵制。为此，肯德基公司的高层一筹莫展。

一天，肯德基北京公司总经理许喜林看到办公桌上有一本《半月谈》，封底是一幅题为"我要上学"的照片，翻开封二，那里有邓小平为"希望工程"的题词以及"希望工程"的简介。他陷入沉思。据有关资料显示，中国青少年基金会刚刚发起"希望工程"，缺少宣传和赞助，参加者并不成规模，还处在初步形成阶段。但是，这是一项国家重视、人民拥护的事业。如果肯德基领头响应"希望工程"的号召，对于改变由于历史原因造成的不良公众形象将大为有益。于是肯德基开始策划这次活动。

捐建"希望小学"，捐助贫困儿童。公司在全国捐建几所"希望小学"的同时，许喜林建议让公司 200 多名员工每人捐助一名贫困儿童上学，这样有利于人与人的心灵沟通，更富有人情味。当北京公司向肯德基亚太地区总裁汇报这一活动以后，立即得到了支持。随后，亚太总部决定由亚太地区追加 10 万美元，北京公司投资 50 万元人民币赞助"希望工程"，并在人民大会堂举行新闻发布会。发布会当天，时任北京市副市长的陆宇澄和肯德基亚太区总裁林天泰先生亲自到会讲话，《人民日报》《经济日报》等全国 30 多家、海外 20 多家新闻媒体对此进行了大篇幅报道。

随后，他们通过北京电台邀请河北省崇礼县几十名受捐助的山村孩子到北京参观旅游。

北京电视台《18分钟经济·社会》以"圆梦"为题进行了专栏报道,博得了社会各界的广泛好评与赞誉。通过一系列的"希望活动",肯德基在社会上树立了良好的企业形象,并得到媒体、政府和公众的高度赞扬。也正是通过这一系列的活动,营造了宽松有利的社会环境,使肯德基在北京、青岛、西安、上海等地的分店如雨后春笋般迅速发展起来。

【思考】

(1)如何激发营销理念的产生?

(2)什么是社会营销?

(3)社会营销有什么优势?

(4)你从案例中得到什么启示?

市场营销理念是贯穿于旅游市场营销活动的指导思想,也是旅游企业决策人员、营销人员的经营思想和商业观。它概括地总结了一个企业的经营状态和思维方式,即营销企业应以什么样的理念或看法来看待组织、顾客和社会之间的关系,应以什么样的理念来开展营销活动。

一、营销中的"PRICE"法则

(一)营销计划(Plan)

企业营销计划是指在对企业市场营销环境进行调研分析的基础上,制定企业及各业务单位的对应营销目标以及实现这一目标所应采取的策略、措施和步骤的明确规定及详细说明。

营销计划是企业的战术计划,营销战略对企业而言是"做正确的事",而营销计划则是"正确地做事"。在企业的实际经营过程中,营销计划往往碰到无法有效执行的情况,一种情况是营销战略不正确,营销计划只能是"雪上加霜",加速企业的衰败;另一种情况则是营销计划无法贯彻落实,不能将营销战略转化为有效的战术。营销计划充分发挥作用的基础是正确的营销战略,一个完美的战略可以不必依靠完美的战术,而从另一个角度看,营销计划的正确执行可以创造完美的战术,而完美的战术则可以弥补战略的欠缺,还能在一定程度上转化为战略。

营销计划主要包括以下八项内容。

1. 计划概要

计划概要是对主要营销目标和措施的简短摘要,目的是使高层主管迅速了解该计划的主要内容,抓住计划的要点。例如,某零售商店年度营销计划的内容概要是"本年度计划销售额为5 000万元,利润目标为500万元,比上年增加10%。这个目标经过改进服务、灵活定价、加强广告和促销努力,是能够实现的。为达到这个目标,今年的营销预算要达到100万元,占计划销售额的2%,比上年提高12%。"

2. 营销状况分析

营销状况分析主要提供与市场、产品、竞争、分销以及宏观环境因素有关的背景资料,具体内容有:

(1)市场状况。列举目标市场的规模及其成长性的有关数据、顾客的需求状况等,如目标市场近年来的年销售量及其增长情况、在整个市场中所占的比例等。

（2）产品状况。列出企业产品组合中每一个品种近年来的销售价格、市场占有率、成本、费用、利润率等方面的数据。

（3）竞争状况。识别出企业的主要竞争者，并列举竞争者的规模、目标、市场份额、产品质量、价格、营销战略及其他的有关特征，以了解竞争者的意图、行为，判断竞争者的变化趋势。

（4）分销状况。描述公司产品所选择的分销渠道的类型及其在各种分销渠道上的销售数量，如某产品在百货商店、专业商店、折扣商店、邮寄等各种渠道上的分配比例等。

（5）宏观环境状况。主要对宏观环境的状况及其主要发展趋势作简要的介绍，包括人口环境、经济环境、技术环境、政治法律环境、社会文化环境，从中判断某种产品的命运。

3.机会与风险分析

当进行机会与风险分析时，首先应对计划期内企业营销所面临的主要机会和风险进行分析，再对企业营销资源的优势和劣势进行系统分析。在机会与风险、优劣势分析基础上，企业可以确定在该计划中必须注意的主要问题。

4.拟定营销目标

拟定营销目标是企业营销计划的核心内容，应在市场分析基础上对营销目标作出决策。营销计划应建立财务目标和营销目标，目标要用数量化指标表达出来，要注意目标的实际、合理，并应有一定的开拓性。

（1）财务目标。财务目标即确定每一个战略业务单位的财务报酬目标，包括投资报酬率、利润率、利润额等指标。

（2）营销目标。财务目标必须转化为营销目标。营销目标可以由以下指标构成，如销售收入、销售增长率、销售量、市场份额、品牌知名度、分销范围等。

5.营销策略

营销策略是企业以顾客需要为出发点，根据经验获得顾客需求量以及购买力的信息、商业界的期望值，有计划地组织各项经营活动。包括目标市场选择和市场定位、营销组合策略等，其主要内容是明确企业营销的目标市场是什么市场，如何进行市场定位，确定何种市场形象；企业拟采用什么样的产品、渠道、定价和促销策略。

6.行动方案

行动方案是指对各种营销策略的实施制订详细的行动方案，即阐述以下问题：将做什么？何时开始？何时完成？谁来做？成本是多少？整个行动计划可以列表加以说明，表中具体说明每一时期应执行和完成的活动时间安排、任务要求和费用开支等，使整个营销策略落实行动，并能循序渐进地贯彻执行。

7.营销预算

营销预算即开列一张实质性的预计损益表。在收益的一方要说明预计的销售量及平均实现价格，预计销售收入总额；在支出的一方说明生产成本、实体分销成本和营销费用以及再细分的明细支出，预计支出总额；最后得出预计利润，即收入和支出的差额。企业的业务单位编制出营销预算后，送上层主管审批；经批准后，该预算就是材料采购、生产调度、劳动人事以及各项营销活动的依据。

8.营销控制

营销控制指对营销计划执行进行检查和控制，用以监督计划的进程。为便于监督检查，营销主管每期都要审查营销各部门的业务实绩,具体做法是将计划规定的营销目标和预算按月或季分别制定,检查是否实现了预期的营销目标。凡未完成计划的部门,应分析问题原因,并提出改进措施,以争取实现预期目标,使企业营销计划的目标任务都能落实。

(二)营销调研(Research)

营销调研是指系统地、客观地收集、整理和分析市场营销活动的各种资料或数据,用以帮助营销管理人员制定有效的市场营销决策。这里所谓的"系统"指的是对市场营销调研必须有周密的计划和安排,使调研工作有条理地开展下去;"客观"指对所有信息资料,调研人员必须以公正和中立的态度进行记录、整理和分析处理,应尽量减少偏见和错误;"帮助"指调研所得的信息以及根据信息分析后所得出的结论,只能作为市场营销管理人员制定决策的参考,而不能代替他们作出决策。

1. 营销调研的内容

1)市场需求容量调研

市场需求容量调研主要包括市场最大和最小需求容量、现有和潜在的需求容量、不同商品的需求特点和需求规模、不同市场空间的营销机会以及企业和竞争对手的现有市场占有率等情况的调查分析。

2)可控因素调研

可控因素调研主要包括对产品、价格、销售渠道和促销方式等因素的调研。

(1)产品调研:包括有关产品性能、特征和顾客对产品的意见和要求的调研;产品寿命周期调研,以了解产品所处的寿命期的阶段;产品的包装、名牌、外观等给顾客的印象的调研,以了解这些形式是否与消费者或用户的习俗相适应。

(2)价格调研:包括产品价格的需求弹性调研;新产品价格制定或老产品价格调整所产生的效果调研;竞争对手价格变化情况调研;选样实施价格优惠策略的时机和实施这一策略的效果调研。

(3)销售渠道调研:包括企业现有产品分销渠道状况,中间商在分销渠道中的作用及各自实力,用户对中间商尤其是代理商、零售商的印象等内容的调研。

(4)促销方式调研:主要是对人员推销、广告宣传、公共关系等促销方式的实施效果进行分析、对比。

3)不可控因素调研

(1)政治环境调研:包括对企业产品的主要用户所在国家或地区的政府现行政策、法令及政治形势的稳定程度等方面的调研。

(2)经济发展状况调研:主要调查企业所面对的市场在宏观经济发展中将产生何种变化。调研的内容有各种综合经济指标所达水平和变动程度。

(3)社会文化因素调研:主要调查一些对市场需求变动产生影响的社会文化因素,如文化程度、职业、民族构成、宗教信仰及民风、社会道德与审美意识等。

(4)技术发展状况与趋势调研:主要是为了解与本企业生产有关的技术水平状况及趋势,同时还应把握社会相同产品生产企业的技术水平的提高情况。

(5)竞争对手调研:在竞争中要保持企业的优势,就必须随时掌握竞争对手的各种动向。竞争对手调研主要是关于竞争对手数量、竞争对手的市场占有率及变动趋势、竞争对手已经并将要采用的营销策略、潜在竞争对手情况等方面的调研。

2. 营销调研的步骤

营销调研是一项有序的活动,分为准备阶段、实施阶段和总结阶段三个部分。

1) 调研准备阶段

这一阶段主要是确定调研目的、要求及范围并据此制订调研方案,包括三个步骤。

(1) 提出调研问题。

营销调研人员根据决策者的要求或由市场营销调研活动中所发现的新情况和新问题,提出需要调研的课题。

(2) 分析初步情况。

根据调查课题,收集有关资料作初步分析研究。许多情况下,营销调研人员对所需调研的问题尚不清楚或者对调研问题的关键和范围不能抓住要点而无法确定调研的内容,这就需要收集一些有关资料进行分析,找出症结,为进一步调研打下基础,通常称这种调研方式为探测性调研。探测性调研所收集的资料来源包括现有的资料及向专家或有关人员作调查所取得的资料。探测性调研后,需要调研的问题已明确,就可以开始调研方案的制订。

(3) 制订调研方案。

调研方案应确定调研目的、具体的调研对象、调研过程的步骤与时间等,必须明确规定调查单位的选择方法、调研资料的收集方式和处理方法等问题。

2) 调研实施阶段

这一阶段的主要任务是根据调研方案,组织调查人员深入实际收集资料,包括两个工作步骤:

(1) 组织及培训。

企业往往缺乏有经验的调研人员,要开展营销调研必须对调研人员进行一定的培训,目的是使他们对调研方案、调研技术、调研目标及与此项调研有关的经济、法律等知识有一个明确的了解。

(2) 收集资料。

首先收集的是第二手资料,也称为次级资料,其来源通常为国家机关、金融服务部门、行业机构、市场调研与信息咨询机构等发表的统计数据,也有些发表于科研机构的研究报告或著作、论文上。对这些资料的收集方法比较容易,花费也较少,我们一般将利用第二手资料来进行的调研称为案头调研。其次是通过实地调研来收集第一手资料,即原始资料,这时就应根据调研方案中已确定的调查方法和调查方式,确定好的选择调查单位的方法,先一一确定每一位被调查者,再利用设计好的调查方法与方式来取得所需的资料。我们将取得第一手资料并利用第一手资料开展的调研工作称为实地调研,这类调研活动与前一种调研活动相比,虽然花费较大,但是它是调研所需资料的主要提供者。本模块所讲的营销调研方法、技术等都是针对收集的第一手资料而言的,也就是介绍如何进行实地调研。

3) 调研总结阶段

营销调研的作用能否充分发挥,与调研总结两项具体工作的好坏密切相关。

(1) 整理和分析所收集的资料。

通过营销调查取得的资料往往是相当零乱的,有些只是反映问题的某个侧面,带有很大的片面性或虚假性,对这些资料必须做审核、分类、制表工作。审核即去伪存真,不仅要审核资料正确与否,而且要审核资料的全面性和可比性;分类是为了便于资料的进一步利用;制表的目的是使各种具有相关关系或因果关系的经济因素更为清晰地显示出来,便于作深入的分析研究。

(2)编写调研报告。

调研报告是对调研活动的结论性意见的书面报告。编写原则应该是客观、公正、全面地反映事实,以求最大限度地减小营销活动管理者在决策前的不确定性。调研报告的内容包括调研对象的基本情况、对所调研问题的事实所作的分析和说明以及调研者的结论和建议。

3. 营销调研的方法

1) 询问法

询问法是通过向被调研对象提出问题而获取所需资料的一种方法。使用这种方法可以获得其他调研法无法得到的信息,如被调查对象对某些问题的看法、态度等,因此在进行描述性调研时,这种方法是最有效的。例如,旅游营销人员可以通过直接或间接询问的方法获知顾客为何选择本旅游企业进行消费,为何选中某条线路。

根据旅游营销调研人员与被调查对象的接触方式不同,询问法还可以分为面谈法、电话询问法、邮寄调查法和留置问卷法四种。

(1)面谈法。面谈法是通过向被访问对象当面提问来收集信息的一种方法。调研人员事先拟定调研提纲,然后以访谈询问的方式向被调查者了解市场情况。

面谈法可以分为个人面谈与小组面谈、一次面谈与多次面谈等。

(2)电话询问法。电话询问法是调研人员通过电话与被调查者交谈获取信息资料的方法。这种方法速度快且问题便于统一,但时间短,信息不深入、不详细。

(3)邮寄调查法。邮寄调查法是将调查问卷邮寄给被调查者,请他们按要求填写后寄回,从中获取信息的调研方法。此方法调研范围广,且被调查者在时间、环境较为宽松的情况下回答问题,信息较为真实。但往往存在问卷回收率低、拖延时间长的局限性。

(4)留置问卷法。留置问卷法是旅游营销调研人员将问卷交给被调查对象,说明回答方法后,将问卷留置于被调查对象手中,让其自行填写,再由旅游营销调研人员定期收回的方法。这种方法是面谈法和邮寄调查法两种方法的折中办法,因此其优缺点介于两者之间。

2) 观察法

观察法是指通过观察被调查者的活动来取得第一手数据的一种调查方法。

3) 实验法

实验法是先从影响调研问题的若干问题因素中选择一两个因素,将它们置于一定的条件下进行小规模实验,并尽可能排除一切非实验因素的影响,然后对实验结果作出分析,研究是否值得大规模推广。

(三) 营销执行

市场营销执行是指将市场营销计划转化为行动方案的过程,并保证这种任务的完成,以实现计划的既定目标。

市场营销执行过程包括如下主要步骤。

1. 制订行动方案

为了有效地实施市场营销战略,必须制订详细的行动方案。这个方案应该明确市场营销战略实施的关键性决策和任务,并将执行这些决策和任务的责任落实到个人或小组。另外,行动方案还应包含具体的时间表,定出行动的确切时间。

2. 建立组织结构

企业的正式组织在市场营销执行过程中起着决定性的作用。组织将战略实施的任务分配给具体的部门和人员，规定明确的职权界限和信息沟通渠道，协调企业内部的各项决策和行动。不同战略的企业需要建立不同的组织结构，也就是说，结构必须同企业战略相一致，必须同企业本身的特点和环境相适应。组织结构具有两大职能，首先是提供明确的分工，将全部工作分解成管理的几个部分，再将它们分配给各有关部门和人员；其次是发挥协调作用，通过正式的组织联系沟通网络，协调各部门和人员的行动。

3. 设计决策和报酬制度

为实施市场营销战略，必须设计相应的决策和报酬制度，这些制度直接关系战略实施的成败。就企业对管理人员工作的评估和报酬制度而言，如果以短期的经营利润为标准，则管理人员的行为必定趋于短期化，他们就不会有为实现长期战备目标而努力的积极性。

4. 开发人力资源

市场营销战备最终是由企业内部的工作人员来执行的，因此人力资源的开发至关重要。这涉及人员的考核、选拔、安置、培训和激励等问题。当考核选拔管理人员时，要注意将适当的工作分配给适当的人，做到人尽其才；必须建立完善的工资、福利和奖惩制度，以激励员工的积极性。此外，企业还必须合理安排行政管理人员、业务管理人员和一线工人之间的比例。许多美国企业已经削减了公司一级的行政管理人员，目的就是减少管理费用及提高工作效率。

应当指出的是，不同的战略要求具有不同性格和能力的管理者，"拓展型"战略要求具有创业和冒险精神的、有魄力的管理者；"维持型"战略要求管理人员具备组织和管理方面的才能；而"紧缩型"战略则需要寻找精打细算的管理者来执行。

5. 建设企业文化

企业文化是指一个企业内部全体人员共同持有和遵循的价值标准、基本信念和行为准则。企业文化对企业的经营思想和领导风格，对职工的工作态度和作风，均起着决定性的作用。企业文化包括企业环境、价值观念、模范人物、仪式、文化网五个要素。企业环境是形成企业文化的外界条件，它既包括一个国家、民族的传统文化，也包括政府的经济政策以及资源、运输、竞争等环境因素；价值观念是指企业职工共同的行为准则和基本信念，是企业文化的核心和灵魂；仪式是指为树立和强化共同价值观，有计划进行的各种例行活动，如各种纪念、庆祝活动等；文化网则是传播共同价值观和宣传介绍模范人物形象的各种非正式的渠道。

总之，企业文化主要是指企业在其所处的一定环境中逐渐形成的共同价值标准和基本信念。这些标准和信念是通过模范人物来创造和体现的，通过正式和非正式组织加以树立、强化和传播。由于企业文化体现了集体责任感和集体荣誉感，甚至关系职工的人生观和他们所追求的最高目标，能够起到把全体员工团结在一起的"黏合剂"作用，因此塑造和强化企业文化是执行企业战略不容忽视的一环。

与企业文化相关联的是企业的管理风格。一种管理者的管理风格属于"专权型"，他们发号施令，独揽人权，严格控制，坚持采用正式的信息沟通，不容忍非正式的组织和活动；另一种管理风格称为"参与型"，他们主张授权下属，协调各部门的工作，鼓励下属的主动精神和非正式的交流与沟通。这两种对立的管理风格各有利弊。不同的战略要求不同的管理风格,具体需要什么样的管理风格取决于企业的战略任务、组织结构、人员和环境。

企业文化和管理风格一旦形成,就具有相对稳定性和连续性,不易改变。因此,企业战略通常是适应企业文化和管理风格的要求,不宜轻易改变企业原有的文化和风格。

6. 市场营销战略实施系统各要素间的关系

为了有效地实施市场营销战略,企业的行动方案、组织结构、决策和报酬制度、人力资源、企业文化和管理风格这五大要素必须协调一致,相互配合。

(四)营销控制

概括来说,营销控制就是企业用于跟踪营销活动过程的每一个环节,确保能够按照计划目标运行而实施的一套完整的工作程序。营销控制主要包括年度计划控制、盈利控制、效率控制和战略控制。

年度计划控制是指在本年度内采取调整和纠正措施,检查市场营销活动的结果是否达到了年度计划的要求。盈利控制是分析年度计划控制以外的企业各产品在各地区运用各种营销渠道的实际获利能力,从而指导企业扩大、缩小或者取消某些产品和营销活动。效率控制是指在分析出企业特定产品销售市场活力不高的情况,采取更有效的方法提高广告策划、人员推销、促销和分销等的工作效率。战略控制则是更高层的市场营销控制,是指分析、审计企业的战略、计划是否有效地抓住了市场机会,是否同市场营销环境相适应。

哪些测量标准可以作为判断营销绩效的依据?量度的选择应由营销部门和财务部门共同确定。如果由营销部门单独负责,有可能只选择对自己有利的标准;如果财务部门单独负责,营销部门将处于不被信任的地位;只有两个部门共同选择标准,可信度才能确立。财务部门将会因这种做法而受益,它在考虑营销部门对于资金的请求时有据可查。

这些量度包括市场占有率、品牌认知度、客户满意度、相关产品的质量、客户感知价值、客户忠诚度和客户丧失率。

企业是否对客户满意度有足够的重视,并采取措施进行改进?大部分企业都更加重视其市场占有率的增加,而不是客户满意度的提升。这是不对的。客户满意度和客户感知价值是企业获得利润的关键。客户满意度越高,客户感知价值就越大。拥有忠诚的客户有许多优势,赢得一个新客户的成本高于满足和保留一个客户的成本5~10倍。根据所在不同行业,客户损失率每减少5%,企业的利润可以增加25%~85%;而获得利益的客户可以更长时间地保持对企业的忠诚。

(五)营销评估

营销评估是指确切地了解企业使用的一些营销活动组合,或是比较个人化的营销方式(如网络销售)等营销策略的实施效果。具体从以下几个方面进行评估:

(1)销售额评估,即对企业在一定时间的销售量、收入、利润、市场份额、市场占有率等的评估。为了更准确地评估,必要时才有一些新的测评标准,如新产品生成数量、人员数量、资金到账率、折扣等都会对销售额产生影响。

(2)市场评估,即企业对客户(或顾客)是怎样获取本企业信息的,及他们在选择产品或服务的态度、时间、场合、数量等进行评估。

(3)促销评估,即企业通过调查其做出的广告、宣传等活动的直接反馈。如对促销的方式、选用的媒体、受众群体的反应等的评估。

(4)网络评估,即企业对自身的网络主业、网上销售、网络广告等进行评估。

(5)营销策略评估。参与评估的营销策略和相关资料必须满足:

①能够吸引相对固定的客户;

②表达和传播客户群的关注;

③面对面销售时,使用的相关材料、图像和说明应易于理解,形式易于保存;

④具备专注客户需求和企业的差异化特点的营销理念。

二、顾客为先的营销理念——以麦当劳为例

> 麦当劳(McDonald's)——品质(Q)、服务(S)、清洁(C)、价值(V)
>
> 现在的麦当劳关注营养,提供不同口味、高品质的均衡饮食,倡导健康快乐的生活方式。我们的开心乐园套餐很好地体现了这一主题。
>
> ——麦当劳执行副总裁兼全球首席营销官 拉里·莱特

从雷·克洛克于1955年在美国伊利诺伊州成立第一家麦当劳连锁店到现在,已经过去了60多年。如今的麦当劳已遍布全球,拥有4万多家分店。1990年,麦当劳进入中国,在深圳开了第一家麦当劳快餐厅。短短20多年,麦当劳的连锁店在中国已经开了2 000多家。即使是这样,每逢节假日,麦当劳各大餐厅依然人满为患。据说中国30%以上的城市孩子,生日聚会选择在麦当劳一类的快餐店度过。这样的盛况不是一天两天,而是十几年如一日。麦当劳有什么成功秘诀呢?

有人说,无论怎样高明的营销手段,都需要一个坚实的理念作为支撑,麦当劳也有一个坚持不变的营销理念,那就是品质(Q)、服务(S)、清洁(C)、价值(V)。

其中,Q是Quality的缩写,代表品质。麦当劳的汉堡包质优味美、营养全面,具有无论在何时何地都不会对任何人打折扣的高品质。麦当劳的所有食物在交给顾客之前,都经过严格的质量控制,达不到健康卫生指标要求的坚决不能使用。

S是Service的缩写,代表服务。麦当劳的服务要求快速敏捷、热情周到,对顾客保持微笑;餐厅的环境布置典雅,背景音乐轻松愉悦,有些餐厅还为儿童专门配备了小孩游戏区等。

C是Cleanliness的缩写,代表清洁。麦当劳的环境永远是那么整洁、干净,不仅是店内设施,服务人员都必须为双手消毒才能上岗。

V是Value的缩写,代表价值。也就是说,顾客在麦当劳就餐会感到价格合理、物有所值。

(一)从汽车餐厅到麦当劳

人们也许不会想到,世界著名的跨国快餐店麦当劳是以一家简陋的汽车餐厅起家的。1937年,狄克·麦当劳和迈克·麦当劳兄弟俩在洛杉矶东部的加利福尼亚州开了一家汽车餐厅,以他们的姓氏命名为"麦当劳"(McDonald's),主要经营味美价廉的汉堡包。

麦当劳兄弟的汽车餐厅生意并不红火。为了增加营业额,他们从推销商雷·克洛克那儿购买了奶昔机,为顾客提供甜美的奶昔。没想到,这无意中的变化竟给麦当劳带来了意外的收获,生意越来越好。其他汽车餐厅见状也纷纷效仿,给麦当劳兄弟带来了不小的影响。在这种情况下,麦当劳兄弟决定出售餐厅的特许经营权。

第一位加盟者福斯以1 000美元的价格购买到了麦当劳的特许经营权,可是麦当劳兄弟只是给了他一份简单的说明,包括新建筑的设计、一周货款和快捷服务,其他什么也没有。如此一来,加盟店没有完全按照麦当劳兄弟的方式经营,而是改变了汉堡包和奶昔的口味,

还增加了其他品种,管理也有不同的规定,这不仅严重损害了麦当劳的声誉,也违背了麦当劳方便快捷的独特经营方式。

这时候,曾为麦当劳兄弟提供纸杯和奶昔机的雷·克洛克找到了他们,希望成为麦当劳唯一的特许经营代理商。雷·克洛克是一位天才的营销家,他早已提前经过了严密的市场调查。当时郊区几乎没有像麦当劳这样干净卫生、经济合算、品质优良、方便快捷的餐厅,正好利用这个机会填补这一空白。另外,生活节奏日益加快,人们已很少能够自己煮饭了,因此简单快捷、健康卫生的麦当劳快餐店存在着巨大的市场潜力。

雷·克洛克的想法得到了麦当劳兄弟的支持,成为当时麦当劳在全美国唯一的特许经营代理商,并成立了特许经营公司——麦当劳公司系统公司(1960年改名为麦当劳公司)。

1955年,雷·克洛克在芝加哥东北部开设了第一家真正意义上的现代麦当劳特许经营店。这家快餐店完全按照雷·克洛克的理解进行环境布置,并制定了营销理念和模式,这也是最早的麦当劳营销理念:注重品质、快捷服务、卫生和经济实惠。由于雷·克洛克最初就打算将麦当劳作为加盟的样板,为防止出现之前那种经营混乱的情况,他创建了一套严格的制度规范,这就是著名的以"QSCV"为核心的理念。

雷·克洛克规定每家麦当劳加盟店的汉堡包品种、质量、价格、口味,甚至大小都必须一致,店面装修与其他服务方式也完全一样;快餐店使用的调味品、肉和蔬菜的品质由特许经营总部统一规定标准;食品制作工艺也完全一样。这些仅仅是规定中的一小部分,其他方面的规定更是详细而严格。

1961年,麦当劳兄弟以270万美元的价格将麦当劳全部转让给克洛克,从此麦当劳走上了以特许经营方式快速发展的高速公路。

(二)时间在变,理念永恒

从第一家快餐店开始,麦当劳如今已成为世界上最大的餐饮集团,连锁店遍及全球130多个国家或地区,其中最南位于纽西兰茵薇卡其尔,最北位于芬兰旅游胜地罗凡尼米。几乎每隔几个小时,就有一家麦当劳开业。全世界的人都对麦当劳那个金黄色的"M"形标志印象深刻,麦当劳也成为人们最熟知的世界品牌之一。

但是,无论加盟连锁店达到多少家,无论连锁店开在世界哪一个角落,麦当劳的"QSCV"营销理念不会变,都会为顾客提供优质的服务,以及新鲜、卫生的食品,都会遵守"顾客至上,顾客永远第一"的黄金法则。

例如,牛肉食品要经过40多项品质检查;食品制作超过一定时限(汉堡包的时限是10分钟,炸薯条是7分钟)即丢弃不卖;肉饼必须由83%的肩肉与17%的上选五花肉混制等。严格的标准使顾客在任何时间、任何地点所品尝到的麦当劳食品都是同一品质的。

为了使各加盟店都能够达到令消费者满意的服务与标准,除了坚持"QSCV"理念,麦当劳还有严格的检查监督制度,一是常规性月度考评,二是公司总部的检查,三是抽查。此外,麦当劳还定期对员工进行培训,提高员工的整体素质和服务水平。

考虑人们在劳累一天之后需要经济、方便、快捷及实惠的快餐,麦当劳每次选址都把快餐店开设在人群密集的场所附近。在麦当劳,为了能够让每位顾客使用电梯,总经理和员工会主动走楼梯;无论是在柜台服务,还是在后厨制作食品,麦当劳的所有员工都不会让顾客遗留下来的餐盒超过一分钟;麦当劳标志性的迅捷服务大大减少了顾客等待的时间,而且为尊重顾客,每一次点餐,对一个顾客只推荐一次食品,顾客点餐后一般在30秒之内就能拿到食品，这都无形中为顾客节约了时间。

为了给带小孩的顾客提供一个轻松的环境，有些麦当劳还专为儿童设置了"儿童乐园"，而且还有员工陪孩子们玩耍；甚至为了适应年轻恋人的需要，麦当劳还专门在店堂相对安静的地方设有被称为"情人角"的区域。

如此细致周到地为顾客着想，是麦当劳取得成功的重要原因。它不仅给人们带来了健康美味的食物和不一样的生活方式，更为服务行业带来一种值得称道的营销理念。而麦当劳所宣扬的企业哲学，即品质、服务、清洁和价值，则是应该倡导的企业现代化努力方向的典范之一。

（三）以此为鉴，为顾客提供超值的服务

麦当劳的营销之道至少给商家一些这样的启示：仅仅提供高质量的产品是不够的，还要提供更优质的服务、物有所值的价格及与产品和服务相匹配的企业文化。

麦当劳一直强调"提供更有价值的物质商品给顾客"，是因为它看到，随着现代消费者的需求逐渐趋向于高品质化、高品位化和多样化，如果麦当劳只是提供单一的食品，那么顾客就会失去新鲜感，麦当劳连锁店的生命也将终结。因此，麦当劳努力地适应社会环境和公众需求的变化，重视商品新价值的开发，即不断给商品增加附加值。

每隔一段时间，麦当劳便有新的品种推出，采用不同的主题，赋予它不同的含义，如韩国泡菜堡、日式照烧猪肉堡、海洋鲜虾堡、和风鸡腿堡等。

对于中国人来说，麦当劳的到来，不仅是一种崭新的饮食文化，也是一种与众不同的生活方式。当人们吃腻了煎炒烹炸的中餐，品尝一下方便快捷、卫生美味的麦当劳，那不仅是一饱口福，而且是视觉、听觉的享受，也是一次愉悦的精神之旅。

并不算昂贵的价格，完全可以满足工薪阶层的消费水准；整洁明亮的店堂、干净的桌椅让人放心；在进餐的同时，还可以享受到优美的音乐。除此之外，麦当劳对食品的温度都经过专门的研究，并制定了统一的食品温度标准，使汉堡、麦乐鸡、可乐等都温度适中，这样一买到便可即时食用。所有这些细微周到的服务，都使顾客感到赏心悦目，物超所值。

【案例分析】

<h3 style="text-align:center">做到了才有说服力</h3>

每一个人都可以卖汉堡，但是，我们不只是卖汉堡，所以在全国广告上我们也希望能多付出一些关怀，多传达一份讯息，告诉大家我们与众不同；我们多一份的温暖和魅力，就是因为麦当劳把餐厅形象塑造成充满欢乐的地方，所以常常吸引消费者全家大小一起去那享受天伦之乐，这也是我们比其他速食业成功的地方。

——麦当劳副总裁拉里·莱特

企业因顾客而存在，因顾客而发展，很多企业都树立了以顾客为本的理念。"顾客就是上帝"这句话不知最早是谁提出来的，但早已被诸多商家引用得滥熟。这并非人之天性，只是在市场竞争之下产生的，特别是对于服务行业，对待顾客要像对待上帝一般尊重和周到。

然而，当真正面对顾客的时候，这句话便失去了效用，也许对于不信仰基督教的人而言，并不了解上帝是一位怎样的人物，也不清楚该以怎样的态度去面对。于是，顾客掏光银子，换来的并非是商家真心的服务，有时是令人窝火的麻烦事。因此说，无论商家做出的承诺多么吸引人,多么郑重其事,关键在于是不是真的能够兑现。麦当劳对顾客也有过承诺,那就是"顾客永远是对的",这就像一位从美国汉堡大学毕业的餐厅经理,除得到一张毕业证之外,还有一句座右铭:政策一,顾客永远是对的;政策二,如果顾客确实错了,请重读政策一。麦当劳没有极力宣扬"顾客是上帝",只是将这理念融入点点滴滴的服务之中,麦当劳相信,行动往往比语言更具有说服力,只有真正做到才是服务!

而这个"做到"不是一天两天的事情,而是始终如一。麦当劳对原料的标准要求始终如一,如面包不圆或切口不平不用;奶浆接货温度要在4 ℃以下,高一度低一度都要退货;生菜从冷藏库拿到配料台上只有两个小时的保鲜期,过时不用。其实,这些被扔掉的食品并不是变质不能食用,只是麦当劳对顾客的承诺是永远让顾客享受品质最新鲜,味道最纯正的食品。

除保证食品新鲜干净以外,麦当劳快捷、方便、周到的服务,在全球都是一样的,随时随地都是一样的。曾有人吃过13个国家的麦当劳,证明味道和服务的确都一样棒。但这也并不是绝对的,如果当地顾客有特别口味要求,那麦当劳也不会拒绝调整。例如,麦当劳为日本顾客调整了肉饼的成分,用碎肉混着多汁的碎洋葱;在不吃牛肉的印度,麦当劳供应以羊肉为主的大君麦香堡;意大利的麦当劳有蒸馏咖啡和通心面;土耳其的麦当劳有冷冻酸奶等。这样变化,只有一个原因,那就是顾客需要。

麦当劳用超人的耐力,多年来一直坚持遵循"QSCV"理念,赢得了顾客,也赢得了市场,这是值得许多企业学习的地方。

三、全员营销理念

全员营销是一种以市场为中心,整合企业资源和手段的科学管理理念,即指企业对企业的产品、价格、渠道、促销(简称4P)和消费者、成本、便利、沟通(简称4C)等营销手段及因素进行有机组合,以达到营销手段的整合性,实行整合营销;同时全体员工以市场和营销部门为核心,研发、生产、财务、行政、物流等各部门统一以市场为中心,以顾客为导向开展工作,实现营销主体的整合性。

(一)全员营销的定义

全员营销是一个新的概念,是指把营销工作涵盖于企业的每一个部门,贯穿于每一道工作过程,落实到每一个人,所有的工作都紧紧围绕"营销"二字进行,以全面优质管理为基本保证,使企业中每一个直接接触顾客的员工都具备强烈的营销意识,在企业内形成一种人人关心、处处支持营销的工作氛围,通过员工的努力树立企业形象,扩大企业知名度。全体员工共同努力,全员支持、参与营销,可使更多的顾客前来消费,大幅提高经济效益。被誉为美国现代酒店之父的埃尔斯沃斯·斯塔特勒说:"谁是酒店销售人员,是全体员工。"例如,酒店的保安如何留住客人呢?除了做好本职工作,他还要掌握酒店基本情况,设法留住要走的客人。

(二)全员营销的内涵

人人营销、事事营销、时时营销、处处营销、内部营销、外部营销的本质是"服务",创造"好感",是"创造并传播影响力",影响他人的"思想和行为"。营销是一系列的"过程"组成的,是一系列的"活动"组成的。营销就是要做一系列的事情,影响他人的观念和行为,达到推广商品和服务的目的。通过各种营销活动,达到"支持我们的人越来越多,反对我们的人越来越少"的目的。

1. 人人营销

企业中的每个人都要有"营销意识",要有"服务意识",要结合自己的工作参与营销活动,为客户服务,包括内部客户和外部客户。比如,生产部员工业余时间可以发布信息,积极宣传企业产品,以最快的速度保质保量地做好产品的制造、包装和发货工作;技术部员工应积极研发、引进、改进企业商品,研发"短平快高"的技术项目,积极解决客户遇到的难题,积极正面影响客户,积极配合生产部和营销部的工作;营销部员工应积极"寻找潜客户,转化准客户,保养新客户,拓展老客户,复活旧客户",积极为客户服务,积极创造"客户好感";后勤部员工应积极做好自己的本职工作,积极从正面影响客户。

2. 事事营销

事事营销就是把每件事情都与营销联系起来;做每件事情都力争对营销起到积极促进作用,做每件事情都想着营销;每件事情都与营销挂钩,每件事情都注入"营销"的灵魂。

3. 时时营销

时时营销就是任何时间都想着营销,思考营销、研究营销、学习营销,做一些力所能及的、有利于营销的事情。

4. 处处营销

处处营销就是去任何地方都想着营销,思考营销、研究营销、学习营销,根据实际情况进行适当的宣传推广活动。把营销深入脑海之中,让营销成为我们的潜意识。

5. 内部营销

内部营销就是在企业内部,要利用一切事件、一切机会、一切场合、一切可能持续宣传企业文化,持续宣传"服务意识",持续宣传"营销理念",加强沟通,培养全体员工的"服务意识"和"营销意识"。企业内部也要形成"客户意识"和"服务意识",按照业务流程,按照服务关系,上道工序为下道工序服务,下道工序是上道工序的"客户"。

6. 外部营销

外部营销就是面对社会各界,包括政府职能部门、新闻媒体、社会团体、供应商等,要积极宣传,宣传商品、宣传文化、宣传企业。

总之,企业存在的价值和意义就是为"客户"服务。营销的目的在于:第一,要让目标客户知道我们;第二,要让目标客户认识我们;第三,要让目标客户认同和接受我们;第四,我们要与目标客户建立"健康长久的合作关系"。

【技能训练】

设立旅游营销公司

训练目的

(1)锻炼学生的团队协作能力和个人的主观能动性;
(2)使学生具备正确的营销理念;
(3)为完成以后的市场营销实训(或作业)做准备。

工作指引

(1)自愿组合分组,男女生比例合适,组建一个旅游营销公司,拟定公司名称和Logo、营

销口号等企业文化;

(2)进行总经理的竞聘,每个人都要起草竞聘演讲稿或发言提纲,并在自己的公司(小组)中进行竞聘演讲,最后由公司(小组)的群体成员投票选举产生总经理;

(3)进行公司(小组)人员分工,设定组织机构;

(4)策划设计公司(小组)的企业文化,包括经营理念、广告宣传、形象设计等;

(5)班级组织交流,各个公司(小组)在行业交流会上进行公司形象展示,可以是演讲,可以是图片宣传,也可以用PPT展示。

阶段成果检测

(1)公司组建的框架和选举总经理(即组长)的状况;

(2)个人竞聘总经理的演讲稿或提纲;

(3)公司企业文化展示。

任务二 旅游营销战略

【情景导入】

东莞G酒店是东莞市H镇的准五星级酒店,由E公司投资建设。当初G酒店筹建时,东莞市高星级酒店较多,竞争激烈;而H镇经济欠发达,不能完全容纳一个高档次酒店;同时,E公司并没有管理酒店的经验和人才。因此,大多数成员不赞成筹建G酒店。

E公司经过细致分析,认为机会难得,东莞比较缺乏商务酒店,且企业在其他行业的资源能够转移到酒店来,于是决定在H镇建设五星级商务会议型G酒店。

G酒店对企业内外进行分析后,基于机会和威胁相匹配的原则,决定进军酒店业;基于市场中存在机会,定位于商务酒店,并实施高差异性与低成本策略。两年后,G酒店取得了很好的效益。

战略就是总方针、总路线。从营销活动来说,指的是企业对竞争对手所采用的方针和政策,一般拿自己的优势对比对方的弱点,弱化自己的劣势。

【思考】

(1)如何树立长远的营销战略眼光?

(2)对E公司决策的风险进行分析。

一、旅游市场营销战略的概念

旅游企业要在激烈的市场竞争中生存和发展,首先要确定本企业的长远目标,找到本企业的发展方向,也就是要解决旅游市场营销的战略问题。

旅游市场营销战略是指在市场调查研究和预测的基础上,根据市场环境并结合自身能力,对旅游企业的发展方向和长远目标所做的全局性的定性安排。

二、旅游市场营销战略的特点

(一)全局性

旅游市场营销战略决定的是旅游企业经营的长期目标和为实现这一目标的战略方法,

它不是局部的、零星的、战术性的安排,其要达到的目标可形象地描述为"赢得一场战争而不是打赢一场战役"。从全部性和整体性出发,旅游市场营销战略要体现旅游企业发展的整体和长远要求,要处理好全局与局部以及整体与个体的关系。

（二）长期性

旅游市场营销战略立足当前、放眼未来,对旅游企业的经营起着长期的指导作用。因此,要求旅游企业的经营者要以战略家的气度、前瞻性的意识,处理好长远利益与眼前利益的关系,要以"风物长宜放眼量"的眼界来制定旅游市场营销战略。

（三）系统性

旅游市场营销战略是一个系统性很强的有机整体,以整合的观点从系统的角度去考虑,会产生类似于 1+1>2 的系统效果。这就要求旅游企业经营应从系统角度出发,综合运用各种资源,发挥各层次、各子系统的作用,达成统一的战略目标。

（四）权威性

旅游市场营销战略应具有权威性指导作用,各部门都要以战略为指导,在此基础上充分发挥其作用,而不能各自为政、各行其是。旅游市场营销战略的权威性不仅是指依靠组织所形成的所谓"权力型"权威,更重要的是指,它应具有科学性。只有建立在科学性基础上的营销战略,对旅游企业经营才有真正的指导价值,才真正具备权威性。一个科学的营销战略是旅游企业在市场调研和科学预测的前提下群策群力,经过自上而下、自下而上的反复修改和完善而形成的。

（五）稳定性与适应性

旅游市场营销战略制定后应保持相对稳定,不能朝令夕改,否则各战略业务单位会感到无所适从。但保持相对稳定不等于一成不变,因为旅游企业内外部环境在变,营销战略也应随之作必要的调整。当环境发生较少量变时,可适度微调;当环境发生质变时,旅游市场营销战略就需要作重大调整,以提高战略与环境的适应性。

（六）机遇性与风险性

旅游市场营销战略是对市场未来的预测性决策,如果抓住了旅游市场的机遇,将给企业带来新的发展机会,这就是营销战略的机遇性。同时,旅游企业的经营者也应当清醒地认识到,旅游市场是在不断发展、不断变化的,常常会有"意料之外"的事件发生。这种变化的不确定性,往往对旅游企业有深刻的影响,从负面角度看,有时甚至会导致灾难性后果,这就是营销战略的风险性。营销战略的风险性还表现在,对许多旅游企业来讲可能是机遇环境,而对某个特定的旅游企业而言,受自身经济实力、管理能力方面的限制,进入某个充满机遇的市场后却发现这是"机会陷阱"。

三、旅游市场营销战略的制定

市场营销战略是旅游企业在分析外部环境和内部条件后所作出的具有全局性和长远性的一套满足旅游市场竞争需要、应付竞争状况的总体设想和规划,必须在充分了解和认真分析旅游市场营销竞争环境的基础上才能制定出来,主要包括以下六步。

（一）确定旅游企业的任务和目标

没有明确的任务和目标,企业就无法进行正确的决策,也无从制定具有可实施性的市场营销战略。目标是任务的具体化,而任务则是实现目标的具体途径。对于具体的旅游企业来说,其任务具体表现为企业的业务经营范围和领域,是企业寻求和判断战略机会的活动空间和依据。

企业在确定其具体任务时,必须回答以下几个问题:本企业是个什么企业?应该是个什么企业?将是个什么企业?企业的主要市场在哪里?主要顾客是谁?顾客真正需要的是什么?如何满足顾客的需要?如何进入市场?最有发展前途的市场是什么?要回答这些问题,就要明确判定企业的任务,进行战略分析。

任务确定后,就要进一步把任务具体化为企业的经营目标。企业的目标是个综合的或多元化的目标体系,而不是单一的或孤立的单个目标。旅游企业的经营目标是由贡献目标、市场目标、发展目标、利润目标、创新目标、企业素质和管理工作效率目标等构成的目标群,并表现为旅游产品的类型、数量、销售额、利润率、市场占有率、产品创新和企业形象树立等一系列综合目标值。

(二)态势分析

态势分析就是通过旅游营销环境分析、区位分析、营销组合分析、营销能力分析、主要竞争者分析、市场潜力分析等找出本企业所具有的优势和劣势、机会和威胁,又称为 SWOT 分析。

态势分析主要包括以下四个方面:

(1)优势(Strength)。从现有顾客和潜在顾客的角度来分析企业优势,主要包括企业声誉、位置、技术水平、人员素质、服务标准、产品质量、亲和友善和形象良好的团队等。

(2)劣势(Weakness)。从顾客角度分析,旅游企业的劣势与上述优势的内容基本相同,如缺乏市场营销经验、产品或服务同质化、企业声誉不良、营业场所不符合顾客偏好、产品或服务存在质量问题等。

(3)机会(Opportunity)。旅游企业的机会是指采取适当措施可以有效提高销售量,改善企业形象或扩大企业影响的时机,如日益新兴的市场(互联网)、进入某个细分市场获取更多盈利、新兴的旅游市场、竞争对手退出的市场和兼并、合资、战略联盟等。

(4)威胁(Threat)。旅游企业所面临的威胁多种多样,而且是随机出现的。如果企业能提前准确预测,就可以化解危机,甚至将其转化为企业的机会。

进行态势分析,必须对旅游营销环境、行业现状和发展前景、产品或服务差异化、企业的市场地位、竞争对手、企业的资源状况和市场营销能力等进行全面评价,做到强化优势,抓住机会,弱化威胁,克服劣势。

(三)营销战略选择

战略分析的目的是为战略选择和战略规划提供依据,而战略选择的目的在于确定各备选战略方案的有效性。战略选择主要是比较分析各方案的优缺点、成本、风险及效果。可供企业选择的营销战略主要有市场竞争战略、市场发展战略和营销组合战略三种类型。选择营销战略时应考虑与现有营销战略的关系、外部和内部营销环境的依赖程度、企业主管的价值观和对待风险的态度、竞争对手的市场地位和竞争实力、企业资源状况、市场发展变化趋势等因素,以便及时调整企业的营销战略方案。

(四)营销战略规划

营销战略规划的任务就是确定企业的营销战略任务、战略目标、战略重点以及战略措施等方面的内容。战略任务是指在一定时期内企业旅游市场营销服务的对象、项目和预期要达到的目的,如为哪些旅游者服务,向旅游者提供什么样的产品和服务,企业服务的市场范围有多大等。战略目标是指企业在较长时期内预期达到的营销目标,是企业营销战略任务的具体化,具体包括市场目标、发展目标、效益目标和社会贡献目标四个方面的内容。战略重点则是对企业实现战略目标具有决定意义的工作、措施和环节,是企业旅游市场营销的工作重点。战略措施是指当进行营销战略规划时,要特别注意企业资源的配置,尽可能使企业旅游资源效益最大化。

(五)财务可行性分析

企业营销战略是否可行,不仅要看其市场操作上的可行性、技术上的可行性和应对竞争环境的针对性,还要分析其财务上的可行性。财务可行性分析的主要目的是评估企业制定的营销战略在实施过程中的财务保障状况、可能的风险和盈利状况等,主要内容有财务能力分析,如偿债能力、营运能力、获利能力和发展能力分析;财务结构分析,如收入利润结构、成本费用结构、资产结构、资本结构分析;财务预算分析;财务信用与风险分析;财务总体与趋势分析等。

(六)综合评价选优

综合评价选优是制定旅游营销战略的关键性步骤,通过对市场进行分析和财务论证,综合比较各个可能的营销战略方案,择优选取更有利于达到预期目标的方案。如果预期能达到目标,说明方案是可行的;否则,方案是不可行的。

四、旅游市场竞争战略

根据在旅游市场竞争中的地位不同,企业应采取不同的市场竞争战略。可供选择的市场竞争战略有市场领导者、市场挑战者、市场跟随者和市场补缺者四种形式。

(一)旅游市场领导者战略

【经典案例】

中国国旅和美国运通联合成立"国旅运通"

中国国旅和美国运通的合资企业——国旅运通,日前在上海宣布成立国旅运通航空服务有限公司,这是国旅运通在中国设立的第二家商务旅行管理公司,标志着国旅运通全力进军日益重要的上海市场。据估计,中国每年的旅行及餐饮支出高达100亿美元,其中40亿~50亿美元为常务旅行支出。同其他市场相比,中国商务旅行市场的发展潜力惊人,规模已达法国、德国等欧洲主要国家的水平。如果中国市场保持相同的增长幅度,其规模将会在今后几年内翻一番。届时,中国将成为世界第二或第三商务旅行市场,其规模接近美国或日本的水平。美国运通公司环球旅行服务总裁白施礼先生为记者描述了中国商务旅行市场的美好前景。

作为全球最大的旅行管理公司,全球财富500强中70%的企业都是美国运通的客户。国旅运通作为中国商务旅行市场的领导者,是中国商务旅行服务的首创企业,迅猛发展的中国市场及其增长潜力使中国业务成为美国运通公司的重中之重。国旅运通已经融入美国运通的客户系统、供应商系统和信息网络系统,使合资公司的技术水平、管理水平与美国运通全球标准接轨,从而为各地的客户提供全方位、高质量、一站式的服务。今后12个月内,国旅运通还将在中国其他40个城市中积极拓展商务旅行服务网络。

中国国旅总裁李禄安先生表示,作为中国知名的国际旅行社,国旅希望为中国人带来旅行的概念,而不仅仅停留在旅游的层面上。随着跨国公司越来越多地涌入中国市场,如何对跨国公司进行商务旅行服务已成为新的旅游需求,其业务的核心就是对跨国供给进行旅行费用管理。美国运通是全球商务旅行服务市场的领导者,服务跨国公司是它的核心竞争力之一,其全球营业额已达到200亿美元。中国国旅与美国运通通过全面战略合作,为在中国的跨国公司提供商务旅行服务,适应了跨国公司在中国经营活动的市场需求,商务旅行服务也将成为日益完善的中国投资环境的一个有机部分。

李禄安先生在评价合作伙伴时深有感触地说,"比建立合资企业更重要的是,美国运通带来了全新的经营理念,它进入中国并不是去争抢竞争激烈的旅游市场和票务市场,而是看准了尚未全面开推的中国商务旅行市场。通过与美国伙伴的合作,我们获得了两个方面的收获:一是经营理念的革新,即当今的社会需要这样的一个公司,它能够为集团客户提供差旅管理,通过悠闲的设计、分析、策划,达到省钱而有效的效果;二是运通之所以有能力为全球庞大的市场包括中国市场提供全方位、高质量、一站式的服务,是因为支撑这种管理服务的是严谨科学的数据管理和分析,是高科技助其成功的。"李禄安先生表示,"跨国公司和国内企业客户得益于这项发展计划,享受了国旅运通在全国各地提供的统一水准的优质服务。美国运通的专业知识和我们在中国市场的占有率将使国旅运通成为商务旅行市场上的双赢组合,我对国旅运通的未来充满信心。"

(二)旅游市场挑战者战略

市场挑战者战略是指在一个行业中位居第二、第三或更低位次的企业在市场竞争中向市场领导者和其他竞争者发动进攻,以夺取更大的市场占有率而采取的竞争战略。

市场挑战者向市场领导者和其他竞争者挑战,首先必须确定自己的战略目标和挑战对象,然后选择适当的进攻策略。挑战者通常使用的策略是提供较低价格的旅游产品和服务与领导者直接竞争,或提供更好的服务使顾客感到物超所值。如为在英国—美国跨大西洋航线业务中争取到较大份额,维京大西洋航空公司一直在与英国航空公司竞争。维京大西洋航空公司的机票实行售价汇总,票价中包含飞机前后使用健身俱乐部和图书馆,享受更舒适的座位、更高质量的饭菜和电视娱乐的费用。此外,为吸引更多的旅客,维京大西洋航空公司通过各种方式对其服务进行宣传,取得了良好的宣传效果。

【经典案例】

黑龙江冰雪旅游的挑战者

一说起冰雪旅游,人们就会认为这是黑龙江的地域优势——纬度高,冬季寒冷,有冰雪资源。但凡事有其利,就有其弊,我们应该同时看到黑龙江的地域劣势所带来的负面效应。

由于黑龙江省地处中国最北方,给旅游者的交通带来诸多不便,从东南亚、我国香港、澳门、台湾或南方各省的旅游者到黑龙江来,付出的时间成本和货币成本都很大。因此,从南到北每一处新兴的冰雪旅游景点都会截留黑龙江的客源。

目前,吉林省已成为黑龙江省的强劲对手。吉林省的地域条件优于黑龙江省,南方各省飞往长春的机票价格都低于到哈尔滨的价格。此外,长春市借承办2007年亚冬会的机会,提出建设中国冰雪旅游名城的目标,对哈尔滨的冰雪旅游是一个极大的威胁。

2003年春节期间,北京周边滑雪场天天游客爆满,大众滑雪旅游的热潮已在北京形成。北京和黑龙江相比,具有更多的地域优势,如地域经济发达、人均GDP高、地域文化先进、中外合作广泛、国际化水准高、纬度低等。

另外,近年来韩国、日本也是黑龙江冰雪旅游的挑战者,由于国际航班价格策略灵活,从广州到日本和韩国的机票价格低于到哈尔滨,从广州到韩国滑雪旅游地之处价格为3 600元,而到哈尔滨冰雪旅游之处却为5 000元;费用低又可以领略异国风情,当然具有更大的吸引力。

2017年年底,媒体曝出黑龙江雪乡宰客事件,随机遭受大量游客取消行程、取消订房,地域劣势给黑龙江的冰雪旅游带来了不小的负面影响。

(三)旅游市场跟随者战略

市场跟随者与挑战者不同,它不是市场领导者发起进攻并图谋取而代之,而是跟随在领导者之后自觉地维持共处局面;市场跟随者满意或认可自己在市场上的次要地位,以不扰乱现有市场格局为目标,保证获取自己应有的利润。处于市场跟随者地位的企业通常自觉维持现状,不互相争夺客户,不以短期的市场占有率为目标,而是效法市场领导者向市场提供类似的产品和服务,找到一条不致引起竞争性报复的发展战略。可供企业选择的市场跟随者战略主要有紧密跟随战略、距离跟随战略和选择跟随战略三种形式。麦德俱乐部很长时间一直是这个市场的领导者,他开创了一种度假理念,机票、住宿、餐饮、娱乐等所有度假活动开销实行通票制、全包价。麦德俱乐部的这种做法逐渐流行,吸引了许多模仿者和追随者。每个旅游度假区都为相同的目标市场提供了可供选择的地点和差别不大的项目。市场追随者们相信,如果人们对全包价度假地的需求增加,他们将能分享这个扩大的市场。

【经典案例】

以广交会为中心的展览市场

珠江三角洲的展览业向纵深发展的浪潮远远没有结束,其中最突出的就是东莞。东莞虎门的服装,厚街的家私,基本上已经脱离了最初的乡镇企业的模式,正在走向世界。此外,顺德陈村的花卉,龙江的家私,伦教镇的木工机械,中山古镇的灯饰,南海南庄的建筑陶瓷,大沥的铝型材都形成了行业性的展览市场,正为广交会这个强大的引擎注入新的活力。

一个城市的有序发展,应该由许多龙头产业形成产业链。珠江三角洲有几百年以来同西方打交道的经验,利用中心城市广州作为主要的运转口,围绕广州的市和镇都形成了行业性的服务性行业,这使得城市之间形成了联盟和合作。因此,当广交会出现强大的增长势头的时候,这些专业性的市和镇都表现出了非常具有灵活性的跟随战略。如东莞厚街镇本来就是以生产家具为主的制造业大镇,镇政府着眼于未来,专门规划出了一条家具街;在此基础上,东莞市政府认识到了广交会巨大的牵引力,便承办了东莞家具展览会。有"岭南花乡"和"中国花卉第一镇"之称的顺德陈村镇,也是在已形成规模的花卉种植产业的基础上,经过3年的规划认证,吸引了世界各地的花卉生产客户和花商,建立了花卉世界;陈村镇则以良好的规划和主题吸引了世界各地的客商;中山的古镇多次举办中国古镇国际灯饰博览会,把古镇也塑造成了一个灯饰之乡。

(四)旅游市场补缺者战略

一些小企业专门服务于市场中被大企业忽略的某些细分市场,在这些小市场上通过专业化经营来获取最大限度的收益,这种战略称为市场补缺者战略。市场补缺者的主要特征是有足够的市场潜力和购买力,有利润增长潜力,对主要竞争者不具有吸引力,企业应该具备有效地为这一市场服务所必需的资源和能力。

【经典案例】

更细化的专业化老年旅游产品开发

有专家提供养生咨询,免费学习保健舞蹈、拳术和自助按摩,专职人员提供保健服务⋯⋯针对越来越火的中老年旅游市场,重庆旅行社2017年推出比普通夕阳红老年旅游产品更细化的专业化老年旅游市场。

推出该旅游产品的相关旅行社负责人介绍说,该专程旅游实行的是一种候鸟式生活方式,冬季可安排旅客到三亚、云南丽江等南方地区活动,夏季则可安排在北京、大连、青岛等北方地区旅游。老年游客在这些地区短则疗养数天,长可休假一个月。这种旅游方式主要以健身、养生养老为主题,如每天向游客提供有专业营养师安排的膳食,入住地的游泳池、健身房、娱乐室等设施全部免费开放;同时配有设施完备的医疗中心,由全国知名医疗机构的专家定期提供保健、医疗及心理咨询服务。

五、旅游市场发展战略

旅游市场发展战略是指在国家或地区整体发展战略的指导下,对旅游市场的发展所作的总体性长期谋划,即对一定时期内旅游市场发展的方向、规模等进行的总体性谋划和全局性协调谋划。发展的战略可分为内部发展战略和外部发展战略,前者是利用企业内部资源和力量来发展企业的战略;后者是利用企业外部资源和力量,与其他企业联合求发展的战略。外部发展战略与内部发展战略相比,虽然管理难度大、风险大,但发展速度快、发展范围广,已经越来越受到企业的重视。总体来讲,企业发展战略可以分为集约化发展、一体化发展和多元化发展战略。

(一)集约化发展战略

集约化发展战略属于内部发展战略,即企业在原经营领域内集中力量挖掘市场潜力,改进产品和服务,扩展市场。集约化发展战略主要有旅游市场渗透、旅游市场开发和旅游产品开发三种形式。

1. 旅游市场渗透

旅游市场渗透就是通过加强宣传促销和销售力度,使老顾客增加购买数量和购买频率,吸引竞争者的顾客并刺激潜在顾客购买,在现有旅游市场上增加现有旅游产品的销售额的发展战略。这是一种比较保守的发展方式。

2. 旅游市场开发

旅游市场开发指将旅游产品推广到新的客源地,将现有产品推销给新顾客,推广到新的目标市场的发展战略。如将旅游探险项目从青年扩展到少年儿童和中老年等,旅行社不断推出越来越远的旅游目的地和国际旅游项目等。这种方式往往需要做大量的市场调研旅游服务与管理工作,分销和促销的费用较大。

3. 旅游产品开发

旅游产品开发就是通过增加产品的品种、规格、款式、功能和用途,提高产品质量,改进产品包装来吸引和满足顾客需求的发展战略。它适用于已饱和、产品已老化、竞争激烈的现有市场。

(二)一体化发展战略

在竞争激烈的旅游市场上,企业为了生存和发展而寻求各种形式的联合是必然趋势。企业的联合形式主要有合并、兼并和并购,也可以采取联合结盟的形式在资金、科研、生产和开拓市场等方面建立合作性利益共同体。一体化发展主要包括水平一体化战略、后向一体化战略和前向一体化战略三种形式。

1. 水平一体化战略

水平一体化战略是指旅游企业接管或兼并它的竞争对手,收购兼并和重组同行业内相类似的企业,以寻求增长的机会的战略。这种方式可以扩大旅游产品和服务市场,提高规模经济效益,风险较小。

2. 后向一体化战略

后向一体化战略是指旅游企业通过自办、联营或兼并等形式,取得其供给来源的控制权或所有权,实现供产一体化。如旅游批发商后向一体化,以尽可能控制旅游包价中的许多因素,如酒店房间、包机座位等。

3. 前向一体化战略

前向一体化战略指旅游企业通过一定形式取得其旅游产品的加工或销售单位的控制权或拥有权,以拥有和控制分销系统,实现产销一体化。如许多旅行社或旅游集团拥有酒店、航空公司的所有权或其所有权归酒店、航空公司所有,以控制包价旅游的分销与销售。

(三)多元化发展战略

多元化发展就是打破行业界限,新增与现有业务有一定联系或者毫无联系的业务,进入新的经营领域,实行跨行业经营。当企业所属行业发展潜力有限,而其他行业有很好的发展机会时,可采用这种战略。多元化发展战略主要包括同心多元化、横向多元化和综合多元化三种形式。

1. 同心多元化

同心多元化即以现有旅游产品和服务,市场上的优势、特长和经验为同心向外扩展经营业务,提供多种旅游产品和服务,充实旅游产品的系列结构,如公交公司同时经营轮渡运输等。同心多元化的发展有利于发挥企业原有的优势、特长和营销经验,风险较小。

2. 横向多元化

横向多元化即针对现有市场和现有顾客,开发与企业现有产品在技术和性质上不同的新产品,如旅游景区增加餐饮、住宿等业务。施行横向多元化发展,企业面对的是原有的顾客,市场开拓较为容易,但企业将进入一个全新的经营领域,风险较大。

3. 综合多元化

综合多元化即企业开发与现有业务、技术和市场无关的新业务或新产品,把经营范围拓展到多个行业,如一个酒店企业同时涉足金融业、房地产业、旅游及餐饮服务等新业务。综合多元化发展的风险很大,一般只有实力雄厚的大企业方可采用。

一般来说,企业在选择上述发展战略时,应先从集约型发展战略入手,再尝试一体化发展战略,最后才选择多元化发展战略。

【技能训练一】

旅游企业市场调研

训练目的

(1)学会旅游企业市场调研的方法与策略;

(2)掌握旅游企业市场调研的内容;

(3)掌握旅游企业市场调研的步骤;

(4)具备市场信息分析、利用的能力。

工作指引

(1)提出任务的背景:H酒店管理公司拟在C市新建一五星级酒店,现要通过详细的市场调研,对酒店的选址、规模、经营范围、经营特色、竞争状况、市场前景等做出初步规划。请根据实际情况,做有关的市场调研。

(2)制订调研计划:调查计划中确定调查范围、调查方法、调查内容等。

(3)收集资料:通过实地调查,收集第一手资料;通过走访政府机构、查阅专业书籍、搜索本地旅游网等方法,获取二手资料。

(4)实地调研。

①旅游企业经营环境调查:包括酒店的政治环境、经济环境、法律环境、自然地理环境等外部宏观环境和竞争者、社会公众、媒体、中间商等外部微观环境。

②旅游企业经营潜力调查:包括旅游企业内部人力资源、财力资源、物力资源、竞争地位、销售状况、组织机构等的调查与分析。

③旅游企业经营效果调查:包括市场份额、产品线、广告效果、业务量等的调查。

④旅游消费者调研:包括旅游消费者的人口分布特点、购买能力、个人可任意支配收入、消费水平及消费结构、消费者对本企业产品的忠诚程度、欲望与购买动机、受教育程度和文化水平、购买习惯、季节、逗留时间、消费者的宗教信仰、民族、种族、风俗习惯、审美观、人口结构和家庭生命周期等方面的调研。

(5)收集信息资料。

信息资料可以是二手资料,也可以是一手资料。二手资料可通过内部的客户订单和销售资料获取,也可通过外部的统计机构来收集;一手资料可通过询问法、观察法、实验法或问卷法获取。

(6)分析处理信息。

先把收集到的零散数据转换为适合于汇总制表和数据分析的形式,然后进行数据分析。具体分析过程为:问卷检查—数据编辑—数据编码—数据录入—数据分析。

(7)报告结果。

在市场调研报告中,一般有如下一些内容:封面、目录、概要、引言、数据分析、研究结果、结论和建议、附录等。

阶段成果检测

请在 2 周内完成下列任务：
(1) 拟订详细的工作计划及小组分工情况(详细的任务和时间表)；
(2) 提交一份酒店经营环境调查分析报告；
(3) 提交一份酒店经营潜力调查分析报告；
(4) 提交一份酒店经营效果调查分析报告；
(5) 提交一份酒店消费者市场调研分析及预测报告；
(6) 提交一份关于新酒店市场定位的论证报告。

【技能训练二】

旅游企业市场定位

训练目的

(1) 学生能够正确选择合适的标准进行旅游企业市场细分；
(2) 学生具备为旅游企业选择目标市场的能力；
(3) 学生具备为旅游企业和旅游产品策划定位的能力；

工作指引

(1) 提出任务的背景：根据技能训练调查分析的数据和结果，成立自己的酒店(或以营销公司的身份加盟一家酒店)；为自己成立(或加盟)的模拟酒店命名、确定经营特色、进行市场定位。

(2) 进行旅游企业市场细分。
①明确酒店的经营方向和经营目标；
②选定细分标准。

(3) 酒店目标市场选择。
①调查分析整体市场；
②使用市场细分结果；
③对子市场进行分析、研究。

注意：常用的切入目标市场的方法有下述几种：
①广告宣传法；
②产品试销法；
③公共关系法；
④感情联络法；
⑤利益吸引法；
⑥权威人士推介法。

切入目标市场时间的选择也很关键，一般需把握下列三个原则：

第一，正常准备时间。在切入目标市场之前，要做的准备工作有：产品设计、试销、批量生产、推销培训、建立销售渠道等。

第二，根据市场形势变化调整企业切入市场的时间。

第三，季节性强或具有特定消费对象的产品，适时切入。

(4) 酒店市场定位。

①分析目标市场的现状与特征:
a. 明确酒店潜在的竞争优势;
b. 选择相对的竞争优势;
c. 显示独特的竞争优势。
②目标市场的初步定位。
③对市场进行正式定位。

阶段成果检测

请在1周内完成下列任务:
(1)拟订详细的工作计划及小组分工情况(详细的任务和时间表);
(2)提交一份为旅游企业定位的策划方案。

【技能训练三】

旅游企业营销战略制定

训练目的

(1)会分析旅游企业营销竞争环境;
(2)会分析旅游市场竞争战略、市场发展战略和市场营销组合战略的几种构成要素;
(3)会制订旅游企业市场营销战略方案。

工作指引

(1)阅读资料,分析以下问题:
①简要分析环球泛太平洋酒店面临的营销环境和竞争压力。
②利用市场发展战略理论分析卡林汗先生提出的营销创新举措。
③试为环球泛太平洋酒店具体设计几项旅游营销创新战略措施。

【案例分析】

环球泛太平洋酒店的营销战略

(一)酒店现状

位于泰国曼谷的环球泛太平洋酒店集团,是环球酒店旅游集团的分公司。该酒店旅游集团总部设在多伦多市,是加拿大最大的一家独资企业,经营业务遍布加拿大、美国、古巴和泰国等国。环球泛太平洋酒店集团建于1993年,位于曼谷商业旅游地区之一的中心地带一座20层的综合型大厦。环球泛太平洋酒店集团是一家提供四星级以上住宿、五星级服务的宾馆。酒店主要迎合两种截然不同的消费者:国际商务人员和游客。环球泛太平洋酒店集团约60%的年利润收入来自客房服务以及如洗衣商务服务等相关项目,其余的40%则来源于酒水饮料、食品等服务项目。客房服务项目的综合销售比率:商务客人为55%~60%,游客及广告会议为25%~30%,航空公司员工为15%。

近年来,由于曼谷旅游业的迅速发展,许多新建酒店陆续开业。据统计,将来几年这一发展势头还将持续下去,这一趋势将给酒店带来极强的挑战。目前,环球泛太平洋酒店集团的一位重要客户——某国际航空公司很可能停止续签与酒店的订房合同,因此酒店客房上房率会很快出现较大的下跌,这无疑使酒店经营雪上加霜。

（二）酒店旅客情况介绍

环球泛太平洋酒店一直致力于吸引商务旅客的入住率，因为这一类型消费群体的利润产出要高于其他类型的消费群体利润产出，这类房客更乐意使用酒店其他服务设施，如餐厅、洗衣房、电话电传等。大约95%的商务旅客都在曼谷当地预订房间，当地订房比海外预订要便宜一些。休闲旅游类房客可分为两大类：单身游客和团体游客。这两类游客服务的利润产出低于商务旅客。由于酒店周边各类饭馆、饮食店星罗棋布，所以，他们使用酒店内设餐厅在中午和晚间用餐的可能性要小得多。这一状况迫使环球泛太平洋酒店集团必须注意吸引曼谷当地居民来酒店餐厅用餐。

日本商务游客类旅游者占环球泛太平洋酒店经营业务项目份额不少，酒店因此特别注意吸纳这一类型的房客。在过去的数年中，日本人一直是泰国数量最大的外国投资者，这一趋势将在未来持续下去。环球泛太平洋酒店商务旅客服务中，日本游客占该酒店经营利润额的30%、旅游住客服务占利润额的40%左右。

对于各个酒店来说，争取航空公司机组人员的订房合同具有极大的竞争性。这些订房合同有助于各家酒店实现自己的上房率指标。各个航空公司选择长期包订酒店合同的关键因素主要有客房价格、酒店安全程度和卫生条件。

（三）酒店的营销机遇

当开发一种确保充分发挥酒店在区域市场中作用的市场营销战略计划时，销售与营销部经理卡林汗先生发现，要实现酒店更高上房率和客房平均利润率的目标，可以有多个市场营销创新选择方案。

首先，可以考虑组织下属营销人员在酒店所在区域市场中实行闪电式大规模促销活动，提高人们对环球泛太平洋酒店价值的认同以及酒店服务项目的知名度。每位营销人员已经居于市场中的特定位置，在各自负责的商务区间树立了良好的形象。这一市场目前拥有16栋办公楼，每栋20层。这类促销活动需要注意一些细节，进行客户开发活动时必须采用适当的方式，不能让泰籍营销人员感到不适。与亚洲其他地方一样，在泰国从事经营活动的关键在于在企业与消费者群体之间建立良好的个人关系。卡林汗先生认为，他的营销人员擅长为现有客户服务，但在同其他潜在客户交往时就显得比较勉强。

其次，卡林汗先生必须考虑让酒店营销人员在曼谷周边两个较大的卫星城市去开发新的商务客源。这两个卫星城市分别位于环球泛太平洋酒店以东20千米处和30千米处，是几个新近获得较大发展的实业集团公司总部所在地，还有规模不小的外贸开发特区。这两个新兴城市目前缺乏四星级以上的酒店。卡林汗先生的这一举措就是针对这一地区为数不少的全球知名企业集团驻当地人员的具体需求而决定的。当地这些外资企业集团中有不少属于日本人开办的企业。卡林汗先生注意到日本人习惯在一些娱乐性强的环境氛围中谈生意、做买卖。因此，他肯定日本商务人员乐意在环球泛太平洋酒店所在区域的宾馆酒店里从事业务活动。另外，在曼谷以北30千米和50千米还有两个小型城镇，它们均可为环球泛太平洋酒店提供新的商务客源。卡林汗先生另外考虑的是将酒店客源新目标对准旅游业中的经纪人，特别是当地的旅游经纪人。人们往往将旅游经纪人和旅游团经纪人相混淆，其实他们是海外一些度假公司驻当地办事处代表。旅游经纪人由于控制着当地一些相关旅游市场，往往被视为是带团旅游团体的关键环节。同时，他们也以自己的信誉对外提供海外旅游导游担保。卡林汗先生认为，与这些旅游经纪人保持良好的关系，休闲娱乐业的现状将会得到根本性的改善。

环球泛太平洋酒店与目前这家航空公司客户之间进行的磋商,对该酒店极为不利,迫使环球泛太平洋酒店与其他航空公司加强联系,以便在该航空公司不续订客房协议时,保证酒店的上房率不受大的影响。卡林汗先生已经与其他几条国际航线就相关业务方面的合作问题进行过磋商,已经有一家航空公司有需求意向。

此外,环球泛太平洋酒店还存在其他选择方案。曼谷作为全球各国外交使馆最集中的地区之一,拥有约50多个国家的驻泰使馆和领事馆,其中一半左右距环球泛太平洋酒店的路程在3千米以内。此外,曼谷作为泰国的首都,从各个省府来曼谷的各级政府官员络绎不绝。而且国家政府机关在萨丽凯特女王会议中心召开的各种会议数量也很多。

环球泛太平洋酒店周边有众多的酒店,形成了激烈的市场竞争环境。但酒店前三年的经营可以说是业绩辉煌,十分成功。卡林汗先生在对酒店区域市场将存在更为激烈的竞争有了充分的了解后,目前必须决定如何通过营销创新战略推动环球泛太平洋酒店的继续成功。

(2)为旅游企业文化制定任务和目标。

(3)旅游企业SWOT分析。

①优势(Strength)。从现有顾客和潜在顾客的角度分析企业优势,主要包括企业声誉、位置、技术水平、人员素质、服务标准、产品质量、亲和友善和形象良好的团队等。

②劣势(Weakness)。从顾客角度分析,旅游企业的劣势与上述优势的内容基本相同,如缺乏市场营销经验、产品或服务同质化、企业不良声誉、营业场所不符合顾客偏好、产品或服务存在质量问题等。

③机会(Opportunity)。旅游企业的机会是指采取适当措施可以有效提高销售量、改善企业形象或扩大企业影响的时机,如日益新兴的市场(互联网)、进入某个细分市场获取更多盈利、新兴的旅游市场、竞争对手退出的市场和兼并、合资、战略联盟等。

④威胁(Threat)。旅游企业所面临的威胁多种多样,而且是随机出现的,如果企业能提前准确预测,就可以化解危机,甚至将其转化为企业的机会。

(4)营销战略选择。

①战略分析的目的是为战略选择和战略规划提供依据,而战略选择的目的在于确定各备选战略方案的有效性。

②战略选择主要比较分析各方案的优缺点、成本、风险及效果。

③可供企业选择的营销战略主要有市场竞争战略、市场发展战略和营销组合战略三种类型。

(5)营销战略规划。

营销战略规划的任务就是确定企业的营销战略任务、战略目标、战略重点以及战略措施等方面的内容。

(6)财务可行性分析。

财务可行性分析主要内容有财务能力分析,如偿债能力、营运能力、获利能力和发展能力分析;财务结构分析,如收入利润结构、成本费用结构、资产结构、资本结构分析;财务预算分析;财务信用与风险分析;财务总体与趋势分析等。

(7)综合评价选优。

综合评价选优是制定旅游营销战略的关键性步骤,通过对市场进行分析和财务论证,综合比较各个可能的营销战略方案,选取更有利于达到预期目标的方案。如果预期能达到目标,说明方案是可行的;否则,方案是不可行的。

阶段成果检测

(1)组织学生阅读案例;

(2)指导学生按照案例分析的研究方法建立"问题—事实—方案的选择—确定方案—实施学生决策"的逻辑框架;

(3)交换学生的分析过程和结果,进行相互评价;

(4)分组讨论评价的依据和科学性;

(5)根据讨论结果,以组为单位形成新的分析结果;

(6)按组进行口头报告。

(7)根据案例内容,为环球泛太平洋酒店设计营销创新战略方案。

任务三　旅游营销策略

【情景导入】

红花餐馆的成功之路

1935年,洛奇先生在日本开了一家餐馆,取名红花餐馆。1959年,他的儿子小洛奇来到美国,几年后继承父业,在曼哈顿中心建造了一个有40个座位的普通日本红花餐馆。由于红花餐馆采用地道的日本乡村客店风格,又由日本厨师当着客人的面烹调,独有的风格再加上洛奇成功的经营,使红花餐馆非常成功。他很快就开办了三家红花餐馆,每年盈利130万美元,到1970年,他已经拥有了七家联营餐馆。

小洛奇经营红花的秘诀除了把握特色、加强组织领导和降低成本,很重要的一点就是广告宣传与公关。他在促销方面投入了可观的人力、物力、财力资源,广告费用占营业额的8%～10%。负责促销的董事格伦·西蒙也是擅长其职的。他善于别出心裁,从不在报纸娱乐版登广告,因为那儿广告太多,易被其他广告和其他餐厅的广告所干扰冲击,而失去吸引力,不能使消费者记忆。因而采用视像广告,配合新颖生动的说明词,引人入胜。他进行了大量市场调查工作,弄清顾客的消费动机和需求,有什么购买特征等。在《纽约时报》《纽约杂志》《妇女服饰》等上面做了大量广告,虽无"餐馆"两字,却使红花餐馆拥有了极大的知名度。他在每一个城市做广告,在每一个城市的娱乐指南上做广告。

格伦·西蒙认为,他的工作就是"保卫公司的形象"。公司的形象应是"一家迅速成长的具有动力的日本餐馆集团公司"。他认为:目的不在于"红花"出现的次数和人们接触的次数,而是"我们在构筑大厦,每提到一次日本红花,这就是构筑房屋的一个构件。有的目的和结果是把客人吸引到餐馆来,有的则为我们带来了可能的财务利益,或物品,或朋友,或其他。"

事实证明,每天的印刷出版物、电台或电视上都有日本红花的宣传,这是了不起的。他们采取多种方式,如在超级市场表演,为庆祝活动提供饮食服务,招待青年人团体用餐,给会议客人赠送火柴盒,向女士俱乐部赠送东方筷子,给公关宣传人士和专栏作家酬劳,安排洛奇接受记者采访……他认为这种投资是值得的,不可少的。每年为此付出100万美元,加上开发公共关系的50万美元,达营业额的8%以上。为此,一位持怀疑态度的作家心悦诚服地说"至少有25个原因使人们喜欢到日本红花用餐"。他后来列举了3条原因,其中就包括"经常有兴高采烈的公关联谊活动"和"非同寻常的广告宣传及概念"。

在人员促销方面,红花餐馆的营销人员直接追踪会议或访问旅游活动的组织者、发起者,与他们合作,并紧密联系团队和会议主办者等。这样,1964年有赤字的小业主,到20世纪70年代就成为有15家餐馆的集团董事长,年盈利高达1 200万美元,并且继续稳步发展、兴旺。

【思考】
(1)企业经营的营销策略有哪些?
(2)怎样理解"4P"营销策略及其组合?
(3)红花餐馆成功经营的策略是什么?

随着著名的营销专家菲利普·科特勒在1995年第八版《营销管理学》中首次增加了关于顾客价值和顾客满意度的讨论,一时间,"关系行销""一对一营销"等"微营销"的名词和观点越来越为人们所接受,标志着微营销时代的来临。原来的大众营销、分众营销发展到品牌营销,又发展到现在的"微营销"。所谓微营销,是强调消费者自身的特性和主体需求,要求我们去了解他们的核心价值,然后在企业核心能力的策略方向与控制下,发展最有利益点的产品或服务,最大限度地满足消费者的需要。

旅游业作为21世纪的朝阳产业、国民经济支柱产业之一,具有创汇增收、带动相关产业发展、提供就业机会、扩大国际的经济技术合作与增进同世界各国人民的友谊、促进区域经济协调发展以及旅游扶贫等功能。目前,政府主导下的大旅游、大产业、大市场的旅游格局,在中国已经形成。但是,旅游企业在经营发展中仍然存在很多问题,在市场营销方面表现主要是知名度低、市场份额达不到应有的目标、销售收入不能令人满意、销售渠道单一且脆弱、企业利润率普遍很低等。因此,本模块以市场营销学的经典理论为依据,单项分析旅游业内企业的市场营销策略,概括起来就是"4P"+"4C"+"4R"。

一、营销中的"4P"策略

旅游企业市场营销的根本问题在于解决好以下4个基本要素。

(一)旅游企业营销产品策略(Product)

营销产品策略是旅行社营销战略中的首要因素。旅行社必须营销消费者市场所需要的旅游产品,企业才能求得生存和发展。旅游市场营销组合中,产品是最重要的因素。

1. 旅游产品的基本概念

众所周知,旅游产品是旅游经营者提供的为满足旅游者旅游消费所需要的旅游设施、旅游服务以及具有吸引力的旅游项目和线路,是食、住、行、游、购、导、娱等要素的载体组合,由实物和服务构成,属于服务性产品。对旅游者来说,就是旅行经历或旅游体验。旅游产品作为一种组合型服务产品,具有综合性、无形性、不可移动性、非储存性、生产与消费的同步性等特点,有别于物理形态表现出来的具体劳动产品。

2. 旅游产品的构成

鉴于旅游消费的综合性和多样性,相应地要求旅游产品同样具有结构的多元组合性,实际构成内容也是如此。其形态构成既包括实物形式的有形产品，如旅游汽车、旅游酒店、旅游购买品等，也包括服务形式的无形产品，如导游服务、购物服务、餐饮服务等接待服务产品。按其功能划分，可包括观光旅游产品、度假旅游产品、专项旅游产品、特种旅游产品等。

3. 旅游产品的营销

随着旅游业的深入发展，旅游者文化素质的提高，对一些观光产品已不感兴趣，因此应实施观光旅游产品的精品战略、品牌经营。21世纪是中国观光旅游产品的精品世纪。同时，随着"休闲时代"的来临，中国人民的生活由"温饱"进入"小康"的现实，为大众化的休闲度假产品发展创造了条件。因此，家庭休闲度假、城郊休闲度假、乡村休闲度假、海滨休闲度假、节假日和双休日休闲度假乃至出境休闲度假产品都将有广阔市场。

（二）旅游企业营销价格策略（Price）

旅游产品的买卖过程，实际就是消费者（旅游者）实现时空范围的自由移动、高水平服务的购买与享受的过程，这些都是市场经济的活动，必须按照市场规律、经济原则实行等价交换。掌握旅游产品价格的形成过程与产品定价的方法，灵活运用各种定价策略是旅游管理和组织者进行市场营销活动的主要手段。

（三）旅行企业营销渠道策略（Place）

市场营销渠道决策是旅游企业的重要决策之一。客户网络是重要的外部资源，通常多年才能建立起来，它和旅游企业的重要内部资源，如导游、营销队伍等可以相提并论。旅游产业逐渐呈现规模发展态势，因此营销渠道以及与之相适应的配销系统的建立是必要的。不能忽略的是，网络经济的发展，使得消费者和营销者之间可以更直接快捷地建立营销渠道，甚至省略了以往传统的营销渠道和环节，这就要求我们的营销队伍、营销体系完整、高效、体系统一，办公环境的网络化、智能化程度高。

（四）旅游企业促销组合策略（Promotion）

旅游企业市场营销不仅是开发旅游产品，而且制定出合乎市场需求的价格，还必须同现实的、潜在的消费者进行沟通，承担起沟通与促销的职责。要保证沟通信息有效，关键的是沟通的内容、对象和频率。配置完整的市场营销沟通系统是十分必要的。旅游企业必须同关联企业、消费者及各类上下游企业、政府相关部门、行业协会，甚至企业内部员工进行彻底的沟通，各个群体的沟通均给企业以反馈。旅游企业制订销售计划、培训营销人员、设计优秀的广告、开展各种促销活动，就是市场营销沟通组合——促销组合运作的内容。促销组合由广告、销售促进、推广、人员销售四个方面构成。

二、营销中的"4C"策略

1990年，美国的罗伯特·劳特朋教授提出了"4C"理论：把产品搁置一边，赶紧研究消费者的需求与欲望（Customer wants and needs）；不要再卖你所生产的产品，而要卖别人想购买的产品，暂时忘掉定价策略，快去了解消费者满足其欲望所想付出的成本（Cost）；忘掉渠道策略，应当思考如何给消费者方便（Convenience）以购得商品；忘掉促进销售，20世纪90年代正确的词汇是沟通（Communications）。"4C"理论同样适用于旅游产品的营销。

顾客（Customer）：旅行社开发了新的线路，选定了新的市场和产品，不要急于考虑推销给客户，而是先了解自己的客户需要什么样的旅游产品，他们的购买力如何等，再去为他们寻找适合的推介。

成本(Cost)：了解顾客的内在需要后，先不要考虑用什么样的价格策略确定投资回报率；而要先计算提供给顾客的产品需要付出多大的成本，然后结合了解到的顾客想为这次旅游付出的成本，再决定价格策略和利润目标。

便利性(Convenience)：忘掉固定的销售渠道，选择更能让消费者接受的销售方式，包括选线、组团方式、交通方式、付款方式，为旅客办理途中各种入住、接待手续等。

沟通(Communications)：忘掉促销，用服务和产品与顾客沟通，使顾客得到充分的真实的信息，做出满意的决策，最终建立顾客与企业的高度忠诚关系。

三、营销中的"4R"策略

2004年，美国学者舒尔茨提出了营销组合的最新理论——"4R"营销组合理论（简称"4R"理论），即市场营销包含4个要素。

关联(Related)：旅游市场需求主体转向以个人为主，旅游企业（旅行社）需要尽快转变观念，为旅游者提供全方位的服务，与之建立关联，形成一种互动、互求、互需的关系，提高顾客满意度，进而培养顾客忠诚度，把客户与企业紧密联系在一起。此外，旅行社不能再把酒店、景区、交通部门等视为成本中心，而要与他们联盟，制定互利战略，构筑顾客价值让渡系统。

反应速度(Response speed)：面对迅速变化、复合发展的旅游市场，谁能快速回应市场或者提前洞察市场的变化趋势，开发出符合顾客需求的产品，谁就会成为市场竞争中的胜利者。最成功的项目或服务往往都是最先推出的、具有特色的、迎合了市场需求的项目。

目前，为适应并满足国际、国内旅游多种层次旅游者的需求，那些主题明确、旅游者偏好突出、兴奋点集中、寻求更高层次自我满足和自我实现的专项旅游产品，如生态旅游、节庆旅游、会议会展旅游、宗教旅游、修学旅游、购物旅游等，将受到旅游者的青睐。在回归自然、绿色消费的时代潮流推动下，绿色旅游、环保旅游等生态旅游，将会有更广阔市场和更大发展。尤其是休闲观光农业、乡村休闲旅游、森林公园和自然保护区等生态旅游产品将会进入一个新时代。参与性、探险性或竞技性都很强的项目，如探险、科学考察和体育竞赛等特种项目，也将以其艰难性、风险性和刺激性可以产生社会轰动效应和创造较高的经济附加值。

关系营销(Relation)：关系在旅游企业营销中的作用比其他行业都更为重要。因为旅游产品具有综合性、无形性、不可移动性、非储存性、生产与消费的同步性等特点，消费者只有旅游结束后才能完成对此次购买的评价。因此，旅游企业营销的核心就是要处理好与顾客的关系，把质量、服务、营销有机结合起来，从交易变成责任，从单纯客户变为关系，从管理营销变成管理与客户的互动关系，与客户建立起稳定友好的关系。

回报(Return)：回报是营销的源泉，也是市场营销的价值所在。一方面，回报是营销发展的动力；另一方面，回报是维持市场关系的必要条件。企业要满足客户需要，为客户提供价值，但不能只做"奉献"，包括旅游企业在内的一切营销活动都必须以为客户、股东、社会创造价值为目的。

"4R"理论使企业清醒地认识到营销的战略是以为客户服务为中心的发展战略。"4R"理论根据市场不断成熟和竞争日趋激烈的形势，着眼于企业与客户互动双赢，不但积极地适应客户的需求，而且主动地创造需求，运用优化和系统的思想去整合营销，通过关联、关系、反应、回报等形式与客户形成独特的关系，把企业与客户联系在一起，形成竞争优势。

【技能训练一】

旅游产品策划

训练目的

(1)具备开发、策划旅游企业新产品的能力;

(2)具有组合旅游产品的能力;

(3)具有分析、策划品牌和商标的能力。

工作指引

(1)新产品开发。

①创新构思。新产品构思的来源很多,如通过征询顾客意见获得、通过召集专家进行头脑风暴获得、通过竞争者联合获得、通过员工集思广益获得、通过合作的中间商提议获得等。

②筛选构思方案。

③建立产品概念。

④营业分析。从经济效益的角度分析新产品概念是否符合企业目标,包括两个步骤:预测销售额和推算成本与利润。

⑤产品开发。把前面以文字、图画及模型等描述的产品设计变成实体产品。

⑥产品试销。市场测试的规模取决于两个方面:一是投资费用和风险大小;二是市场测试的费用和时间。

(2)新产品上市。

①上市时机选择(何时):以下三种类型可以参考:

a.先于竞争者上市:新产品在研制出以后立即上市,先入为主。

b.同于竞争者上市:市场一有变化,企业就闻风而动,同时开发同一新产品。

c.迟于竞争者上市:新产品虽然已成型,但决策者却迟迟不公之于众,他们期待更详尽的调查和更高的接受率,同时尽量降低风险,即"后发制人"。

②上市地点选择(何地):公司必须决定新产品是否推向单一的地区、一个区域、几个区域、全国市场或国际市场。在扩展营销中,公司必须对不同市场的吸引力作出评价。

③上市目标确定(给谁):公司根据自身资源优势,在选择目标市场时需考虑其市场的潜力、竞争状况、企业资源与市场的吻合度以及市场的投资回报。选择目标市场就是选择良好的营销机会,最大限度地扩大市场占有率。这就需要企业尽早确定目标顾客群体,了解目标顾客的心理需求,有的放矢,用最少的投入争取更多的顾客。

(3)新产品推广。

通过推介会、特殊手段推销法、重要人士介绍法、直销法等方法进行新产品推广。

(4)设计产品包装或树立产品品牌。品牌名称设计可采用以下方法:

①人名命名类型,如狗不理、麦当劳。

②地名命名类型,如茅台、燕京。

③字首命名类型,如 TCL、IBM。

④企业名称命名类型,如锦江、金陵。

⑤数字命名类型,如速8、7天。

⑥寓意命名类型,如君悦、奥罗。
⑦吉祥命名类型,如同盛祥、德发长。
⑧民俗命名类型,如神农、老孙家。

阶段成果检测

为旅行社设计一条专项旅游线路。

【技能训练二】

旅游产品定价

训练目的

(1)通过价格制定相关知识的学习,会给旅游产品进行定价;
(2)能在不同的市场环境下,适当调整旅游产品的价格。

工作指引

(1)根据市场行情和产品特点,为旅游产品制定合理的定价;
(2)充分考虑旅游产品的组和特点并突出服务特点,核算旅游产品成本;
(3)调查影响旅游产品价格的内外部因素;
(4)根据目标市场的特点,选择合适的定价方法;
(5)对核算的价格,合理运用定价策略进行调整;
(6)确定旅游产品价格;
(7)核算不同的淡旺季价格;
(8)核算不同的商务团、观光团、会议团、豪华团等的不同价格。

阶段成果检测

(1)为技能训练一设计的专项旅游线路定价;
(2)确定出专项旅游线路的淡旺季差异价格;
(3)核算出专项旅游线路的学生团、夕阳红团和普通观光团的报价。

【技能训练三】

旅游产品销售

训练目的

(1)具备设计销售渠道系统的能力;
(2)具备选择、经营和评价中间商的能力;
(3)具备构建并使用直复营销、全球预订系统、网络营销等新型营销渠道的能力;
(4)具备广告决策、策划、广告媒体选择的能力;
(5)具备推销的能力;
(6)具备制订营业推广方案及其实施的能力;
(7)具备公共关系策划的能力;
(8)具备旅游企业内部促销方案设计的能力。

工作指引

(1)以班级为单位设立模拟销售中心并设计销售系统。
设计销售系统时,应注意以下问题并完成以下工作:

①分析旅游企业市场需求,为销售模式和销售渠道选择做准备;
②根据旅游目标市场消费者的特征,选择销售渠道;
③根据旅游目标市场消费者的特征及本企业的自身规模、实力等因素,确定中间商数量及具体选择对象;
④根据本企业自身要求及运营情况,确定渠道的责任与条件;
⑤对选择的渠道进行评估。
(2)做好销售渠道管理工作。
具体从以下几个方面进行管理:
①以设计销售系统为基础,选择具体的渠道成员;
②加强渠道成员的日常管理及激励工作,以维护客户关系;
③对中间商合作工程进行管理及评估;
④经过一段时间合作运营,对销售渠道做合理的调整。
(3)做好重要客户管理。
①制定明确的中间商选择标准,其标准既要与自身企业要求相匹配,同时在符合市场规律的前提下,又以企业最高利润和最高效率为标准;
②在日常管理和合作过程中,寻找积极与中间商沟通的途径;
③根据中间商的企业性质和销售情况,及时激励中间商;
④提高办事效率,加强预订受理工作;
⑤加强重要客户的售后服务和管理;
⑥重视账款清算,及时完成与中间商之间的账款问题。
(4)更新和提升营销渠道质量。
结合市场发展规律及信息化进程,及时更新和提升营销渠道质量,策划出新型营销模式,以更大限度地满足消费者需求,如以下营销模式:
①通过电话营销、电视营销、网络营销等形式的直销模式策划,减少中间商盈利,激励消费者购买;
②通过酒店连锁的预订中心、酒店联合体、酒店预订组织等形式的中央预订系统策划,提高预订效率,增加回头率;
③在旅游市场购买调研的基础上,制作网络营销平台,增进与顾客之间的信息交流,进行营销网点推广及信誉度建设,推进旅游的网络营销。
(5)广告策划与促销策划。
为了提高市场占有率,在日常销售管理的基础上进行促进销售。
①进行广告策划,提高企业知名度,促进消费者购买。
广告策划步骤如下:
a.以组为单位,形成一个模拟的旅游企业,完成此项任务;
b.分析自己所模拟的旅游企业的特色和环境;
c.构思、策划、创作出符合企业特点和迎合消费者口味的广告主题;
d.根据设计的广告主题,提出响亮的、口号性强的、可读性高的广告口号;
e.为设计的广告选择合适的背景、插图、照片及广告代言人;
f.进行整体设计和美化处理。

②模拟推销步骤如下:
a. 以组为单位,每组形成一支推广队伍;
b. 预约:预约推销的时间、地点和随行人员等;
c. 谈判:以组为单位,现场进行推销,包括提前准备的问题、合约等的展示;
d. 达成协议或不能达成协议。
③营业推广策划步骤如下:
a. 以组为单位,每组形成一支营业推广队伍;
b. 制订营业推广方案;
c. 各自准备布置推广环境;
d. 在推广活动过程中管理好自己的推广团队。
④公共关系策划步骤如下:
a. 以组为单位,每组形成一支公关队伍;
b. 制订公关策划方案;
c. 各自准备布置公共关系活动环境;
d. 在公关活动过程中管理好自己的公关团队。

阶段成果检测

请在2周内完成下列任务:
(1)草拟一份旅游企业的模拟销售方案。
(2)评价旅行社、航空公司作为酒店中间商的各自优越性所在。
(3)模拟制作酒店网络营销系统。
(4)为自己模拟的旅游企业设计一则展示性广告。
(5)以组为单位,自己准备材料,自己布置场地进行一次模拟推广,提交推广方案。
(6)以组为单位,自己准备材料,自己布置场地进行一次模拟公共关系活动,提交公关方案。

模块三　旅行社运营与管理

知识目标

(1) 熟悉旅行社管理条例及实施细则；
(2) 了解旅行社的产生与发展历史；
(3) 掌握旅行社的基本职能与基本业务；
(4) 掌握设立旅行社的条件、程序；
(5) 熟悉旅行社的组织结构设计；
(6) 掌握旅行社的外联业务、计调业务与接待业务。

技能目标

(1) 会进行旅行社选址，会申办一家旅行社；
(2) 会设计旅游线路；
(3) 会进行旅游采购服务；
(4) 能熟练运用组团计调业务；
(5) 能熟练运用地接计调业务；
(6) 掌握地陪的工作；
(7) 掌握全陪的工作；
(8) 会接待团队、散客；
(9) 熟悉旅行社促销活动的方式，掌握门市销售业务；
(10) 可以进行旅行社质量管理。

外联业务、计调业务、接待业务是旅行社三大基本的业务，也是从知识和技能上应该掌握的主要业务。本模块以旅行社三大业务为主线，按照旅行社的工作过程进行教学安排。

任务一　旅行社的设立

【情景导入】

美国运通旅行社的发展历程

美国运通旅行社是美国最大的旅行社，也是世界上最大的旅行社。该旅行社于1850年在美国纽约州的布法罗市建立，起初经营货物、贵重物品和现金的快递业务。1882年，美国运通公司推出自己的汇票，并且立即获得成功。1891年，美国运通公司推出第一张旅行支票。美国运通公司以其良好的信誉为其所发行的旅行支票作担保，并且保证接受这种支票的人不会蒙受任何损失。假如支票被盗或是支票上的签名被人仿冒，美国运通公司保证承担损失。美国运通公司不靠发行旅行支票的手续费营利，而是靠每年数十亿美元的浮存进行投资。同年，美国运通公司建立欧洲部，并于1895年在巴黎建立了第一家分公司，随后又先后在伦敦、利物浦、南开普敦、汉堡、不来梅等城市建立了分公司。很快，美国运通公司的办事处和分公司遍布整个欧洲。

在旅游市场巨大发展潜力的诱惑下,美国运通公司于1915年设立了旅行部。1916年,旅行部组织了很多旅游团,其中包括前往远东地区和阿拉斯加的旅游客轮、前往尼亚加拉大瀑布和加拿大的包价旅游团。1922年,美国运通公司开始经营通过巴拿马运河的环球客轮旅游项目。在整个20世纪30年代,美国运通公司实施大规模的国内旅游业务计划,公司创办了著名的乘火车前往美国西部地区旅游的"旗帜旅行团",项目包括交通、住宿、游览观光和餐饮等内容。

第二次世界大战结束以来,美国运通公司获得了巨大发展,现已成为世界上最大的旅行和金融集团。除了旅行部和旅行支票部,美国运通公司还设有银行部、投资部和保险部。另外,美国运通公司发行的信用卡是国际上使用的主要信用卡之一。

【思考】

(1)什么是旅行社?
(2)通过案例说明旅行社是什么类型的企业。
(3)旅行社的基本职能有哪些?
(4)你从上述案例中得到什么启示?

一、旅行社业务概述

(一)旅行社的产生与发展

旅行社是社会经济发展到一定阶段的产物,是商品经济、科学技术和社会分工发展的必然结果。国外旅行社起步较早,发展较快;我国旅行社起步较晚,发展相对滞后。

1. 国外旅行社的产生与发展

国外旅行社的产生源于产业革命。自托马斯·库克创办第一家商业旅行社起,国外旅行社开始蓬勃发展。

1)国外旅行社的产生

18世纪中叶,英国发生了工业革命,这一革命迅速波及法国、德国等欧洲国家和北美地区。19世纪中叶,工业革命在这些国家和地区取得了重大进展,并促使其经济结构和社会结构发生了巨大变化,这为旅行社行业的出现提供了各种有利条件。

首先,随着生产力的迅速发展和社会财富的急剧增加,有产阶级的规模日趋扩大,欧美发达国家的人们具备了外出旅游的经济条件。工业革命以前,只有地主和贵族才有金钱从事非经济的消遣旅游活动。工业革命使得财富大量流向新兴的工业资产阶级,使他们也具有了从事旅游的经济条件,从而扩大了外出旅游的人数。

其次,科学技术的进步,特别是交通运输技术的大力发展,提高了运输能力,缩短了运输时间,使大规模的人员流动成为可能。1769年,瓦特发明的蒸汽机技术很快应用于新的交通工具,至18世纪末,蒸汽机轮船就已问世。但对于近代旅游的诞生影响最大和最直接的还是铁路运输技术的发展。1825年,在英国享有"铁路之父"之称的乔治·史蒂文森所建造的斯托克顿至达林顿的铁路正式投入运营。此后各地的铁路开始建设起来,并向更远的地区延伸。

再次,工业革命加速了城市化的进程,并且使人们工作和生活的重心从农村转移到城市。这一变化最终导致人们有了适时逃避节奏紧张的城市生活和拥挤嘈杂的环境压力的需求,产生了回归自由、回归大自然的追求。

最后,工业革命改变了人们的工作性质。随着大量人口涌入城市,原先那种随农时变化而忙闲有致的多样性农业劳动开始被枯燥、重复的单一性大机器工业劳动所取代,致使人们产生了强烈的度假要求。当然,工人阶级带薪假日的获得并非一蹴而就,而是经过一个多世纪的艰苦斗争才最终取得的。

正是在这种背景条件下,世界上首家旅行社诞生了。一般认为旅行社的产生始于19世纪中期,源于英国人托马斯·库克在其家乡莱斯特成立的托马斯·库克旅行社,托马斯·库克也成了世界上第一位专职的旅行代理商,故后人誉之为"近代旅游业之父"。

2) 国外旅行社的发展

从托马斯·库克创办第一家商业旅行社开始,旅行社在世界各地迅速发展起来。国外旅行社的发展大致经历了以下三个阶段。

(1) 起步阶段(1845~1937年第二次世界大战前)。

从1845~1914年第一次世界大战前,旅行社主要经营以轮船、火车为主要交通工具的国内旅行和短途国际旅行。这一阶段成立旅行社的情况:1850年美国运通旅行社成立,1890年法国和德国分别成立观光俱乐部,1893年日本成立"喜宾会"。到20世纪初,美国运通、英国托马斯·库克、比利时铁路卧车公司成为当时旅游业的三大巨头。1917年第一次世界大战后到1937年第二次世界大战前,旅行社推出的旅游产品内容有了一定的更新,除观光旅行外,还有探险旅游等新品种,人们既可以选择火车、轮船旅行,还可以乘坐大型汽车上路,出行范围也同时扩大。

这一阶段旅行社的特点表现为数量少、规模较小、产品品种少等。

(2) 成长阶段(1945年第二次世界大战后至20世纪80年代后期)。

成长阶段的表现:社会化大众旅游需求在世界各国迅速普及。因为这一时期,喷气式飞机开始应用到民航,缩短了人们的旅行时间;生产力的发展使人们从繁重的体力劳动中解脱出来,增加了对旅游的需求;城市化进程使人们的旅游需求继续增加,人们开始不同程度地享受带薪假期。

这一阶段旅行社的特点表现为旅行社数量和营业额大幅增加,产品更加丰富。

(3) 成熟阶段(20世纪90年代初期至今)。

20世纪90年代初期以来,以欧美地区经济发达国家为代表的国外旅行社行业开始从成长阶段走向成熟阶段,其显著标志是旅行社产业的集中化趋势不断加强。一些发达国家的旅行社行业正在从过去以私人企业为主体、以国家为界限的分散的市场,逐步向少数大企业集团为主体的国际化大市场发展,并通过价值链进行整合。同时,以美国、德国、英国等国家的大型旅行社为主导的企业的兼并、收购与战略联盟,使得发达国家旅行社的所有权发生了极大的变化,形成了一批能够对整个市场产生重要影响的旅行社行业巨头。

2. 我国旅行社的产生与发展

中华人民共和国成立之前,由于战乱和经济的落后,我国的旅游事业规模较小,发展缓慢,旅行社寥寥无几。改革开放后,旅游业被纳入国民经济发展计划,旅行社也得以迅猛发展。

1) 我国旅行社的产生

我国第一家旅行社是 1923 年 8 月由陈光甫先生在上海创立的上海商业储蓄银行旅行部。1927 年 6 月,该旅行部更名为中国旅行社,从上海商业储蓄银行独立出来,并在华北、华东、华南等地区的 15 个城市设立了分(支)社,是香港中国旅行社股份有限公司的前身。

中华人民共和国成立后,1949 年 10 月 18 日,福建厦门中国旅行社成立,这是中华人民共和国成立后的第一家旅行社。不久,福建的泉州、福州等地也相继成立了华侨服务社。为进一步加强与世界各国的交流与合作,做好对外接待工作,经国务院决定,成立了两个旅行社系统。

一是 1954 年成立的中国国际旅行社总社(简称国旅)及其分社和支社,由国务院及地方政府的外事办公室领导,主要负责接待外国来华者。

二是 1957 年由各地华侨服务社组建而成的华侨旅行社(1974 年更名为中国旅行社,简称中旅)总社及其分社和支社,由国务院及各地方政府的侨务办公室领导,主要负责接待海外华侨、外籍华人。

中国国际旅行社和中国旅行社作为我国两大旅行社系统,在以后 20 多年的时间中,垄断了我国的全部旅游业务。虽然它们为我国旅行社行业发展积累了一定的经验,培养了相当数量的旅游业务人才,但由于旅行社是直属政府的行政或事业单位,其业务以政治接待为主,从而导致我国旅行社行业没有得到充分发展,与国外旅行社行业相比,其产业规模和经营业务的范围相对狭小,经营效益和管理水平也相对落后。

2) 我国旅行社的发展历程

我国旅行社的成长与发展是在经历了近 30 年的探索之后,于 20 世纪 70 年代末至 80 年代初开始了它的初步增长阶段。

1979 年 11 月 16 日,全国青年旅游部成立。在此基础上,中国青年旅行社(简称青旅)于 1980 年 6 月 27 日成立。根据国家旅游局的规定,此时全国只有国旅、中旅和青旅三家总社拥有旅游外联的权利。其中,国旅主要接待外国来华的旅游者,中旅主要接待港澳台同胞和来华旅游的海外华侨与华人,青旅则主要接待来华的海外青年旅游者。三家旅行社通过在全国各地建立各自的分(支)社,形成了三个相互独立的旅行社系统。

随着我国改革开放的不断深入,1985 年 5 月,国务院颁布《旅行社管理暂行条例》,将全国的旅行社划分为第一类旅行社(简称一类社)、第二类旅行社(简称二类社)和第三类旅行社(简称三类社)三大类型。其中,一类社对外招徕并接待外国人、华侨、港澳同胞、台湾同胞来中国、归国或回内地旅游业务;二类社不对外招徕,只经营接待一类社或其他涉外部门组织的外国人、华侨、港澳同胞、台湾同胞来中国、归国或回内地旅游业务;三类社经营我国公民国内旅游业务。此后,我国旅行社数量迅速扩增,一个独立的旅行社行业已浮出水面。截至 1988 年底,我国旅行社总数已达 1 573 家,其中一类社 44 家,二类社 811 家,三类社 718 家。

到了 20 世纪 80 年代中后期,我国的国内旅行社异军突起。1984 年,我国批准了中国公民自费赴港澳地区的探亲旅游,1990 年,把范围扩展到新加坡、马来西亚和泰国 3 个国家,并规定此项业务归中国国际旅行社总社等 9 家旅行社经营。1992 年,中国公民出境总人数为 292.87 万人次,其中因私出境人数为 119.3 万人次,经旅行社组织的出境旅游人数为 86 万人次。我国旅游业已全面进入入境、出境、国内三大旅游领域。

进入20世纪90年代,我国旅游业环境风云突变,供求关系由原有的卖方市场转向供过于求的买方市场。旅行社数量的持续上升,进一步加剧了相互间的竞争。旅行社经营中暴露的问题,如非法经营、恶性削价、违规违约操作等,一度成为旅游业关注的焦点,规范旅行社市场运作的法规条例陆续出台。1995年国家旅游局发布的《旅行社质量保证金暂行规定》,1996年10月国务院颁布的《旅行社管理条例》(为适应我国旅游业对外开放的需要,《旅行社管理条例》已根据国务院的有关决定作了相应的修改,并于2009年5月起施行新的《旅行社条例》),1999年国务院颁布的《导游人员管理条例》等,这些旅游法规的颁布和实施,既保障了旅游者的合法权益,也为旅行社的经营和行业发展提供了良好的旅游法治环境。

20世纪90年代中后期以来,我国国民经济进入快速发展的阶段,城镇和乡村居民的收入水平明显提高,并产生了强烈的旅游需求。国家实行的双休日制度和较长的节假日使人们拥有了较多的闲暇时间,能够进行较长距离的外出旅游活动。民航部门增加班机和包机,铁路部门数次提速,全国高速公路网的建设以及大量新型旅游客车的生产等,都为人们外出旅行提供了更大的便利。这一切都推动了旅游市场的发展和繁荣,为旅行社提供了大量的客源。

3)我国旅游业及旅行社发展现状

2014年,我国旅游业持续快速发展。国内旅游市场高速增长,入境旅游市场稳中有进,出境旅游市场快速增长。国内旅游人数达36.11亿人次,收入3.03万亿元人民币,同比增长10.7%和15.4%;入境旅游人数达1.28亿人次,实现国际旅游收入1 053.8亿美元;我国公民出境旅游人数达到1.07亿人次,旅游花费896.4亿美元;全年实现旅游业总收入3.73万亿元人民币。全年全国旅游业对GDP的综合贡献为6.61万亿元,占GDP总量的10.39%。旅游直接就业2 779.4万人,旅游直接和间接就业7 873万人,占全国就业总人口的10.19%。

(1)国内旅游。

全国国内旅游人数36.11亿人次,同比增长10.7%。其中,城镇居民24.83亿人次,农村居民11.28亿人次。

①全国国内旅游收入30 311.87亿元人民币,同比增长15.4%。其中,城镇居民旅游消费24 219.76亿元,农村居民旅游消费6 092.11亿元。

②全国国内旅游出游人均花费839.4元。其中,城镇居民国内旅游出游人均花费975.4元,农村居民国内旅游出游人均花费540.1元。

③春节、"十一"两个"黄金周"中,全国共接待国内游客7.06亿人次,实现旅游收入3 716.9亿元。

④入境旅游人数12 849.83万人次。其中,国外游客2 636.08万人次;香港同胞7 613.17万人次,澳门同胞2 063.99万人次,台湾同胞536.59万人次。

⑤入境过夜游客人数5 562.21万人次。其中,国外游客2 081.27万人次;香港同胞2 587.45万人次,澳门同胞420.75万人次,台湾同胞472.74万人次。

⑥国际旅游收入1 053.8亿美元。

(2)出境旅游。

①我国公民出境旅游人数达到1.07亿人次。

②经旅行社组织出境旅游的总人数为 3 914.98 万人次,增长 16.7%。其中,组织出国游 2 476.32 万人次,增长 18.7%;组织我国港澳地区游 1 059.87 万人次,增长 7.2%;组织我国台湾省游 378.79 万人次,增长 34.5%。

③我国公民出境旅游目的地新增国家为乌克兰。出境旅游花费 896.4 亿美元。

(3)旅行社规模和经营。

①截至 2014 年末,全国纳入统计范围的旅行社共有 26 650 家,同比增长 2.3%。

②截至 2014 年末,全国旅行社资产总额为 1 292.97 亿元,同比增长 24.4%;各类旅行社共实现营业收入 4 029.59 亿元,同比增长 12.0%;营业税金及附加达到 16.60 亿元,同比增长 11.3%。全年,全国旅行社共招徕入境游客 1 410.04 万人次,同比下降 2.6%,招徕入境游客 6 165.94 万人天,同比增长 1.7%;经旅行社接待的入境游客为 2 002.56 万人次,同比下降 2.2%;接待入境游客 6 855.15 万人天,同比增长 2.8%。

③全年,全国旅行社共组织国内过夜游客 13 116.66 万人次,同比增长 2.0%,组织国内过夜旅客 41 545.83 万人天,同比增长 1.7%;经旅行社接待的国内过夜游客为 14 457.7 万人次,同比下降 0.4%;接待的国内过夜游客为 34 978.44 万人天,同比增长 3.4%。

4)我国旅行社的发展趋势

(1)大型旅行社集团化。我国的旅行社行业将出现集团化的趋势,一批具有一定规模并且覆盖一定区域的旅行社集团将出现在我国大地上,成为我国旅行社行业的一道亮丽的风景线。大型旅行社集团化的趋势既适应我国旅行社行业的发展需要,也符合国际上旅行社行业的发展进程。

(2)中型旅行社专业化。中型旅行社的专业化主要体现在所经营的产品上。中型旅行社应针对某些细分市场,对某些产品进行深度开发,形成特色产品或特色服务。专业化的经营集成本优势与产品专业化优势于一身,解决了中型旅行社因规模较小形不成规模经济,因而难以直接与旅行社集团竞争的问题。而对行业来说,专业化的特色经营起到拾遗补阙的作用,中型旅行社的专业化开发会使旅游产品更加多样化,从而增强旅游产品的总体吸引力。因此,中型旅行社的专业化发展是一种必然的理性化选择。

(3)品牌化趋势。我国旅行社行业的竞争已开始从价格竞争逐步转向质量竞争和品牌竞争。随着旅游者消费需求水平的提高,旅行社所奉行的低价格战略已经不再像过去那样奏效了,必须采用新的竞争战略,以应对我国加入世界贸易组织后,特别是国际知名旅行社进入中国旅游市场后所带来的严峻挑战。因此,知名旅行社瓜分市场必将成为我国旅游市场的一个必然趋势。我国的旅行社必须大力发展品牌战略,否则将会在日趋激烈的市场竞争中落败。目前,我国旅行社行业的一些有识之士已经开始注重建立我国的旅行社品牌,努力争取旅游者的认同,并使其产生对旅行社提供的服务的亲近感和信任感,以便在市场上立于不败之地。

(二)旅行社的职能

旅行社是以营利为目的,为满足旅游者在旅行过程中的各种需求提供服务的企业,具有生产、销售、组织协调、分配和提供信息等职能。

1.旅行社的性质

旅行社是为旅游者提供各种服务的专门机构,它在不同的国家和地区有不同的含义。

1）国际官方旅游组织联盟关于旅行社的定义

旅游经营商性质的定义：一种销售企业，它们在消费者提出要求之前事先准备好旅游活动和度假地，组织旅游交流，预订旅游目的地的各类客房，安排多种游览、娱乐活动，提供整套服务（包价旅游），并事先确定价格及出发和回归日期，即准备好旅游产品，由自己下属的销售处，或由旅行代理商将产品销售给团体或个体消费者。

旅行代理商性质的定义是服务性企业。它的职能包括：

（1）向公众提供有关旅行、住宿条件以及时间、费用和服务项目等信息，并出售产品；

（2）受交通运输、酒店、餐馆及供应商的委托，以合同规定的价格向旅游者出售它们的产品；

（3）接受它所代表的供应商的酬劳，代理商按售出旅游产品总金额的一定比例提取佣金。

2）我国关于旅行社的定义

2009年5月，国务院颁布的《旅行社条例》对我国旅行社的性质作出明确规定：旅行社是指从事招徕、组织、接待旅游者活动，为旅游者提供相关的旅游服务，开展国内旅游业务、入境旅游业务和出境旅游业务的企业法人。

不同的国家、地区和组织关于旅行社性质的定义不尽相同。但是，通过对各种定义的分析可见，这些定义都包含了一些基本相同的内容，可以看成是国际上对旅行社性质的认同。这些内容主要包括以下两个方面：

（1）旅行社是以营利为目的的企业。

（2）旅行社必须以旅游业务作为主要经营业务。在我国，旅游业务主要包括以下四个方面的内容：

①为旅游者代办出境、入境和签证手续；

②招徕和接待旅游者；

③向旅游者提供导游服务；

④为旅游者安排交通、游览、住宿、餐饮、购物、娱乐等活动。

综上所述，旅行社的性质是以营利为目的，从事旅游业务的企业。

2. 旅行社的基本职能

旅行社的最基本职能是设法满足旅游者在旅行和游览方面的各种需要，同时协助交通、酒店、餐馆、游览景点、娱乐场所和商店等旅游服务供应部门和企业将其旅游服务产品销售给旅游者。具体来讲，旅行社的基本职能可分为以下五个方面。

1）生产职能

旅行社的生产职能是指旅行社设计和开发包价旅游及组合旅游产品的功能。这是旅行社的首要职能。

2）销售职能

旅行社除了在旅游市场上向旅游者销售其设计和生产的包价旅游产品和组合旅游产品，还充当其他旅游企业及其他相关企业与旅游者之间的媒介，向旅游者代售这些企业的相关产品。旅行社在旅游产品销售中起着十分重要的作用。

3）组织协调职能

旅行社要保证旅游活动的顺利进行，离不开各个部门和其他相关行业的合作与支持，而旅游业各部门之间以及旅游业与其他行业之间也存在一种相互依存、互利互惠的合作关系。旅行社行业的高度依附性和综合性决定了旅行社若要确保旅游者旅游活动的顺利进行,就必须进行大量的组织协调工作。

4) 分配职能

旅行社的分配职能主要表现在两个方面：一方面是根据旅游者的要求,在不同旅游服务项目之间合理分配旅游者付出的旅游费用,以最大限度地保障旅游者的利益；另一方面,在旅游活动结束后,根据事先同各相关部门或企业签订的协议和各部门或企业提供服务的实际数量、质量,合理分配旅游收入。

5) 提供信息职能

任何旅游企业都具有向旅游者提供产品信息的职能。旅行社作为旅游产业中的一种特殊企业,其提供信息的职能与其他类型的旅游企业不尽相同。一方面,旅行社作为旅游产品重要的销售渠道,始终处于旅游市场的最前沿,须熟知旅游者的需求变化和市场动态,这些信息若能及时提供给各相关部门,会对它们的经营管理具有指导意义,而相关部门经营的改善和服务质量的提高无疑也有利于旅行社自身的发展；另一方面,旅行社作为旅游业重要的销售渠道,应及时、准确、全面地将旅游目的地各相关部门最新的发展和变化情况传递到旅游市场去,以便于促使旅游者购买。

3. 旅行社的行业特点

1) 劳动密集性

旅行社行业具有劳动密集性的特点。旅行社属于旅游中间商,是通过提供旅游中介服务获取收益的企业。作为一个企业,旅行社出售的产品无论是单项的还是综合的,都是一种服务产品,该产品的无形性决定了旅行社的全部生产经营活动一般表现为人的劳务活动,它无须借助于投资巨额的机器设备来完成。旅行社对资金的需求量较小,而对劳动力的需求量相对较大。因此,旅行社是典型的劳动密集性企业。

2) 智力密集性

旅行社的主要业务包括为旅游者提供旅行生活服务和旅游景点导游讲解服务。这是一项复杂的脑力劳动,要求工作人员有广博的知识和较高的文化素质。旅行社的经营成功与否,在很大程度上取决于其员工的知识水平和工作能力。为了提高旅行社行业从业人员的整体素质,我国的有关法规对旅行社的管理人员和导游人员的从业资格和学历都提出了明确的要求,同时对从业人员的继续教育也作了规定,这充分体现了旅行社行业具有明显的智力密集性特点。

3) 依附性

旅游产品具有较强的综合性。作为旅游产品的流通中介,旅行社的存在与发展离不开其他相关企业的协作。首先,旅行社,特别是国际旅行社,必须依靠客源地的旅行社为其提供客源；其次,旅行社行业处于旅游产业链中的下游,它必须依靠同一产业链中的交通行业、住宿行业、餐饮行业等上游行业为其提供各种相关服务。旅行社必须在确保自身利益的前提下,与其他旅游行业及相关行业进行广泛联络,以建立一个完善的旅游服务供给网络,从而获得经营所需的各项服务。

4) 脆弱性

旅行社行业受多种因素的影响和制约,具有比较明显的脆弱性特点,主要表现在以下几个方面：

(1)旅游需求的季节性影响；

(2)外部环境对旅游者消费行为的影响；

(3)旅游上游企业供给的影响。

综上所述，旅行社虽然具有投资少、进入门槛低的优势，但是旅游产品的特性及其在经营环境中的特殊性决定了旅行社行业具有依附性、脆弱性等一系列对企业发展明显不利的特点。这些特点的存在使旅行社经营难度大为提高，与一般企业相比，旅行社的经营更具有挑战性。

(三)旅行社的基本业务

照目前的旅行社分类，旅行社分为国际旅行社和国内旅行社，其基本业务范围包括市场调研与产品设计、促销、咨询服务、销售、采购、接待和售后服务等。

1. 旅行社的业务范围

旅行社是为旅游者提供各类服务、从事旅游业务的企业，它所提供的服务是根据旅游者的旅游需求而展开的，因此旅游者的购买决策和消费过程决定了旅行社的业务范围。一般而言，旅游者的购买决策和消费过程可划分为六个阶段：旅游动机、信息搜寻、意向性咨询、购买、旅游经历和游后行为。与这六个方面相对应，旅行社的业务范围可概括为市场调研与产品设计、促销、咨询服务、销售、采购、接待和售后服务等。

2. 旅行社的基本业务

一般来说，按照旅行社的操作流程，其基本业务包括以下几个方面：

(1)产品设计与开发业务。旅行社的产品设计与开发业务是旅行社经营的基础，体现旅行社企业的生产性。这类业务包括产品设计、产品试产与试销、产品投放市场和产品效果检查评估四项内容。

(2)旅游采购业务。旅行社的第二项基本业务是旅游采购。旅游采购业务是指旅行社为了生产旅游产品而向有关旅游服务供应部门或企业购买各种旅游服务项目的业务活动。旅行社的采购业务涵盖旅游活动食、宿、行、游、购、娱六个方面，涉及餐饮、住宿、交通、景点游览、保险和娱乐等部门。旅行社采购业务充分体现了旅行社行业的依附性和综合性。

(3)产品销售业务。旅行社产品销售业务是旅行社的第三项基本业务，包括制定产品销售战略、选择产品销售渠道、制定产品销售价格和开展旅游促销四项内容。

(4)旅游接待业务。旅行社通过向旅游者提供接待服务，以最终实现旅游产品的生产与消费。旅行社接待业务是旅行社的重要业务，体现了旅行社企业的服务性。接待业务包括团体旅游接待业务和散客旅游接待业务。

(5)中介服务。当今旅行社还提供以下一些中介服务项目：

①办理旅行证件，如护照和签证；

②代客购买或预订车、船和机票及各类联运票；

③出售特种有价证券，如信用卡，旅游者持有这种证券便可在各游览地游玩期间得到膳食服务；

④发行和汇总旅行支票、信贷券，组织兑换业务；

⑤为旅游者办理旅行期间的各种保险等。

二、旅行社设立程序

(一)影响旅行社设立的因素

设立一家旅行社受到诸多因素的制约,主要包括外部因素和内部因素。

1. 外部因素

外部因素是指旅行社自身无法控制而又必须受其约束的因素。影响旅行社设立的外部因素主要有行业环境因素和宏观环境因素。

1) 行业环境因素

行业环境因素是指存在于旅行社内部的,影响、制约着旅行社的存在与发展的因素,主要涉及旅游业的发展现状、行业内的竞争对手、潜在的竞争对手、旅游服务供应部门等。

(1) 旅游业的发展现状。世界旅游业、国家旅游业、地区旅游业的发展水平和发展趋势会对该地区旅行社的设立产生至关重要的影响。旅游业发展水平高,并且呈现可持续发展的趋势,旅游客源就有了较好的保障;同时与旅行社业务发展密切相关的各行业、各部门的快速增长也是设立旅行社必须考虑的要素。

(2) 行业内的竞争对手。行业内的竞争对手是指设立旅行社的地区从事旅行社经营业务的其他旅行社,包括现有旅行社的数量、规模、竞争的激烈程度等。一个地区旅行社数量有限、规模较小、竞争不激烈、获利较高时,一家新的旅行社的进入不会引起过多的关注,这就为旅行社的发展赢得了机遇;反之,就会对旅行社的设立带来重重困难。

(3) 潜在的竞争对手。潜在的竞争对手是指那些具备了从事旅行社业务,却尚未进入旅行社行业的企业或个人。申请设立旅行社时,这也是要重点考虑的一个要素。潜在对手少、实力弱,对一家新旅行社的进入就不会构成大的威胁;反之,新设立的旅行社会举步维艰。

(4) 旅游服务供应部门。旅游服务供应部门是指围绕旅行社的业务展开经营,为游客提供吃、住、行、游、购、娱等服务的部门。旅游服务供应部门的数量、规模、经济实力,其产品对旅行社的依赖程度对旅行社的经营成本、营利水平和发展潜力具有较大影响。当旅游服务供应部门数量多、规模小、实力弱、依赖性强时,旅行社的发展潜力就非常大;反之,一家新的旅行社是难以维持下去的。

2) 宏观环境因素

宏观环境因素是指存在于旅行社行业之外的,却又对旅行社的存在与发展产生直接影响的各种因素。这些因素包括宏观经济环境、人口环境、科技环境、政治法律环境、国际环境等。

(1) 宏观经济环境。宏观经济环境决定着一个国家、一个地区、一个行业的国民经济的发展状况。国民经济发展的好与坏又影响着该国家和地区的旅行社行业经济效益的好与坏。反映宏观经济环境的主要经济指标有经济增长率、汇率、利率、通货膨胀率等。

(2) 人口环境。社会人口组成成分的变化会为旅行社的发展创造机遇。我国的经济环境、生活条件越来越好,在之前计划生育政策下,人口平均寿命的提高,老年人口的比例越来越大,"老年旅游团"也越来越多,为旅行社的发展提供了机遇。同时,由于控制了人口的出生率,在不久的将来,旅行社的客源市场也会出现危机。

(3) 科技环境。旅行社这一行业的出现,是科学技术高速发展的产物。蒸汽机的发明、火车的出现,才诞生了旅行社。轮船的出现,使洲际旅游成为现实。飞机由军用变民用,使旅游活动的时间大大缩短;大型客机的不断更新,更是降低了飞行成本,同时也就降低了旅行成本,为大众旅游奠定了基础。航天技术的成熟,已经使太空旅游变成现实。现代计算机网络技术为旅行社的经营管理提供了更加便利的办公条件,降低了旅行社的经营成本,让旅行社得到了更加广阔的赢利空间。

(4)政治法律环境。设立旅行社,应该考虑旅行社所处的政治法律环境。一个国家、一个地区的政治制度、法律法规都会对旅行社的发展产生巨大的影响和制约。和平稳定的政治环境、以人为本的法律环境为旅行社营造了一个宽松的发展空间。改革开放前后的中国旅游业就是最好的例证。

(5)国际环境。现代旅行社的发展已经没有了国家界限,国际旅游为旅行社带来了良好的效益。国际环境的变化对旅行社行业的影响是非常巨大的,国际环境对旅行社来说是一把双刃剑,既能给旅行社带来机遇,也会给旅行社的发展带来威胁。中国环境的和平与稳定,使中国旅行社行业得到了飞速发展;而美国"9·11"事件、"非典"、印度洋海啸、黄岩岛事件等却让旅行社行业深受影响。

2. 内部因素

内部因素是指旅行社自身可以控制的因素,旅行社必须认真对待这些因素。影响旅行社设立的内部因素包括资金筹措、营业场所、协作网络、信用状况等。

1)资金筹措

在具备了外部条件的情况下,设立旅行社,开展业务,首先遇到的是资金问题。申请开办旅行社、开展业务等所需资金是旅行社创立者必须提供的。因此,资金筹措就成了旅行社内部自行控制的最主要和最为关键的因素。外部因素中的政治与法律环境因素所涉及的法律、法规,如《旅行社条例》就对设立旅行社所需资金有明确规定,指出设立旅行社所需的注册资本金、质量保证金的最低限额。旅行社在业务工作中也需要相当数量的资金,要求根据自身业务量筹措相应资金。筹措资金的渠道一般为自有资金、合股资金和银行贷款三种。

2)营业场所

营业场所是影响旅行社设立的又一内部因素,主要是指旅行社的设立者依法拥有的开展旅行社业务工作所必需的经营场地。当旅行社在选择营业场所时,应该依循有利于自身发展壮大的原则。

3)协作网络

旅游业越来越发达的时代,联络相关行业、相关部门,使之成为合作伙伴,从而形成一张庞大的协作关系网络,是任何一家旅行社努力奋斗的终极目标。因此,协作网络是影响旅行社设立的内部因素,是衡量旅行社实力的一个关键因素。

4)信用状况

信用状况反映的是旅行社的借贷能力。旅行社在经营过程中都会存在负现金流量。如果负现金流量现象的存在,仍能使该旅行社整体上保持安全的财务状况,就说明该旅行社信用状况良好。良好的信用,可以使旅行社在经营过程中始终占有竞争优势。要做到这一点,一方面要保持较低的流动负债水平;另一方面,要具有良好的发展前景。

(二)旅行社设立条件

2009年1月21日,温家宝签署国务院令,公布《旅行社条例》(简称《条例》),该《条例》

于 2009 年 5 月 1 日起施行(详见附件一)。国家旅游局 2009 年 4 月发布的《旅行社条例实施细则》(简称《细则》)(详见附件二),对我国旅行社的设立条件作出了如下规定。

1. 基本要求

申请设立旅行社,经营国内旅游和入境旅游业务的,应当具备下列条件:

(1)有固定的经营场所。营业场地应当满足申请者业务经营的需要,申请者必须具备场地备案租赁合同且租期不少于 1 年的营业用房,需向房屋出租中心办理备案,属于自有房产的需要提供房产证。

(2)有必要的营业设施。应当至少包括下列设施、设备:2 部以上的直线固定电话;传真机、复印机;配备与旅游行政管理部门及其他旅游经营者联网条件的计算机。

(3)有不少于 30 万元人民币的注册资本。

申请经营出境旅游业务,应当具备下列条件:

(1)旅行社取得经营许可满两年,且未因侵害旅游者合法权益受到行政机关罚款以上处罚的,可以向省级以上旅游行政管理部门申请经营出境旅游业务。

(2)设立国际旅行社,要求注册资金不少于 30 万元人民币。旅行社设立分社的,应当具备下列条件:

①持旅行社业务经营许可证副本向分社所在地的工商行政管理部门办理设立登记,并自设立登记之日起 3 个工作日内向分社所在地的旅游行政管理部门备案。

②旅行社分社的设立不受地域限制,分社的经营范围不得超出设立分社的旅行社的经营范围。

2. 保证金要求

1) 保证金的额度

旅行社应当自取得旅行社业务经营许可证之日起 3 个工作日内,在国务院旅游行政主管部门指定的银行开设专门的质量保证金账户,存入质量保证金,或者向作出许可的旅游行政管理部门提交依法取得的担保额度不低于相应质量保证金数额的银行担保。

经营国内旅游业务和入境旅游业务的旅行社,应当存入质量保证金 20 万元;经营出境旅游业务的旅行社,应当增存质量保证金 120 万元。

旅行社每设立一个经营国内旅游业务和入境旅游业务的分社,应当向其质量保证金账户增存 5 万元;每设立一个经营出境旅游业务的分社,应当向其质量保证金账户增存 30 万元(详见《条例》第十四条规定)。

2) 保证金的使用

如果旅行社违反旅游合同约定,侵害旅游者合法权益,经旅游行政管理部门查证属实;旅行社因解散、破产或者其他原因造成旅游者预交旅游费用损失的,旅游行政管理部门可以使用旅行社的质量保证金。

人民法院作出生效法律文书认定旅行社损害旅游者合法权益,旅行社拒绝或者无力赔偿的,人民法院可以从旅行社的质量保证金账户上划拨赔偿款。

3) 保证金允许减少

旅行社自缴纳或者补足质量保证金之日起三年内未因侵害旅游者合法权益受到行政机关罚款以上处罚的,旅游行政管理部门应当将旅行社质量保证金的缴存数额降低 50%,并向社会公告。旅行社可凭省、自治区、直辖市旅游行政管理部门出具的凭证减少其质量保证金。

(三)设立旅行社的基本程序

根据《条例》第七条、第八条和《细则》第八条、第十条规定,设立旅行社必须先经营国内旅游业务和入境旅游业务。申请设立旅行社,经营国内旅游业务和入境旅游业务的,应当向所在地省、自治区、直辖市旅游行政管理部门或者其委托的地市级旅游行政管理部门提出申请,旅行社设立的程序因其经营的业务范围而有所不同。

1. 准备和提交设立旅行社所必需的相关文件

设立旅行社需要准备以下相关文件:

第一,在地市级工商行政管理局办理名称预先核准登记(旅行社名称应当符合旅游和工商部门的有关规定,原则上要有"旅行社"或"旅游公司"字样,应由注册地、旅行社字号和行业名称组成)。

第二,向市级旅游行政管理部门提出设立申请,并下载设立旅行社申请材料;填写好申请资料后,提交给地市级旅游行政管理部门。一般要求有以下资料:

(1)设立申请书。内容包括申请设立的旅行社的中英文名称及英文缩写、设立地址、企业形式、出资人、出资额和出资方式,申请人、受理申请部门的全称、申请书名称和申请的时间。

(2)可行性研究报告。这是申请设立旅行社的重要文件,反映了申办人对旅游市场、旅行社发展前景和自身实力等情况的预测和估计。包括设立旅行社的市场条件、资金条件和人力条件的全面评估分析、受理申请的旅游行政管理部门需要补充说明的其他问题说明,符合设立旅行社的规定与要求。

(3)企业章程。章程应符合法律、法规的规定,内容包括旅行社的宗旨、经营范围和方式、经济性质、注册资金数额和来源、组织机构及职权、财务管理制度、劳动用工制度、对旅游者应承担的责任和其他应说明的问题。

(4)法定代表人、总经理的履历表及身份证明。

(5)依法设立的验资机构出具的验资证明。开户银行出具的资金信用证明、注册会计师及会计师事务所或审计师事务所出具的验资报告。验资可以选择银行验资和注册会计师及会计师事务所或审计师事务所验资。设立国际旅行社,注册资金不少于150万元人民币;设立国内旅行社,注册资金不少于30万元人民币。

(6)经营场所的证明。

(7)营业设施、设备的证明或者说明。

(8)存储质量保证金证明或银行担保证明、存储质量保证金承诺书。

(9)工商行政管理部门出具的企业名称预先核准通知书。

2. 向旅游行政管理部门申请营业许可

1)申请设立国际旅行社

申请人将相关材料递交省级旅游行政管理部门,省级旅游行政管理部门在30个工作日内签署审查意见后,上报国家旅游局,并在30个工作日内正式通知申办人和地方旅游行政管理部门。

2)申请设立国内旅行社

由省级旅游行政管理部门或其授权的地市级旅游行政管理部门直接审核批准。地市级旅游行政管理部门对申请人的经营场所、营业设施设备等进行现场检查,并自受理申请之日起 20 个工作日内作出许可或不予许可的决定。予以许可的,出具批准文件并颁发旅行社业务经营许可证;不予许可的,应书面告知申请人并说明理由,要求改正至符合规定后才颁发旅行社业务经营许可证。经营许可证有效期为 3 年,旅行社应在到期前 3 个月到原颁证机关换证。

3. 向工商行政管理部门注册登记,领取营业执照

申请人取得旅行社业务经营许可证后,需要带批准文件到地市级工商行政管理部门办理公司登记,填写公司注册资料,公司经营范围需要填写与旅游相关的经营项目;要提供旅行社业务经营许可证副本复印件,工商部门在核对材料后,申请人可以领取营业执照。

4. 向税务部门办理税务登记,申请税务执照

自申请人取得旅行社业务经营许可证、营业执照、税务登记证及组织机构代码证等证书起 3 个工作日内,持所有证照副本到国家旅游局指定的银行,开设专门的质量保证金账户,按旅行社类别和相关条例存入质量保证金,将旅行社质量保证金存款协议书相关的证明文件交回省级或地市级旅游行政管理部门备案,并领取旅游许可证正本。

三、旅行社营业场所的选择和布局

(一) 旅行社选址应考虑的因素

旅行社必须拥有固定的营业场所。所谓"固定的营业场所",是指在较长的一段时间里能够为旅行社所拥有或使用,而不是频繁变动的营业场所。除了拥有固定的营业场所,无论国际旅行社还是国内旅行社,都必须具备"足够的营业用房",即拥有适合本旅行社发展所必需的营业用房。旅行社的营业场所必须符合旅行社业务发展与经营的需求。

旅行社的营业场所是设立旅行社时可以自行控制的一个因素,它是影响旅行社设立的内部因素。旅行社营业场所的选择对其今后的发展以及经营管理有着至关重要的作用。

对旅行社来说,具备区位条件良好的经营地点是构成旅行社市场经营优势的一个重要因素。一位旅行社经理曾经说过:"只要具备三样重要的东西,即地点、地点、地点,就可开办一家旅行社。"此话虽然不够全面,但也能反映出旅行社选址的重要性。首先,对顾客来讲,地点方便是他们选择旅行社的一个重要标准;其次,对旅行社而言,经营地点的优劣是业务成功的重要前提条件。因此,旅行社通常会选择在城市或城镇中心建立自己的营业场所,而较少选择郊区和偏僻的小镇。

(二) 营业场所的布局

旅行社营业场所是进行产品宣传、销售的场所,是直接面对顾客的场所,代表着旅行社的形象,也是旅行社对外宣传和树立形象的窗口。旅行社营业场所的设计和装潢应力求给顾客一种亲切、温馨的感觉,能留住顾客,甚至能唤起他们的旅游动机;同时还应具有鲜明的品牌视觉感,既能体现旅行社行业特色,又能体现本社的产品特色。

1. 室外设计

旅行社营业场所的外部装潢是门市的脸面,门市外观设计和广告看板对旅游消费者入店消费意愿影响很大。门面除了吸引顾客的目光,另一个重要功能就是直接告诉顾客"我们卖的是什么"。

1)店名招牌设计

店名就是一块招牌,是一个企业的品牌,无形中给商家带来商机和希望,尤其是具有知名度的企业商标更能让消费者信任。通常情况下,旅行社门市店面上都会设置一个条形门市招牌,醒目地向客户展示企业名称。

有些旅行社的招牌除了展示企业的名称,还有门市名或者旅行社的特色产品或者广告语。此外,店名的字形、大小、凹凸、色彩、位置上的考虑应该与本企业的视觉形象一致,应与本企业的相关文化一致;美术字和书写字要注意大众化,中文和外文字不要太花太乱。店头文字使用的材料因店而异,门市较大的店面可以使用铜质、凹凸空心字,闪闪发光,有富丽、豪华之感,效果较好。塑料字有华丽的光泽,制作也简便,但时间一长,光泽会褪掉,塑料老化,受冷、受热、受晒,易变形,因此不能长久使用,但价格便宜。木质字制作也方便,但长久的日晒雨淋易裂开,需要经常维修上漆。

2)店面外装饰材料及装饰

如今的店面外装饰材料已经不限于以前的木质和水泥,而是采用花岗岩、金属不锈钢、薄型涂色铝合金板等。石材门面显得厚实、稳重、高贵、庄严;金属材料显得明亮、轻快,富有时代感。为了让店头更加引人注目,尤其是夜晚,可以应用很多装饰手法,如用霓虹灯、射灯、彩灯、反光灯、灯箱等来加强效果。

3)店门位置与设计

从商业观点来看,旅行社门市的店门要设在旅游消费者流量大、交通方便的一边。店门的位置放在店中央还是左右两侧,要根据门市所处的街道地理位置以及人流情况来定。设计要考虑店门前面的路面是否平坦,是水平还是斜坡;采光条件、噪声影响及太阳光照射方位等。另外,一般大型旅行社门市的大门可以安置在中央;小型门市的进出门安置在中央是不妥当的,因为店堂狭小,直接影响了店内实际使用面积和旅游消费者进出的通道。

此外,在店门的材料方面,现在旅行社门市大都采用具有现代感的全玻璃门,因为玻璃质感好,采光性强,旅游消费者从外面就可以看到店内的摆设,使整个门市显得整洁、通透,还可以起到广告板的作用。

4)橱窗的设计

对很多旅行社门市来说,橱窗是店面一种重要的广告形式,橱窗上陈列着季节性的旅游产品,而且是热门的、实时的、畅销的旅游产品。当行人走过时能够吸引其眼球,唤起消费者的注意,激发他们的兴趣,并暗示他们购买商品。

2. 室内装潢

门市除了要进行室外设计,吸引顾客的注意力,还要进行室内装潢,这样可以为门市工作人员创造一个良好的工作环境,同时也为顾客营造一个舒适的交易场所。

室内装潢主要包括以下几方面。

1)灯光设计

商店内的照明直接作用于消费者的视觉。营业厅明亮、柔和的照明,可以充分展示店容、宣传商品,吸引消费者的注意力;可以渲染气氛、调节情绪,为消费者创造良好的心境;还可以突出商品的个性特点,增强刺激程度,激发消费者的购买欲望。

门市部的工作人员每天都需要进行大量的文字工作,并花费大量的时间从事咨询及其他工作,容易产生视觉疲劳,造成工作效率低下和出错。安装比较明亮的吸顶灯,可以改善采光条件,有助于消除视觉疲劳,提高工作效率。

2) 墙壁设计

营业场所的室内墙壁可以选用油画、大幅地图、布幔、彩色挂毯、异域风光图片装饰,既可以起到美化室内环境的作用,又可以充当工作人员与旅游者谈话的话题。有的时候,通过这些饰物,可以不知不觉地缩短双方的距离,有利于产品的销售。

3) 地面铺设

营业场所的室内一般可用瓷砖装饰地面,既容易清扫,又比较耐磨损。另外,地面也可铺设地毯,厚厚的地毯不仅给人华贵的感觉,还能够吸收由于繁忙业务产生的部分噪声。

4) 屋顶设计

吊顶装饰在整个装饰中占有相当重要的地位。对店内作适度的造型设计,不仅是为了"好看",更重要的一点是强化空间各自的属性和特征。在选择吊顶装饰材料与设计方案时,要遵循既省材、牢固、安全,又美观、实用的原则。旅行社门市的吊顶装修,要简洁大方,清新淡雅。

此外,门市室内装修的一个重要环节就是色彩的运用。一般而言,内部装饰的色彩以淡雅为宜。例如,象牙白、乳黄、浅粉、浅绿色等,会给人以宁静、清闲、轻松的整体效果;反之,配色不适或色调过于浓重,会喧宾夺主,使人产生杂乱、沉重的感觉。参考一下色彩运用的资料对把握门市的装修起着重要作用。

四、旅行社的组织设计

(一) 旅行社的基本部门

1. 旅行社的机构设置

旅行社的基本部门主要包括以下几类:

(1) 办公室:统筹、管理、行政;

(2) 销售部:联系客户,销售旅游线路和产品;

(3) 计调部:旅游路线策划、旅游预订、导游人员和旅游交通的调度;

(4) 出境部:出境手续办理、接洽酒店选择、长期客户谈判;

(5) 国内部:国内各类手续办理、接洽酒店选择、长期客户谈判;

(6) 导游部:导游人员招聘、培训与管理;

(7) 财务部:会计、出纳、审计、预算核算。

2. 主要部门职责

1) 办公室主要职责

办公室主要负责旅行社的行政管理和日常事务,协助领导搞好各部门之间的综合协调,加强对各项工作的督促和检查,建立并完善各项规章制度,促进公司各项工作的规范化管理;负责旅行社的公文整理和保管工作,沟通内外联系及上传下达工作;负责旅行社内外来往文电的处理和文书档案的管理工作,对会议、文件决定的事项进行跟踪、检查与落实;负责员工的招募、甄选;负责购置、保管、收发办公用品及旅游纪念品,并做到清正廉洁。

2) 销售部主要职责

销售部主要加强与顾客的沟通和联系,进行新产品的开发和促销;协调所属部门的各项工作,完成旅行社下达的各项经济指标;努力开发旅游资源、旅游产品,不断扩大业务范围及业务量;团队返回后,及时收集客人及导游的反馈信息。

3) 计调部主要职责

计调部主要负责旅行社旅游资源的研发采购,开发设计旅游线路;维护与旅游景点、旅游酒店、旅游交通部门、旅游餐饮、旅游商店、旅游购物及合作旅行社等相关部门的关系;负责景点门票及酒店预订、导游人员及交通调度等;根据旅行社经营目标、季节变换及社会实时活动等,开发新型旅游产品;收集、听取其他部门的反馈信息,努力提高旅游产品质量,降低成本,对旅游产品定价提出合理化建议。

4) 出境部主要职责

出境部主要负责旅行社出境旅游客户的开拓及维护工作,根据市场反馈情况制定或修改客户开拓策略;与出境游客联系沟通,办理出境手续;维护与地接社、旅游酒店、旅游交通部门等的合作关系;与海外地接社联系,安排海外旅游行程;根据旅行社的经营目标、季节变换等,不断开发新市场、新客源;收集海外地接社及出境游客的反馈信息,不断提高旅游服务质量。

5) 国内部主要职责

国内部主要负责旅行社国内及入境旅游客户的开拓及维护工作,根据市场反馈情况制定或修改客户开拓策略;与国内及入境旅游团体、散客联系沟通,办理相关手续;维护与国内地接社、旅游酒店、旅游交通部门、旅游景区等的合作关系;与国内地接社联系,安排国内旅游行程;代表公司有效地拜访客户,介绍公司产品线、综合实力及平台资源,与客户建立起良好的合作关系;完成公司制定的渠道拓展任务,收集分析行业及市场情况,定期向公司反馈。

6) 导游部主要职责

导游部主要负责接待观光旅游的各旅游团体、零星散客,组织本地区各旅游团体、零星散客外出观光旅游;严格遵守《导游人员管理条例》,提供规范的导游服务;负责旅游过程中同各地接社的联系、衔接、协调工作;按照旅游接待行程,安排好游客的交通、餐饮、住宿,保护游客的人身和财产安全,反映旅客的意见和要求,协助安排会见、座谈等活动;耐心解答游客的问询,妥善处理旅游相关服务方面的协作关系以及旅途中发生的各类问题;广泛收集信息,完成旅行社下达的各项经济指标和工作任务。

7) 财务部主要职责

财务部主要负责旅行社财务的直接管理,对于旅行社的经营活动起着至关重要的作用。会计对资金的供应、回收、监督和调节负主要责任;对团队接待各个环节的资金使用实施监督,把好报账结算关;采取预防措施,处理好欠款、坏账、呆账;做好成本管理、监督;督促业务部及计调部对成本进行多层次控制,尤其对间接成本要做到心中有数;与银行、税务、工商、物价等部门建立健康和谐的关系;及时缴纳税金、报表或提供所需数据,理顺债务管理的各个环节。财务人员应按财务管理制度管账,做到日清月结,账目清楚,合理准确。

(二) 旅行社组织结构模式

由于行业、市场环境、战略目标的不同,需要有不同的组织结构来匹配,旅行社才能获得长期竞争优势。旅行社的组织结构由旅行社的战略目标所决定,而一家旅行社的发展战略如果得不到有效的组织结构的支撑,企业战略的实施也将受到严重影响。因此,旅行社内部的结构重整、流程再造以及战略定位都是息息相关的。旅行社组织机构在设计组织结构模式时,有众多的结构模式可作参考。

1. 按照职能划分部门

按照职能划分部门的旅行社组织结构模式又称直线职能制,是目前我国大部分旅行社采用的组织结构模式。这种组织结构模式的基本特征是权力高度集中统一,上下级之间实行单线从属管理,总经理拥有全部权限,尤其是经营决策与指挥权。在这种组织机构中,旅行社的业务部门和管理部门按照内部生产过程进行划分和设立,其中业务部门包括外联部、计调部和接待部,这些业务部门被称作"一线部门",负责旅行社的经营活动;管理部门则涉及办公室、财务管理和人力资源开发等部门。这六大职能部门组成了最普遍的旅行社组织结构。

按照职能划分部门的组织结构模式的优点主要有:

(1)部门之间分工明确;
(2)组织结构稳定;
(3)符合专业化协作原则;
(4)提高了管理者的权威;
(5)提高了工作效率。

根据职能划分部门也有不足之处,主要表现在:

(1)削弱了旅行社实现整体目标的能力;
(2)增加了各个职能部门之间协作的困难;
(3)组织机构缺乏弹性。

2. 按照客源区域划分部门

按照客源区域划分部门是指旅行社根据客源所在地的不同来进行部门划分的一种部门设置形式。按照客源区域划分部门基本保留了按照职能划分部门的整体结构模式,在总经理和副总经理的领导下设办公室、人事部和财务部,只是将旅行社的三大业务部门(外联部、计调部和接待部)都分设于不同的旅游客源市场所在地。另外,有些旅行社还专门设有市场部,负责新的旅游客源市场的开拓,一旦某个新的旅游客源市场开拓成功,其下再设旅行社三大主要业务板块。

按照客源区域划分部门的组织结构模式有以下几个优点:

(1)有利于业务上的衔接和管理上的协调,从而可以提高旅行社的整体竞争力;
(2)有利于增强旅行社产品开发和市场营销活动的能力;
(3)各客源市场地区可以推行二级核算的管理模式,使集权和分权相结合。

按照客源区域划分部门的组织结构模式也有不足之处,主要表现在以下两方面:

(1)对部门经理的管理水平和知识水平要求较高;
(2)集权与分权关系比较敏感,一旦处理不当,可能削弱整个旅行社的协调一致。

3. 按照产品划分部门

按照产品划分部门是指旅行社根据生产组合的不同产品类型来进行部门设置的一种方法。按客源划分部门与按产品划分部门的组织结构形式几乎类似,不同的是业务单位的划分,前者是以地区为标准,后者是以产品类型为标准。该方式下同样设置了市场部,负责开拓新的产品类型,一旦新的旅游产品类型开拓成功,就会在新的产品下同样设置外联部、计调部和接待部三大业务板块。

按照产品划分部门的组织结构模式的优点:

(1) 多元化经营可以降低旅行社的经营风险；
(2) 有利于使旅行社的产品结构日趋合理。

(三) 未来旅行社组织发展的特点

权威部门预测，未来的旅行社组织可能有以下几个特点：

(1) 组织将在一种动荡的环境中经营，组织必须经受住不断的变化和调整，从管理结构到管理方法都将是柔性的；

(2) 组织规模日益扩大，日益复杂化，组织将需要采取主动适应型战略，以进行其动态自动调节过程而寻求新的状态；

(3) 高学历、高层次的专业人员的数量越来越多，职工队伍素质不断提高，他们对组织的影响将不断扩大；

(4) 旅行社管理应将重点放在鼓励上，而不是强迫员工参与组织的职能工作。

将来最有效的组织，不是官僚主义结构，而是可塑的"特别机构主义"。将来组织是由一些单元或组件构成的，任务或目标完成后可以拆卸，甚至可以扔弃。构成组织的各单元之间并没有上下级关系，而只具有横向的联系。组织的决策也同产品和服务一样，不是统一的和标准的，而是因时制宜的。

【技能训练一】

模拟申办旅行社或旅游公司

训练目的

通过对我国《旅行社条例》及《旅行社条例实施细则》的学习，明确旅行社的权利与义务，熟悉我国旅行社的申办条件和程序，填写相关的申办表格，掌握申办旅行社或旅游公司的条件和程序。

工作指引

(1) 将全班同学分成四个小组，提前阅读实习资料的有关内容，了解实习的目的和要求，并结合《旅行社经营与管理》《导游业务》《导游基础知识》《旅游政策法规》等进行认真的准备；

(2) 学生应服从指导教师与旅行社工作人员的安排，必须完成当天的实习任务，并撰写实习心得和实习报告，交由指导老师；

(3) 整个实习的各个环节必须符合旅游行业规范及标准。

阶段性检测

模拟申办一家旅行社。

【技能训练二】

旅行社延伸业务实训

训练目的

掌握旅行社延伸业务。

工作指引

(1) 将全班同学分成四个小组，提前阅读实习资料的有关内容，了解实习的目的和要

求,并结合《旅行社经营与管理》《导游业务》《导游基础知识》《旅游政策法规》等进行认真的准备;

(2)学生应服从指导教师与旅行社工作人员的安排,必须完成当天的实习任务,并撰写实习心得和实习报告,交由指导老师;

(3)整个实习的各个环节必须符合旅游行业规范及标准。

阶段性检测

模拟旅行社延伸业务操作。

任务二　旅行社产品的设计与开发

【情景导入】

"小主人生日游"

组合、创新旅行社产品一直是各旅行社孜孜以求却又深感不易的事情,但并不意味着创新产品没有空间。上海小主人报社和上海市长宁区旅游部门创制出"小主人生日游"的独特品牌,取得了出乎意料的成功。"小主人生日游"原计划为280个家庭、800多人参加,但报名者却有3 000多人,大大超出主办者的预料。其后推出的"小主人欢乐总动员"主题活动大幅扩容,可以容纳1 000多个家庭、3 500人来参加;而在每一个双休日,也能安排相关的节目。

上海有140万名15岁以下的少年儿童,都市旅游如果不为他们专门设计一些有意义、有吸引力的节目,肯定是市场规划上的一大缺憾。那么,140万名孩子都关心的节目是什么呢?经筛选,最终确定为"小主人生日游"。一是因为上海每天有4 000名孩子过生日,市场操作起来比较方便;另外,他们也觉得孩子们现在过生日的方式吃吃喝喝太缺乏意义。他们要用自己精心准备的"生日菜单",努力营造一种富有意义的"生日环境"。

在"小主人生日游"和"小主人欢乐总动员"的整体设计中,几乎每个小节目都有一定的教育意义,"这是这个旅游产品的特点所在"。据报名参加的家长们和孩子们表示,他们喜欢的正是这些既好玩又具有教育作用的活动,同时"和绿色一起成长""和父母一起放风筝"等活动也让他们欢喜异常。"小主人生日游"这个产品今年完成了向市场化经营的转变。《小主人报》今年成立了小主人旅行社有限公司,负责产品的策划、组织和运作。据称,上海已有20多家知名旅行社参与了2003年"小主人欢乐总动员"等产品的推介工作。无锡、湖州等地也有旅行社主动来联系,要组织"孩子团队"来上海参加"小主人生日游"。此外,一些外国小朋友也参加了这一活动。"小主人生日游"主题活动也比2002年更为丰富多彩。

寓教于乐、与各类时尚活动结合、常变常新,是保证"小主人生日游"这一产品持续发展的内在动力。

【思考】

(1)什么是旅游产品、旅游线路?

(2)旅行社的线路类型有哪些?

(3)影响旅行社线路设计的因素有哪些?

(4)旅行社线路设计的基本原则有哪些?

(5)举例说明我国旅行社产品的发展现状。

一、旅行社产品的开发

(一)旅行社产品的定义

《中国旅游业50年》一书对旅游产品作出的定义是:旅游产品是指旅游经营者凭借一定的旅游资源和旅游设施向旅客提供的满足其在旅游过程中综合需求的服务。它是旅游业食、宿、行、游、购、娱的综合体,在表现形式上往往以旅游供给者提供给旅游者的旅游线路或旅游活动出现。

从旅游者角度看,旅行社产品指旅游者花费了一定的时间、费用和精力所换取的一种旅游经历。这种经历包括旅游者从离开始发地起,到旅游结束归来的全过程之中,对所接触的事物、事件和所接受的服务的综合感受。旅游者用货币换取的不是一件件具体的实物,而是一种经历和体验。

(二)旅行社产品的特点

旅行社产品是旅行社为满足旅游者需要而提供的各种有偿服务。作为服务范畴的旅行社产品,除包含产品的一般特征外,还具有自身特征。主要表现在以下几个方面。

1. 综合性

这是旅行社产品的基本特征。旅行社产品是由多种旅游吸引物、交通工具、酒店餐饮、娱乐场所以及多项服务和社会公共产品组成的混合性产品,是满足旅游者在旅游活动中吃、住、行、游、购、娱等各方面需要的综合性产品。

2. 不可感知性

旅游产品主要表现为旅游服务,它看不见、摸不着、闻不到,不能"先尝后买"。旅行社产品与其他有形的消费品不同,人们在消费之前和消费过程中都无法触摸或感受它的存在。旅游者花费一定的时间、费用和精力,获取的是一种旅游经历和体验,而这种感受与体验对人们来说是无形的。旅行社产品的无形性加大了旅游者的购买风险,也增加了旅行社与旅游者交易的难度。

3. 不可分离性,亦称生产与消费的同一性

旅游产品的不可分离性,表现为旅游服务的提供、生产与消费具有同步性。旅游产品生产必须以旅游需求为前提。旅游者直接介入旅游产品的生产过程,并在直接消费中检验旅游产品的数量和质量,以自己的亲身感受表明他们的满意程度。旅游产品的生产、交换、消费在空间上同时存在。当我们的导游、司机、景点服务人员等向旅游者提供服务的时候,也正是旅游者在消费的时候,二者在时间上是不可分离的。

4. 不可储存性

旅游服务所凭借的旅游资源和旅游设施是无法从旅游目的地运输到客源所在地供客消费的,被运输的对象只能是旅游者。旅游产品进行交换但不发生所有权的转移。旅游者在使用或消费过程中,只是取得在特定的时间和地点对旅游产品的暂时的使用权。

5. 易波动性

旅行社不能自己掌握和控制提供给旅游者的诸多产品(如酒店、航空、餐饮以及社会公共产品等),使得旅行社的经营变得十分脆弱。旅行社产品的易波动性还表现在季节天气、自然灾害、战争危险、政治动荡、国际关系、政府政策、经济状况、汇率波动以及地缘文化等因素的变化,都会引起旅游需求的变化,这使得旅行社产品的生产和经营具有很大的不稳定性。

(三)旅行社产品的构成

一般来说,旅行社产品由旅游交通、旅游住宿、旅游餐饮、游览观光、娱乐项目、购物项目、导游服务和旅游保险八个要素构成,这些要素的有机结合,构成了旅行社线路产品的重要内容。旅行社线路产品是一个完整、科学的组合概念,完美的旅行社线路产品是通过最完美的组合而形成的。

1. 旅游交通

旅游交通作为旅游业三大支柱之一,是构成旅行社线路产品的重要因素。旅游交通可分为长途交通和短途交通,前者指城市间交通(区间交通),后者指市内接送(区内交通)。交通工具有民航客机、旅客列车、客运巴士、轮船(或游轮、游船)。旅行社编排线路产品时,安排旅游交通方式的原则是便利、安全、快速、舒适、平价。

2. 旅游住宿

住宿一般占旅游者旅游时间的大部分。旅游住宿是涉及旅行社线路产品质量的重要因素,销售旅行社线路产品时,必须注明下榻酒店的名称、地点、档次以及提供的服务项目等,一经确定,不能随便更改,更不能降低档次、改变服务项目。

旅行社安排旅游住宿的原则通常是根据旅游者的消费水平来确定的,对普通旅游者而言就是卫生整洁、经济实惠、服务周到、美观舒适、位置便利。

3. 旅游餐饮

旅游餐饮是旅行社线路产品中的要素之一,许多地方的餐饮特色往往成为吸引旅游者的重要因素。旅行社安排餐饮的原则是卫生、新鲜、味美、量足、价廉、营养、荤素搭配适宜。

4. 游览观光

游览观光是旅游者最主要的旅游动机,是旅行社线路产品产生吸引力的根本来源,也反映了旅游目的地的品牌与形象。旅行社安排游览观光景点的原则是:资源品位高、环境氛围好、游览设施齐全、可进入性好、安全保障强等。

5. 娱乐项目

娱乐项目是旅行社线路产品构成的基本要素,也是现代旅游的主体。许多娱乐项目都是参与性很强的活动,能极大地促进旅游者游兴的保持与提高,加深旅游者对旅游目的地的认识。

6. 购物项目

旅行社线路产品中的购物项目分为定点购物和自由购物两种,前者是旅游者到旅行社规定的商店购物,后者是旅游者利用自由活动时间自己选择商店购物。旅行社安排购物的原则是购物次数要适当(不能太多),购物时间要合理(不能太长);要选择服务态度好、物美价廉的购物场所,切忌选择那些服务态度差(如强迫交易)、伪劣商品充斥的购物场所。

7. 导游服务

旅行社为旅游者提供导游服务是旅行社线路产品的本质要求,大部分旅行社线路产品中都含有导游服务。导游服务包括地陪、全陪、景点陪同和领队服务,主要是提供翻译、向导、讲解等相关服务。导游服务必须符合国家的相关法规和行业的相关标准,并严格按合同约定提供服务。

8. 旅游保险

旅行社提供旅游线路产品时,必须向保险公司投保旅行责任险,保险的赔偿范围是由于旅行社的责任致使旅游者在旅游过程中发生人身和财产意外事故而引起的赔偿。

（四）旅行社产品的分类

任何一种产品都可能随着市场需求的变化而不断地改变。因此，要对旅行社产品提出一个较稳定的分类系统是困难的，基本分类如下。

1. 按旅游的目的性分类

根据旅游的目的性，可将旅行社产品分为观光型旅游产品、文化型旅游产品、商务型旅游产品、度假型旅游产品和特种型旅游产品五大类型。

1）观光型旅游产品

观光型旅游产品是一种传统的、最为常见的旅行社产品，是以游览和观赏自然风光、文物古迹、民族民俗风情和都市风貌为主要内容的旅游活动。传统的观光型旅游以大自然美景、历史遗存或城乡风光作为游览和观赏对象。

随着人们生活水平的提高和游览经历的丰富，传统的观光型旅游难以满足社会的需求。20世纪后半叶，一些大型的主题公园、游乐设施、人造"野生动物园"以及用高科技手段开发的新型旅游产品，如海底观光、虚拟太空游览等层出不穷，这类产品不仅丰富了传统的旅行社产品，而且具有较高的观赏价值，深受广大旅游者喜爱。

2）文化型旅游产品

文化型旅游是以了解目的地的文化为主要内容的旅游活动，包括学术考察旅游、艺术欣赏旅游、修学旅游、宗教旅游、寻根和怀旧旅游等。文化型旅游的产品，其吸引的消费群体主要是文化人或需要了解文化的人。

旅行社产品的文化因素，要通过其产品所营造的文化氛围、产品实施的各个环节表现出来。一家旅行社虽然规模不大，但其文化类的产品，若能从其书卷气的产品名称、以文化产品为主的产品构成体系中体现出来，则可能有一种大气度。对产品内涵的文化开发，则应是在较深的文化理解的基础上才能进行的一项操作。

3）商务型旅游产品

随着世界经济全球化进程的发展，商务型旅游也成为旅行社客源的新的增长点。经贸往来的增加，商务交流的频繁，会展业务的推广，奖励旅游的兴起，各类考察活动的展开都为商务型旅游提供了客源和收益的保障。商务型旅游与其他形式的旅游相比，其特点更为显著。第一，旅游频率高。商务活动具有经常性，而且不受气候、淡旺季影响，需要经常外出。第二，消费水准高。商务旅游者的旅行费用是公司开支，为了生意需要，旅游消费的标准往往比其他类型旅游者高。第三，对旅游设施和服务质量要求高。商务旅游者一般都要求下榻的酒店具有完善的现代化通信设施和便利的交通工具，期望服务人员素质较高，配置高档的娱乐健身设备和会务、金融场所等。相对于旅行社而言，商务旅游是企业利润最重要的来源之一。

4）度假型旅游产品

度假型旅游是指利用假期在一相对较少流动性的地方进行修养和娱乐的旅游方式。近年来颇受旅游者的青睐，且占据旅游市场不少的份额。过去传统的度假旅游以享受"3S"（阳光、海水、沙滩）为主。到了20世纪后半叶，一些经济发达的国家，度假旅游形式发生了变化，夏季阳光度假、冬季滑雪度假、森林露营度假、豪华游轮度假、海滨乡村度假、品尝美食度假、体验高尔夫球运动型度假、新婚蜜月度假等不断兴起。

度假型旅游虽然也是一种休闲旅游活动,但它不同于观光型旅游。首先,度假型旅游者不像观光型旅游者那样到处游动,而往往选择一个较为固定的度假地,在那里住一段时间;其次,度假者多采用散客旅游的方式,一般以家庭和亲朋为单位,而不像观光型旅游者那样组成团队进行旅游;最后,度假型旅游者的消费水平高,对度假设施的要求比较高。

5)特种型旅游产品

特种型旅游和其他旅游方式相比,具有明显的"新、奇、险、少"特征。人类探索自然、亲近自然、战胜自然的激情从来都是暗涌澎湃的。对未知的东西,人们总是抱着一种希望去了解它、去体验它。探险、登山、徒步、自驾车、横渡、穿越丛林、跨越峡谷以至于去太空等,这些似乎是人类精神的展现,尤其在现代激烈竞争的经济环境中,人们需要战胜困难的力量,通过特种型旅游活动就能获得这样的信心。

特种型旅游属于运动型旅游,两者的意义不可分割。因此,深受广大青少年和勇敢者的喜爱。我国特种型旅游的开展方兴未艾,成为旅行社产品的全新热点。旅行社利用人们的好奇心理和追求新生事物的欲望而设计开发的特种旅游,满足了人们磨炼意志、挑战自我、炫耀价值的心理需求。不过,由于特种型旅游的高风险性、高投入性、耗时性,使得参与的人群面较窄,尤其是前期的准备工作和开发工作难度很大。它的发展还需要一个渐进的过程。但是,特种型旅游的趋势已经初露端倪。

2. 按提供的旅游服务内容分类

根据旅行社提供的旅游服务内容,可以将旅行社产品的形态分为包价旅游产品、组合旅游产品和单项旅游产品。

1)包价旅游产品

包价旅游产品是将各个旅游产品的单项要素(住宿、交通、餐饮、景点等)组合起来,添加旅行社自身提供的服务和附加价值(如咨询服务、导游服务、后勤保障、手续办理、保险购置等),并赋予品牌,形成整体的旅行社产品。包价旅游是旅游者在旅游活动开始之前,将全部或部分旅游费用预付给旅行社,并签订旅游合同,由旅行社根据计划行程,安排食、住、行、游、购、娱等活动。包价旅游又可细分为团体包价旅游、半包价旅游、小包价旅游和零包价旅游。

(1)团体包价旅游。团体包价旅游又称为全包价旅游,它包括两层含义:一是团体,即参加旅游的旅游者一般由10人或10人以上的人组成一个旅游团;二是包价,即参加旅游团的旅游者采取一次性预付旅费的方式,将各种相关旅游服务全部委托一家旅行社办理。团体包价旅游的服务项目通常包括按照规定等级提供酒店客房、一日三餐和饮料、固定的市内游览车、翻译导游服务、交通集散地接待服务、每人20千克的行李服务、景点门票和文娱活动入场券以及全陪服务。

对于旅行社而言,团体包价旅游预订周期较长,易于操作,批量操作可以提高工作效率,降低成本,同时又能获得较高的批量采购折扣。对于旅游者而言,参加团体包价旅游可以获得较优惠的价格,预知旅游费用,一次性购买便可获得全部旅游安排和导游全陪服务,简便、安全,这些都是团体包价旅游的优势。但是,由于包价旅游安排的同一性,即乘坐同一航班、同一游览车,入住同一酒店,共进相同的餐饮,游览相同的景点,观看相同的节目和时间上的准确性,意味着旅游者不得不放弃自己的个性,而适应团体的共性。

(2)半包价旅游。半包价旅游是与全包价旅游相比较而存在的一种产品,是指在全包价旅游的基础上，扣除中、晚餐费用的一种包价形式，其目的在于降低旅行社产品的直观价格，提高产品的竞争能力，同时也是为了更好地满足旅游者在用餐方面的不同要求。

（3）小包价旅游。小包价旅游又称为可选择性旅游，一般在10人以下。它由非选择部分和可选择部分构成。非选择部分包括接送、住房和早餐，旅游费用由旅游者在事前预付；可选择部分包括导游、参观游览、节目观赏和风味餐等，旅游者可根据兴趣、经济情况、时间安排自由选择，费用现付。小包价旅游对旅游者具有经济实惠、明码标价、手续简便、机动灵活、安心可靠等优势。

（4）零包价旅游。零包价旅游多见于旅游发达国家。参加这种旅游的旅游者必须随团前往和离开旅游目的地，但在旅游目的地的活动是完全自由的，形同散客。因此，零包价旅游又称为"团体进出，分散旅游"。参加零包价旅游的旅游者可以获得团体机票价格的优惠和由旅行社统一办理旅游签证的方便。

2）组合旅游产品

组合旅游产品是一种较为灵活的旅行社产品，又称为"分散进出，团体旅游"。它产生于20世纪80年代，多流行于酒店、交通、旅游服务设施相对发达和旅游景点比较集中的地区。这种产品的经营者是旅游目的地旅行社，他们根据对旅游客源市场需求的调查和分析，设计出一批固定的旅游线路，通过客源地旅行社的推广、宣传、销售，旅游者按时自行到达旅游目的地，再由目的地旅行社将他们集中起来组成团体，实现旅游活动。

组合旅游的特点：一是组合旅游人数不限，改变了过去不足10人不成团的做法；二是组团时间短，旅游者只要办妥手续，在交通工具许可的情况下即可成行；三是无须全陪跟随，节约成本；四是选择性强，参加旅游团灵活。旅游活动结束后，旅游团体在当地解散，旅游者可自由安排或返回住地。

组合旅游之所以灵活，是因为目的地旅行社把来自各地的零散旅游者汇集起来，组成旅游团体，避免了一些旅游客源地旅行社因旅游者人数少，不能单独组团而造成客源浪费的弊病。另外，组合旅游的组团时间短，有利于旅行社在较短的时间内招徕大量的客源。

3）单项旅游产品

单项旅游产品是旅行社根据旅游者的具体需求而提供的具有个性化色彩的各种有偿服务。旅游者需求的多样性决定了旅行社单项服务的可能性和广泛性。单项服务在旅游业界又被称为委托代办业务，传统的单项服务主要包括导游服务、交通集散地接送服务、代订酒店和交通票据服务、代办签证和旅游保险购置等。

在传统的单项服务项目上，现代旅行社的单项服务内容更加丰富。比如，流行于日本、西欧一些国家的"Home Stay"形式，即学生在假期期间到其他国家的同龄学生的家中吃、住、学习在一起，体验另一种生活。家长一般都是委托旅行社安排办理。参加这种活动的家庭也许只有一户，也许有几家不等。另外，现在十分盛行的修学旅游也只需要旅行社安排负责某一些项目，其他均由旅游者本人去实现活动。更加个性化、人性化和国际化的单项旅游服务已经成为旅行社经营的亮点而受到重视。为此，许多旅行社还成立了散客部或综合业务部，专门办理单项服务。

从以上旅行社三种基本形态的介绍中我们可以发现，从团体包价旅游到单项旅游服务，旅行社产品的构成要素逐步减少，服务要素的构成方式也各不相同。但这绝不等于旅行社产品只有以上三种形态。事实上，在有利于满足旅游者需求和提高旅行社竞争力的前提下，任何旅行社产品形态都是允许的。

二、旅行社产品的设计

旅行社产品最主要的形式是旅游线路。实际上,旅游线路是旅行社从业人员经过市场调查、筛选、组织、创意策划、服务采购、广告设计等最终"生产"出来的。当旅游者购买了旅游线路,并在法律上得以承认(发票、合同是有效的),"旅游线路"就已具体化或变成"有形物"而成为"旅行社产品",其后的接待服务(导游服务、后勤保障等)才开始释放,并融入整个过程中。

旅游线路设计是指在一定的旅游区域内,根据现有旅游资源的分布状况以及整个区域旅游发展的整体布局,以一定的旅游时间和费用为参照,分析、选择、组合各种旅游要素,将其生产并包装为综合性的旅游产品,使旅游者获得最丰富的旅游经历的过程。

(一)旅游线路设计的影响因素

旅行社线路设计受到诸多因素的影响,主要表现在以下几个方面。

1. 影响旅行社线路设计的外部因素

1)资源赋予

资源赋予是指一个国家或地区拥有的旅游资源的状况。与旅行社产品开发密切相关的资源因素主要有自然资源、人文资源、社会资源和人力资源。旅游线路设计应该要突出资源的吸引力,以市场需求为导向,有计划、有组织地进行。

2)设施配置

设施配置是指与旅游者旅游生活密切相关的服务设施和服务网络的配套情况。主要包括食、住、行、游、购、娱六个方面,它是旅游者实现旅游目的的媒介,是旅游者旅游活动重要的组成部分。

3)旅游需求

旅游需求是指旅游消费者在一定时间内以一定的价格愿意购买旅游产品的数量。旅游需求不仅与人们的消费水平有直接的关系,而且也反映出旅游消费者的兴趣。因此,从某种意义上讲,旅游需求决定着旅行社产品开发的方向。在设计旅游线路前,旅行社一定要做好市场调研,对旅游者的旅游动机和消费需求作出认真的调查和分析,从而设计出有针对性和竞争力的产品。

4)行业竞争

深入了解竞争对手的产品开发情况非常重要。旅行社在选择产品开发方向之前必须将本身的各方面条件与竞争者加以比较,这样才能辨别竞争的优势与劣势所在。在选择新产品开发之前,需要了解竞争者的有关信息,如明确企业的竞争者、明确竞争者的策略、明确竞争者的优势等。

2. 影响旅行社线路设计的内部因素

内部因素是旅行社可以控制的因素,即旅行社的综合竞争力。内部因素包括旅行社的经济实力、人力资源状况等,其中人力资源状况决定了旅行社的管理水平、旅行社的产品设计人员、市场营销能力、协作网络的广度与稳定度、接待能力、知名度和美誉度等。

1)经济实力

旅行社的经济实力很大程度上决定了产品的规模强度,也决定了产品的开发和与竞争对手相抗衡的能力。企业的经济实力越雄厚，资金来源越有保证，则旅行社承担市场风险的能力就越强，其衡量指标有企业的资金数量、资金结构、资金筹集能力、盈利能力等。对于经济实力不强的旅行社，关键就看企业的资金能否得到适当运用。

2）人力资源状况

一个旅行社的人力资源状况的结构合理性、综合素质、工作能力是企业的生存发展能力的第一个决定因素，它涉及旅行社管理的方方面面。

（1）旅行社的素质管理。管理人员是旅行社的上层人力资源，管理者的素质包括管理人员的素质、管理组织结构、管理手段、管理体制、经营决策能力等，后四项实际上都是由最高管理人员决定的。因此，最高管理人员的素质对企业产品开发起重要影响，他们应具备居安思危、勇于开拓进取、勇于承担风险的创新素质。

（2）旅行社的产品设计人员。旅行社的产品设计人员直接关系旅行社产品的质量，是旅行社的神经中枢。好的旅行产品必须是知识、经验、灵感的结晶，是经历和文化的体验。一个好的路线设计者，必须具备丰富的旅游基础知识、行业工作技巧、敏锐的商业意识、足够的市场和财会方面的知识；同时，旅行产品设计者还需要了解顾客的心理，以迎合或引导市场。

（3）市场营销能力。旅行社的市场营销能力决定了产品开发市场的能力，是产品开发市场实现的关键。

（4）协作网络的广度和稳定度。旅行社产品是一种高关联度的产品，需要和各方面的人打交道；同时，旅行社产品影响因素众多，任何环节出错或不可抗力的影响都可能使产品出现重大问题而无法形成，因此需要广泛的网络协作。

（5）接待能力。接待能力是指旅行社一线人员的服务能力，如咨询预订、导游服务等，是直接面向游客进行服务的人力资源的数量和质量的体现。

（6）知名度和美誉度。旅行社产品的知名度和美誉度取决于三个方面：一是产品项目的合理满意度，二是接待人员的服务质量的高低，三是销售人员的宣传力度。这三个方面分别取决于旅行社设计人员的素质、接待人员的素质和市场推广人员的素质，因此最终也决定于旅行社的人力资源状况。

（二）旅游线路设计的基本原则

在生活节奏不断加快的今天，对多数旅游者来说，在舒适度不受影响或体力许可的前提下，能花较少的费用和较短的时间尽可能游览更多的风景名胜，是他们最大的愿望。这一目标的实现要求旅游线路的设计必须遵循科学的原则，只有在正确的原则指引下，才能够设计出合理的旅游线路。旅游线路设计一般应遵循下述原则。

1. **市场导向原则**

旅游者因地区、年龄、职业、文化的不同，对旅游市场的需求是不一样的，而随着社会经济的发展，旅游市场的总体需求也在不断变化。成功的旅游线路设计，必须首先预测市场的需求趋势和需求数量，分析旅游者的旅游动机和影响旅游消费的因素，把握旅游市场的变化状况，针对不同的旅游者群体设计出不同的旅游线路，从而打开销路，实现其价值。这就必须坚持市场导向原则，最大限度地满足旅游者的需求。其次，旅游者的需求决定了旅游线路的设计方向。根据旅游者需求的特点，旅行社可结合不同时期的风尚和潮流，设计出适合市场需求的旅游线路产品，创造性地引导旅游消费。

2. 突出特色原则

旅游线路可以多种多样,特色是旅游线路的灵魂。突出特色(或主题)可以使旅游线路充满魅力,获得强大的竞争力和生命力。这就要求对旅游线路的资源、形式要精心选择,力求充分展示旅游的主题,做到特色鲜明,以新、奇、美、异吸引旅游者的注意。旅游线路设计突出特色,体现了旅游市场营销中旅游产品以差异竞争代替价格竞争的原则,是旅游产品摆脱低水平竞争的根本所在。

3. 不重复原则

旅游者的游览活动并不局限于旅游景点,旅途中沿线的景观也是旅游观赏的对象。在游览过程中,如果出现走回头路的现象,就意味着要在同一段游览路上重复,欣赏相同的沿途景观。根据满足效应递减规律,重复会影响一般旅游者的满足程度,旅游者会感到乏味,从而减弱旅游的兴趣。对旅游者来说,这种重复就是一种时间和金钱上的浪费,是旅游者最不乐于接受的。因此,在旅游线路设计时要尽量予以避免。但并非所有的旅游线路都可以满足这一原则,有些旅游点由于受区位交通不利因素的影响,必须重复经过,这也是无法避免的。

4. 多样化原则

旅游线路的安排要注意旅游景区(点)及活动内容的多样化。例如,在一个景点参观一些古代庙宇、佛塔等古迹,而在下一个旅游景点,则可品尝一些名扬四海的美味佳肴,再下一个景点,可欣赏风景优美、民风淳朴的宁静小镇等。当设计旅游线路时,为增加旅游乐趣,要使景点选择尽量富于变化,避免单调重复。以游览观赏为主要内容的旅游线路,切忌观赏内容的安排过于紧张,避免把轻松愉快的旅游变成一次疲劳的参观活动。

5. 时间合理性原则

旅游线路在时间上是从旅游者接受旅游经营者的服务开始,到圆满完成旅游活动、脱离旅游经营者的服务为止。旅游线路时间安排是否合理,首先要看旅游线路上的各项活动内容所占的时间是否恰当。其次要在旅游者有限的旅游时间内,尽量利用快捷的交通工具,缩短单纯的交通运行时间,以争取更多的游览时间,并减轻旅途劳累。最后,不论是为期一天的短途旅游,还是为期一个月的长途旅游,都要适当留有自由活动时间;同时,还要留出时间以应付旅途中随时可能发生的意外。如果时间紧张的话,要抓住重点,可放弃一些次要的旅游点。也就是说,在旅游过程中,旅游线路设计必须把握空间顺序和时间顺序的科学性、景点间距的合理性以及购物安排的有序性原则,给予旅游者完美的旅游体验。

6. 安全第一原则

在旅游线路设计的过程中,必须重视旅游景点、旅游项目的安全性,把旅游者的安全放在首要地位,"安全第一,预防为主";必须高标准、严要求地对待旅游工作的每一个环节,对容易危及旅游者人身安全的重点部门、地段、项目,提出相应的要求并采取必要的措施,消除各种潜在隐患,尽量避免旅游安全事故的发生。旅游安全涉及旅行社、旅游酒店、旅游车船公司、旅游景点景区、旅游购物商店、旅游娱乐场所和其他旅游经营企业。常见的旅游安全事故包括交通事故(铁路、公路、民航、水运等交通事故)、治安事故(盗窃、抢劫、诈骗、行凶等治安事故)以及火灾、食物中毒等。

7. 与时俱进原则

任何旅游产品不可能从一产生就十全十美,即便一条很受欢迎的线路,也需要在实践中反复检验,不断总结、改进。这就要求旅行社在旅游线路设计时要关注市场动态,虚心倾听游客和一线导游人员的建议,及时合理地调整行程,减去不受欢迎的项目,增加一些特色明显却不为其他旅行社所注意的项目,使线路产品常见常新、与时俱进,对游客保持较大的吸引力。

(三)旅游线路的类型

旅游线路是旅行和游览路线、景点及服务项目的总称,包括旅游起始地、距离、交通方式、餐饮住宿等级和参观游览的景点等要素。旅游线路是旅行社产品的主要形式,其销售额是旅行社利润的主要来源。旅游线路按照不同的标准可以划分很多类型,常见的有以下几种。

1. 以旅游距离为标准划分

按旅游距离分类,旅游线路可分为短程旅游线路、中程旅游线路、远程旅游线路。短程旅游线路的游览距离较短,活动范围较小,一般局限在市内、市郊或相邻区县区域;中程旅游线路的游览距离较远,旅游者活动范围一般在一个省级旅游区内;远程旅游线路的游览距离长,旅游者活动范围广,一般是跨省甚至跨国旅游,包括国内远距离旅游线路、边境旅游线路和海外旅游线路。

2. 以旅游时间为标准划分

按旅游时间分类,旅游线路可分为一日游线路、两日游线路、三日游线路和多日游线路。一般一日游、两日游为短途旅游,而中长距旅游多在三日以上。

3. 以线路性质为标准划分

按线路性质分类,旅游线路可分为观光旅游线路、休闲旅游线路和专题旅游线路。观光旅游线路属于最常见、最常规,也是最受普通旅游者欢迎的旅游线路,在我国旅游市场上一直占据重要地位,客源相对稳定;休闲旅游线路是以休闲度假为主题的旅游线路,是近年来兴起的旅游产品,引导着未来旅游业发展的方向;专题旅游线路是专门为一些具有特殊旅游目的地的旅游者设计的线路,线路景点具有统一的内容。需要强调的是,这三种旅游线路性质的划分是相对的,现实中更多是互相交叉、互相包容的关系,即观光旅游线路包含主题的内容,休闲旅游线路附带观光的成分,这样的线路才会有更强的市场竞争力。

(四)旅游线路产品的要求

我国旅游行政管理部门制定的《旅行社服务通则》(GB/T 31385—2015)和《旅行社国内旅游服务规范》(LB/T 004—2013),对旅游产品作出了相关要求。旅行社在向旅游者或零售商发布产品时应提供产品说明书,详细说明产品应具备的要素。产品说明书应包括以下内容:

(1)线路行程;

(2)所采用的交通工具及标准;

(3)住宿、会议(如有)地点、规格及标准;

(4)餐饮标准及次数;

(5)娱乐安排以及自费项目;

(6)购物安排、具体次数及每次停留时间;

(7)产品价格、价格包含及不包含的内容、产品价格的限制条件(如报价的有效时段、人数限制、成人价、儿童价等);

(8)游览时间及季节差异;
(9)旅游目的地资讯介绍及注意事项;
(10)针对高风险旅游项目的安全保障措施;
(11)投诉电话。

旅行社在团队出发前应向旅游者发放行程须知,列明产品说明书中尚未明确的要素。对无全陪的团体或散客须告知旅游目的地的具体接洽办法和应急措施。出境团队出发前应召开出团说明会。

对于产品发布时,尚不能确定的要素应于出发前以行程须知的方式告知旅游者。不能确定的要素应限于以下四项:
(1)具体航班信息;
(2)酒店具体名称、地址及联系方式;
(3)紧急情况联络方式;
(4)目的地有特别注意事项应做特别说明。

(五)旅行社线路设计的流程

旅游线路的设计是一个技术性非常强的工作,是旅游资源、旅游设施和旅游时间的组合。线路设计的成功与否主要反映在行程、价格和市场认可度等方面。设计旅游线路的流程主要分以下五个步骤。

第一步:充分调研,了解市场需求。

(1)实地考察与调查:对旅游目的地的重要资源、交通、住宿、餐饮、娱乐、购物等情况进行调查,内容包括价格水平、发展规划、潜力预测及游客评价等。在条件允许的情况下还应对旅游目的地的周边旅游景区进行考察,比较出该线路中景点的优势所在,明确与其他景点的竞争与合作关系。

(2)分析与预测:①分析实地考察线路的可行性(打入客源市场的可能性、需求的持久性、线路的发展趋势和可模仿性等);②分析、预测该线路的价格及其类似产品价格比较,大致确定旅游者可接受的范围。预测竞争态势,包括现有的和潜在的竞争对手。

第二步:突出主题,确定产品名称。

要确定旅游线路的名称和主题、产品特色、服务和设施等级。确定线路名称应该综合考虑各方面因素,力求体现简约,突出主题,时代感强,富有吸引力。

第三步:优化资源,策划旅游路径。

旅游线路的始端是第一个旅游目的地,是该线路的第一个节点;终端是最后一个节点,是旅游活动的终结或整个线路的最高潮部分。而途经地则是线路中的其他节点,是为主题服务的旅游目的地。

第四步:充实内容,巧排活动日程。

活动日程是指旅游线路中具体的旅游项目内容、地点及各项进行的时间。活动日程安排应体现劳逸结合、丰富多彩、节奏感强、高潮迭起的原则。

(1)交通方式的选择:要体现"安全、舒适、经济、快捷、高效"的原则。在预算充裕的情况下,要注意多利用飞机,尽量减少旅行时间;少用长途火车,以避免游客疲劳;合理使用短途火车,选择设备好、直达目的地、尽量不用餐的车次;用汽车做短途交通工具,机动灵活等。

(2)安排住宿餐饮:吃、住是使旅游活动得以顺利进行的保证,应遵循经济实惠、环境优雅、交通便利、物美价廉的原则,进行合理安排,并注意安排体现地方或民族特色的风味餐。当然,旅游者有特殊要求者除外。

(3)留出购物时间:在线路设计时,遵循时间合理、不重复、不单调、不紧张、不疲惫的原则,应注意将旅游商品最丰盛、购物环境最理想的景点,尽量安排在线路所串联景点的最后。

(4)筹划娱乐活动安排:娱乐活动要丰富多彩、雅俗共赏、健康文明,起到体现民族文化的主旋律,达到文化交流的目的。比如杭州"给我一天,还你千年"的宋城歌舞表演,桂林大型山水实景演出——"印象刘三姐",张家界土家族、苗族大型晚会"魅力湘西",香格里拉藏民家访,天津名流茶馆的相声,东北二人转,伊春鄂伦春篝火晚会,草原骑马等,都体现出了当地浓郁的民族风情和特色。

第五步:总结反馈,不断修改完善。

与计调部门、市场部门、旅游者或旅游中间商协作修改并完善旅游线路。对于旅游线路的相关事项作出备注说明,推出旅游线路。收集整理旅游者反馈意见,对产品作进一步修改,一条完整的旅游线路应包括线路名称、线路特色、日程安排、交通形式、用餐标准、住宿标准、最终报价、备注说明等内容。当旅游者购买旅游产品、签订旅游合同时,应将线路设计内容(行程表)作为旅游合同的附件由双方签字确认。

【技能训练】

旅游线路设计实训

训练目的

学会旅游线路的开发,会设计旅游线路。

工作指引

(1)将全班同学分成四个小组,提前阅读实习资料的有关内容,了解实习的目的和要求,并结合《旅行社经营与管理》《导游业务》《导游基础知识》《旅游政策法规》等进行认真的准备;

(2)学生应服从指导教师与旅行社工作人员的安排,必须完成当天的实习任务,并撰写实习心得和实习报告,交由指导老师;

(3)整个实习的各个环节必须符合旅游行业规范及标准。

阶段性检测

给自己设立的模拟的旅行社设计一条可行的全新的旅游线路。

任务三　旅行社计调业务

【情景导入】

家人参团出游,旅行社弄错姓名无法登机

华龙网5月28日16时20分讯(记者康延芳)　市民唐先生计划带妻子、父亲一同出游,到旅行社报名交了费,到机场却发现旅行社把妻子姓名弄错,无法登机,计划好的旅行不得不泡汤。唐先生向重庆网络问政平台反映了自己的遭遇,称旅行社只愿意赔偿一个人的团费不合理。

一家三口报团出行到机场发现姓名出错无法登机，唐先生称，新婚不久的他想带妻子、父亲一起出去旅游。5月14日，他在重庆××旅行社解放碑店定了"华东五市+黄山千岛湖"团队游，并现款支付了三个人的所有团费4 800元，提供了参团人姓名、身份证号码。

当时，旅行社告知唐先生，出行时带上身份证，除黄山、无锡景点和附件中特别说明需要自费的项目外，就不需要再支付任何旅费，旅行社负责安排好一切行程。于是，一家人满心欢喜等着出团。

5月23日，唐先生一家起个大早，并按旅行社通知，于早上5:40之前赶到了江北机场。但到了他才发现，机票上妻子"陈中平"的名字被写成了"陈小平"，无法登机。

消费者：离登机还有2小时，旅行社没及时补票，在发现妻子姓名错误后，唐先生立即跟送机导游反映，但导游称不关自己的事，要他找旅行社。他按当时交费时留的电话联系到旅行社，旅行社查询后承认是工作失误，把他妻子的姓名弄错了。

这时，距离7:40的登机时间还有两个小时，如果能及时补办一张机票，唐先生一家人的旅行也不会受到影响。但唐先生说，在接下来的时间里，旅行社没有给他购票或更改机票，而是要求他自己先垫钱购买一张机票。唐先生希望在现场的导游能给他出具一份书面的文字协议，对方不愿意。

于是，在同团其他游客登机开始旅行时，唐先生一家人只能从机场返回。

从机场返回后，唐先生找到旅行社，要求重新安排一个团完成旅程，或者全额退款，结果被拒绝。旅行社只同意赔偿一个人的团费。理由是只有一个人名字写错了，另外两个人的名字没错。

【思考】

(1) 计调工作的业务有哪些？

(2) 旅行社计调工作有哪些要求标准？

(3) 旅游采购服务包括哪些内容？

(4) 组团计调的业务流程有哪些？

(5) 选择地接社有哪些标准？

(6) 地接计调主要包括哪些业务流程？

在旅游行业中，一直就有"外联'买菜'、计调'做菜'、导游带游客'品尝大餐'"的说法。可见，外联、计调、导游各司其职，都是旅行社业务中十分重要的角色。计调人员犹如酒店里的厨师一样，其素质与水平的高低直接决定着旅游行程的服务质量，有人把"计调"比喻为"旅游行程中的命脉"。

一、旅行社计调业务简述

计调是计划调度的简称，担任计划调度作业的人员，在岗位识别上被称为计调员，业内简称为"计调"。在从事国际旅游业务的旅行社中，计调通常又被称为"OP"，即 Operator 的简称，译为"操作者"。旅行社的经营管理中，销售部、计调部、接待部构成旅行社具体操作的三大块，计调处于中枢位置，业务连接内外，旅行社赚不赚钱，盈利多少，靠的全是计调人员的调度。

计调部在旅行社中处于中枢位置，计调业务连接内外，牵一发动全身。计调业务随旅行

社业务的发展而发展,在旅行社运转中的作用日益突出,具有以下共同特点:

(1)计调业务是旅行社经营活动的重要环节。

旅行社实行的是承诺销售,旅游者购买的是预约产品。旅行社能否兑现销售时承诺的数量和质量,旅游者对消费是否满意,很大程度上取决于旅行社计调的作业质量。计调的对外采购和协调业务是保证旅游活动顺利进行的前提条件,而计调对内及时传递有关信息又是旅行社做好销售工作和业务决策的保障。

(2)计调业务是旅行社实现降低成本的重要因素。

旅游产品的价格是旅游产品成本和旅行社利润的总和,降低旅游产品成本决定了旅行社利润增长的空间以及市场份额的占有。旅游产品的成本通常表现为各旅游供应商提供的机(车)位、客房、餐饮、门票等的价格,计调部门在对外进行相应采购时,应尽量争取获得最优惠的价格,以降低旅游产品的总成本,这也就意味着旅行社利润的增加。另外,旅游产品成本的降低,保证了旅行社在激烈的市场竞争中获得更多的市场份额。计调业务虽然不能直接创收,但降低采购价格无疑对旅行社的营业额和利润的实现具有重要意义。

(3)计调业务承担着极为繁重的操作任务。

计调业务包括采购、计划、团控、质量、核算等内容。通常人们只是从基本原则和实践意义作出阐述,概括地讲到采购和计划作业,而忽视了计调作业的技巧、策略以及可操作性。

二、旅行社计调的基本业务

由于旅行社的规模、性质、业务、职能和管理方式不尽相同,各计调部的工作也是因社而异。对外采购服务、对内提供信息服务是旅行社计调业务的基本内容。

对外采购服务是按照旅游计划,代表旅行社与交通运输部门、酒店、餐厅和其他旅行社及其他相关部门签订协议,预订各种服务,满足旅游者在食、宿、行、游、购、娱等方面的需求,并随着计划的变更取消或重订。对内提供信息服务是把旅游供应商及相关部门的服务信息向销售部门提供,以便组合旅游产品。做好统计工作,向决策部门提供有关旅游需求和旅游供应方面的信息。

总的说来,计调部的基本业务不外乎信息收集,计划统计,衔接沟通,订票、订房、订餐业务,内勤业务等。

(一)信息收集

信息收集主要是指收集各种资料和市场信息,并进行汇总编辑,编号存档,分析和提炼观点,供旅行社协作部门和领导参考和决策。主要包括:

(1)收集整理来自旅游行业的专门信息;

(2)收集整理来自旅行社同行的专门信息;

(3)收集整理来自旅游合作单位(如旅游景点、运输公司、票务公司、酒店、餐厅、土特产商店等)的专门信息;

(4)收集整理旅游团队客人的反馈意见或建议(包括表扬肯定或抱怨投诉);

(5)收集整理涉及旅游行业发展的各种政策或规定;

(6)收集整理当地经济建设的发展现状,以及公众对旅游所持有的各种观念或心态等。

(二)计划统计

计划统计主要是指编制计调部的各种业务计划,统计旅行社的各种资料,做好档案管理工作。主要包括：

（1）拟订和发放旅游团队的接待计划；

（2）接收和处理有关单位发来的旅游团队的接待计划；

（3）详细编写旅行社接待人数、过夜人数、住房间天数等报表；

（4）向旅行社财务部门和领导提供旅游团队的人流量、住房、餐饮、交通等方面业务的统计和分析报告等。

（三）衔接沟通

衔接沟通主要是指担当对外合作伙伴的联络和沟通、洽谈和信息传递。主要包括：

（1）选择和对比行业合作伙伴的对外报价和接受报价；

（2）获取和整理信息，传达协调其他部门，汇报支持领导决策；

（3）做好业务值班，登记值班日志，及时准确传达和知会；

（4）充分了解和掌握旅行社的接待计划，包括团队编号、人数、旅游目的地、行程线路、服务等级和标准、抵离日期、交通工具、航班时间、导游员、地接社、运行状况等；

（5）全面监控旅游团队的实时变化，如取消、新增、变更等情况，并及时通知相关合作伙伴作出合理科学的调整。

（四）订票业务

订票业务主要是指担当旅游者（团队）的各种交通票据（火车票、飞机票、汽车票、游船票等）及景区门票的预订、验证和购买等事宜。主要包括：

（1）负责落实旅游者（团队）的各种交通票据，并将具体信息及时准确地转达给有关部门或人员；

（2）根据有关部门和旅游者（团队）的票务变更信息，及时快速地与合作伙伴处理好取消、新增、变更等事宜；

（3）根据组团社的要求或旅游者（团队）的具体情况，负责申请特殊运输工具或航程票务，如包机、包船、专列等，并通知有关部门或合作伙伴及时组织客源和促销；

（4）根据旅游者（团队）的具体情况，落实景区景点的票务；

（5）全面负责各种票务的核算和结算工作。

（五）订房、订餐业务

订房、订餐业务主要是指担当旅游者（团队）的各种订房、订餐业务。主要包括：

（1）负责和各种档次的宾馆、酒店、旅馆进行洽谈，签订合作协议书；

（2）根据组团社或地接社的订房、订餐要求，为旅游者（团队）及导游司机预订客房、预订进餐；

（3）根据旅游者（团队）的实际运行情况，及时应对取消、新增、变更等情况；

（4）全面做好旺季和黄金周包房的销售、协调和调剂工作；

（5）定期或不定期地做好旅游者（团队）住房流量和就餐流量相关报表的制作和统计工作；

（6）配合协助接待和财务部门做好旅游者（团队）用房、用餐的核算和结算工作。

（六）内勤业务

内勤业务主要是指担当计调部的各种内勤内务工作。主要包括：

（1）与运输公司和车队拟定合作协议和操作价格；

(2)与旅游景点或娱乐演出公司确定旅游者(团队)的游览参观或观看节目;

(3)安排旅游者(团队)运行过程中特殊的拜谒、祭祀、访问或会见等;

(4)做好部门各种文件的存档和交接班日志等。

三、旅行社计调人员的分类和素质要求

(一)旅行社计调的分类

随着旅游业发展和旅行社业务规模的扩大,计调业务朝着专业化、细分化方向发展。从业务范围划分,计调人员分为组团类计调、接待类计调、批发类计调、专项类计调四种。

(1)组团类计调:按游客出行目的地不同,可划分为中国公民国内游计调、中国公民出境游计调,如国内中长线计调、国内短线计调、欧洲地区计调、美加地区计调、澳新地区计调、东南亚地区计调、我国港澳台地区计调、日韩地区计调、非洲地区计调等。

(2)接待类计调:包括国内地接计调和国际入境接待计调,如旅游地接待计调、中转联程接待计调等。

(3)批发类计调:包括国内游专线同业批发计调和出境游专线同业批发计调。

(4)专项类计调:包括商务会展计调、老年游计调、学生游计调、机票加酒店类计调、签证类计调等。

(二)旅行社计调的素质要求

1. 知识储备

一名合格的计调应该熟悉各项旅游法规,包括《旅行社条例》《导游人员管理条例》以及酒店管理、车辆运输、航空法规等相关行业的法律、法规。

一名称职的计调应该具备较强的文档处理知识,能熟练使用电脑办公自动化、图形处理、旅行社各种经营管理软件,具备一定的网页制作、网络操作和档案编制能力。

一名优秀的计调要具备高超的交际和沟通能力。旅游是与人打交道的行业,要有良好的沟通能力,通晓旅游礼仪,经常进行有针对性的学习和培训。

2. 信息储备

不同的计调类型有不同的分工,不同的计调分工需要有不同的信息储备。

1)组团型计调

(1)必须了解各条线路的价格、成本、特点、影响因素,以及各条线路的变化和趋势。初入门的计调,建议最好从全陪做起,了解各条线路和各地接社的信息反馈,在自己所在的区域市场建立熟悉的人际关系。

(2)要有一种以客户为中心、满足客户需要的理念,了解不同类型顾客的个性化需求。

(3)每天查阅传真和信息,在报价前再次落实和核准价格、行程、标准,所含内容在签订合同前要提前通知地接社做好准备。

(4)规范确认文件,在确认文件中必须要同时具有到达时间、行程安排、入住酒店名称、景点情况、餐标、车辆标准(包括车型和车龄)、导游要求、可能产生的自费情况等。

(5)熟悉全陪导游情况,了解每个导游的年龄、外形、学历、性格特点、责任心、金钱观念和质量反馈,针对不同的客户作出最合适的导游安排。

2)地接型计调

(1)熟悉所有当地和周边地区的吃、住、行、游、购、娱等各项旅游要素。

(2)掌握各个车队的车型、车龄、车况和驾驶员特点,了解车队经营者的特点、经营状况的好坏和事故处理能力。

(3)了解酒店的位置、星级、硬件标准、同业竞争情况,了解酒店经营者的特点,熟悉各酒店各季节的价格及变化情况,具备沟通和讨价还价的能力。

(4)了解地接范围内所有的景区景点的门票和折扣,熟悉景区的资源品位和特点,尤其要关注不同客源地客人对该景点的评价。

(5)了解社内导游的安排情况,熟悉本社导游的管理方法,掌握各个地接导游的具体情况,做出最合适的导游安排。

(6)熟悉本社的竞争环境,尽可能多地了解竞争对手的特点、报价、操作方式、优势和劣势。

(7)熟悉和本社相关线路,或者是合作、联动线路的特点和操作情况,掌握合作社特点和竞争情况。

(8)熟悉客源地的旅行社状况、特点、竞争情况以及信用程度。

3)专线型计调

(1)必须要熟悉自己所负责专线的航班、航空公司,以及航空公司的营销及相关工作人员。有时候,一家旅行社在大交通上所取得的优势,能够让公司在最短的时间内获得最大的市场和利润。如何进一步建立、发挥自己公司的公关资源,是一名优秀计调必须要面对和解决的问题。

(2)必须熟悉自己所负责专线的酒店、车辆、用餐、景区及接待导游的情况。

(3)要了解自己专线的竞争状况,与自己雷同和类似的竞争对手的计调优势、营销优势和诚信状况,尽可能和他们保持一种既竞争又友好的状态。

(4)了解自己专线的时间和季节变化情况下的团队量,能够合适地安排时间进行系统销售,通过走访了解客户需要和市场潜力。

(5)了解自己专线的财务状况,包括财务垫支和资金回笼。

4)散客型计调

(1)掌握各条线路的价格变化、团队计划、线路特色和行程安排,熟悉各个行程的注意事项。

(2)熟悉旅游合同和细节、注意事项和责任条款,对有可能产生的后果以及经常产生争议的地方做到了然于心。

(3)掌握旅游意外险、责任险、航空保险的责任条款,了解相关办理办法和程序。

四、旅行社计调工作标准

(一)旅行社计调的作业质量

1. 书面质量

(1)抬头格式一定要醒目、规范、讲究,要与企业的CI(Corporate Identity,企业形象识别)系统一致,特别要正确表达商号、品牌以及回复、更改等主要指征;

(2)文本必须清晰,有利于阅读;

(3)字体、字号选择恰当。

2.文字质量

报价的文字质量要体现OP(Operator,计调)的技术"等级"和"含量"。其文字表达必须符合行业(或约定俗成)的表达规范;报价行文中,最先概括报价依据(人数、国籍、用房、用车等),按照日程、行程、特殊安排、报价(或单列)、联络方式的顺序一一作出,文字要求精练、表达准确,特别是景点描述,要与产品宣传有所区别。

3.作业速度

对于计调的作业速度,国际间过去的规范是24小时回执。随着资讯的发达和竞争利益加剧,今天计调的作业速度已从8小时缩短到2小时,甚至10分钟。快速、精到、准确、无可挑剔,反映了计调的业务熟练程度。有灵气的OP往往省心、省力、省时,事半功倍。

4.电话联络

在计调工作中,往往有扩展问询或差异核对,电话是最直接和快捷的沟通方式。电话礼仪要求:礼貌热情,使用普通话,话音清晰,回答问询准确、果断。忌讳有四点:一忌记错对方称谓,胡乱作答,既失礼又失信;二忌"半自动"普通话,音调失准,贻笑大方;三忌答对含混,如"可能""应该",拖泥带水,令对方不知所云;四忌业务不熟,如"稍等,我查一下"等,浪费对方的宝贵时间。

(二)旅行社计调的信息质量

1.充分的业务信息

衡量一个合格的OP,其善于获得业务信息并有效地加以运用是首要标准。对实施报价的OP而言,业务信息是指对所报价地区的所有与旅游相关资源的认识和把握。如对酒店,不仅要明确所有不同时期的价格,还需要掌握区域、房况、保安、车位、早(正)餐等细节。对用车,不仅要明确价格,更要通晓车型、配置、车况、路桥费用和移动里程等细节。同理,还包括餐饮、景点(门票)、导游等要素。这些要素经常随淡旺季节、重大活动、政府行为等影响发生变化,因此OP对动态信息必须随时跟踪、如影相随。

2.熟练的操控能力

OP既要熟悉不同国家、地区的询价特征,又要了解顾客或对方OP处事的个性,还要有针对性地实施不同的报价策略。熟练的操控能力表现为:快速浏览询价—快速捕捉询价要点—快速表达报价特色—快速形成报价文本—快速传递报价信息。面对询价中形形色色的要求,在报价中可提供多样化的选择,比如同样线路多样的变化、不同星级住宿、各种交通方式的遴选以及降低直观价格为目的的报价组合等。

3.合理的行程配置

报价中的行程叙述是仅次于价格表达的另一大重点。行程叙述报价分为以下三部分:

(1)日程——每天游览景点、停靠点、用餐地点等。

(2)行程——每天移动距离、交通工具、抵离时刻、购物点、下榻酒店等。

(3)特殊安排——风味餐、娱乐项目、语言导游、另类标准、特殊细节等。

通常,尽量详尽的行程是推导出最终价格的关键。尽管行程的编排可能有变动,但是万变不离其宗,有诸多规律可供遵循。因此,如果说学会打电话是做计调的基本功,那么,学会排行程则是做好报价的首要条件。

4.切实的价格水平

价格是旅行社报价诸要素中的核心。通常,旅行社报价的价格构成采用"加成定价法",但在规则之外又有许多变数,关键要把尽可能多的信息、资源、同行价位、市面行情以及相关情况加以整合,核算出"贴心"的价位,从而反映出总体报价的业务水平。

5. 优惠的结付办法

在报价后注明结算办法,是吸引对方的重要细节。通常,组团社在出团前的客户收款都在80%左右。在实际操作中,地接社一定要注意针对不同的组团社,提出有利于双方的结算办法,要考虑批量大小、淡旺季节、结算周期以及自身的垫付能力等情况,这反映了一家旅行社应变市场的能力和自身实力。

6. 完备的应急联络

一份完备的报价,不仅是程序要求,更是取得对方信任、令对方感到"可靠"的前提。在最后部分应特别注明应急联络,包括24小时不间断应急方式;必要时提供报价中所列下榻酒店、餐厅、景点联络方式等。一个称职的OP,要随身携带通信录,以便及时回应和沟通。

(三)旅行社计调的内涵表达

1. 细节表达

Word文本应简洁又不失完备,丰满又不乏灵性,字里行间透着关怀、体贴。细节体现关怀,Word文本不仅是文字的修饰,还应包括根据客源地的风俗安排餐饮,根据团型调整观光时间和移动距离等。

2. 谨慎承诺

旅行社在产业链中的位置,决定了企业必然受到上游或下游行业的制约。比如地接社,在提供六大要素的保障中,因为诸多因素的影响,任意环节的变动都可能是致命的,既要实事求是地讲明如"旺季""调价""不可预见"等情况,又要"明目张胆"地承诺。关键时刻,旅行社拼的是处置能力,是出了问题敢于负责的胆色和实力。承诺,不仅要在报价纸面上表达,最重要的是,承诺的可信度要靠平时的"诚信积分"来奠定。

3. 合作诚意

当今旅行社业的合作早就不再囿于团来团往、账款两清的商业交际。旅行社的不同报价中反映了"合作诚意"。作为地接社,一忌"乱开价",要留给组团社利润空间;二忌"没商量",要设身处地为组团社着想;三忌"不作为",要耐心对待对方的询价。作为组团社,应该尊重地接社的"合作诚意",不要错把对方的委婉、呵护、礼遇和退让当作砍价的薄弱环节。"合作诚意"的目的是双赢,意味着双方不只为眼前利益,实际是一种追求共生的境界。

(四)需要注意的其他问题

(1)无论往返大交通还是区间交通,甚至包括景点间的交通,在行程上最好标明班次、出发和抵达时间;交通票价的单列最好有所体现。

(2)景点上标明价格,包括对内对外价格,以及景区中需自费的小景点的票价;还要标明景点游览时间,具体的游览路线最好也要有所体现。

(3)用餐上一般需要针对不同地方的游客设计不同口味的菜式,这一点在报价单上也要有所体现。

(4)住宿上除了说明房差,每晚住宿的位置、星级或宾馆新旧应该体现出来。

(5)线路的综合推介。地接社设计的每条线路,都应有指向或特色,并在报价单上特别宣传,说明设计主旨。

(6)标明该线路价格的有效时间。

(7)作为地接报价单,建议引入承诺制。诸如承诺日均进店不超过1个,承诺无强制消费等。

五、旅游采购服务

旅游采购服务是计调最基本的业务。旅游服务采购的成效,直接关系旅行社经营活动的成败。

(一)旅游采购服务的含义

旅行社通过向其他旅游服务企业或相关部门采购交通、食宿、游览、娱乐等单项服务产品,经过组合加工再进行销售。旅行社是一种旅游中介组织,并不直接经营旅游活动中的交通、食宿、游览、娱乐等服务项目,采购旅游服务也就成为旅行社经营活动的一个重要方面。旅游采购服务是指旅行社通过合同或协议形式,按照一定价格,向其他旅游服务企业及相关部门定购的行为,以保证旅行社向旅游者提供所需的旅游产品。

(二)旅游采购服务的内容

旅游活动涉及食、宿、行、游、购、娱等方面,航空公司、铁路公司、轮船公司、酒店、餐厅、景点以及娱乐场所就成为旅行社的采购对象。

1. 交通服务的采购

交通不仅要解决旅游者往来不同旅游点间的空间距离问题,更重要的是解决其中的时间距离问题。安全、舒适、便捷、经济是旅行社采购交通时需要考量的因素,旅行社必须与包括航空公司、铁路公司、轮船公司、汽车公司在内的交通部门建立密切的合作关系。

事实上,为寻找稳定的客源渠道,交通部门也非常倾向于同旅行社合作。旅行社要争取取得有关交通部门的代理资格,以便顺利采购所需的交通服务。

1) 采购航空服务

作为大众旅游时期的远程旅行方式之一,航空服务的主要优点是安全、快速和舒适。一般而言,旅行社选择航空公司主要应考虑机票折扣、机位数量、工作配合度和航班线路。

(1)机票折扣是否具有竞争力。机票价格是旅行社考虑的重要因素,是旅行社之间核心竞争力的具体表现。航空公司之间的竞争往往集中在价格上。注意选择特价票时,它对改期及退票的规定会较多。

(2)机位数量是否能够满足旅游者(团队)的需求,也是旅游业务市场竞争中能否立于不败之地的关键。应有充足的机位接待旅游团队;如果是中小机型的飞机,用于接待旅游团队的位置有限。

(3)工作配合度。关键时期,航空公司能否密切配合和支持,也是旅行社能否最大限度满足旅游者(团队)的需求和战胜旅游同行的外部因素。

(4)航班线路。计调部在选择和采购航空业务时,往往会考虑航班的行程线路是否对旅游者(团队)具有吸引力,是否和旅游目的地密切相关。如果航空公司航班密度较大,意味着旅行社有更多的航班可供选择。一般来说,早上出发、下午返程(早机去、晚机回)的航班较受旅行社和游客的欢迎。

计调部根据旅游接待预报计划,在规定的期限内向航空公司提出订位,如有变更,应及时通知有关方面。航空服务主要分为定期航班服务和包机服务两种。如遇客流量超过正常航班的运力,旅游团队无法按计划成行,旅行社可能就要考虑包机运输或者选择其他交通工具。

2) 采购铁路服务

火车具有价格便宜、又可以让乘客饱览沿途风光的特点,在包价产品中具有特别的竞争力。近年来,我国加大了铁路建设力度,使火车运输仍具优势。目前,国内多数旅游者仍选择火车作为首选出游交通工具,尤其是高铁开通后,铁路时速超过了250千米/小时,人们的出行更加方便和快捷。旅行社向铁路部门采购,主要是做好票务工作,按照旅游接待计划订购火车票,确保团队顺利成行。出票率、保障率是衡量铁路服务采购的重要指标。

3) 采购水路服务

鉴于我国的大陆形态,除了三峡、漓江等内河及渤海湾、琼州海峡、台湾海峡和舟山海域等少数水路,轮船并不是外出旅游的主要交通工具。旅行社向轮船公司采购水路服务,关键是做好票务工作。如遇运力无法满足,或因不可抗力无法实现计划,造成团队航次、船期、舱位等级变更,应及时果断地采取应急措施。

4) 采购公路服务

尽管汽车已成为人们普遍的旅行方式,但一般认为,乘汽车旅游的距离不宜过长,每天最好控制在300千米(5小时)以内,否则客人会感觉疲劳。旅行社在采购汽车服务时应考虑车型、车况、司机驾驶技术、服务规范和旅游营运资格等问题。选择管理严格、车型齐全、驾驶员素质好、服务优良、已取得准运资格且善于配合,同时车价优惠的汽车公司,并与之签订协议书。

2. 采购住宿服务

旅游酒店是旅游业三大支柱之一,是旅游产品的重要组成部分,在一定程度上已成为衡量一个国家或地区旅游接待能力的重要标尺。酒店的种类,根据主要功用划分为商务酒店、度假酒店、会议酒店和旅游酒店等;根据酒店等级划分有1~5星级。计调人员应按照接待计划的等级要求,采购住宿服务。在保证住宿服务供给的前提下,利用合作关系,结合市场状况,考虑季节因素,最大限度地降低采购成本,为旅行社争取最大经济效益。在选择酒店时要充分考虑酒店的位置、房价及结算方式、环境、服务和安全状况。

3. 采购餐饮服务

餐饮属于旅游者基本的旅游活动之一,餐饮质量关系旅游产品的质量。对旅游者来说,用餐不仅是填饱肚子的问题,还是一种旅游享受。因此,计调在选择餐馆时要认真考虑以下因素。

(1)环境整洁,符合《饭馆(餐厅)卫生标准》(GB 6153—1996)的要求,提供的食品、饮料应符合国家有关法律、法规的要求。计调应先实地察看旅游定点餐厅的地点、环境、卫生设施、停车场地、便餐和风味餐菜单等。满意后,根据国家旅游行政管理部门规定的用餐收费标准,与餐厅或酒店洽谈用餐事宜,签订相关协议书。

(2)地理位置应根据旅游线路来安排,餐点不宜过多,应少而精,且要注意地理位置的合理,尽可能靠近机场、码头、游览地、剧场等;也可选择去往某旅游点的必经道路上的餐馆,避免因用餐来回往返多花汽车交通费。

(3)按规定的标准订餐;如果个别旅游者因宗教信仰关系或特殊口味提出要求,应及时转告餐厅。

(4)所选择的餐厅、菜式应符合客人口味,诚信经营,口碑好。

4. 采购参观及景点服务

参观游览是旅游活动的重要内容。参观游览及娱乐场所会接待众多的游客，为寻求这些场所的支持与合作，旅行社要及时与他们沟通意见，定期结算相关费用，以取得景点、娱乐场所的支持与配合，确保旅游活动安排顺利进行。与参观游览景点合作的步骤如下。

1) 签订协议书

与景点就以下内容进行洽谈，签订协议书。包括旅游门票优惠协议价格（散客、团队、儿童、学生团体、老人、军人、残疾人等）；大、小车的费用；景区外（内）是否有停车场，可供同时停泊车辆数、停车费用、停车时间等；结算方式和期限。

2) 材料备案

将以下有关签约景点的规定事宜整理列表，打印后分发接待部门并报审计、财务备案。包括签约景点的名称、电话、联系人；将要前往某旅游景点参观的进门方向；去某景点的行车路线、停车地点。

5. 采购娱乐服务

娱乐是旅游活动六要素之一。组织旅游者晚间文化娱乐活动，如看杂技、马戏，欣赏戏曲、歌舞等，这不仅是白天参观游览活动的补充，使旅游活动更加充实，还是一种文化传播和交流。旅行社在向这些文艺单位采购文化娱乐服务时，应就预订票以及演出内容、演出日期、演出时间、票价、支付方式等达成协议。

6. 采购购物商店服务

旅游购物为非基本旅游需求，但购物无疑是旅游活动的一项重要内容。旅游者常常因购置了称心如意的物品而难忘旅程，也会为没有得到有纪念价值的商品而沮丧，引导旅游者购物，应当是接待旅行社的任务之一。为旅游者购物提供方便和安全，旅行社应当慎重选择旅游购物商店，要与旅游定点商场等建立相对稳定的合作关系，避免因经济利益而与提供伪劣产品的旅游商店合作。

7. 采购保险服务

《旅行社管理条例》规定：旅行社组织旅游，应当为旅游者办理旅游意外保险。旅游者一旦在旅游期间发生意外事故，造成经济损失或人身伤害即可得到一定的经济补偿。旅游保险不仅有利于保护旅游者的合法权益，还有利于旅行社减少因灾害、事故造成的损失，这对旅行社的发展有重要的意义。因此，采购保险服务也是旅行社采购内容之一，具体包括以下内容：

（1）认真阅读中华人民共和国国家旅游局第14号令《旅行社投保旅行社责任保险规定》和保险公司的有关规定。

（2）与保险公司就旅行社游客的旅游保险事宜签订协议书。

（3）将协议书上的有关内容进行整理打印，分发给外联部门并通知其对外收取保险费。

（4）将每一个投保的旅游团（者）的接待通知（含名单）按时送到保险公司作为投保依据。

（5）注意接收和保存保险公司的承保确认书。

（6）按投保的准确人数每季向保险公司缴纳保险费。

（7）当旅游途中发生意外事故或遇到自然灾害时，必须及时向在第一线的导游了解情况，必要时去现场考察并以最快速度通知保险公司；并且应在3天之内向保险公司呈报书面材料,其中包括"旅行社游客旅游保险事故通知书"和"旅行社游客保险索赔申请书"。

(8)索赔时,须向保险公司提供有关方面的证明,其中包括医院的死亡诊断证明(经司法机关公证)、民航或铁路部门的行李丢失证(单)、酒店和餐厅保卫部的被盗证明信等。

8.采购异地接待服务

旅行社向旅游者销售的旅游线路,通常有一个至多个旅游目的地。采购异地接待服务的目的就是使旅游计划如期如愿实现。应该说,旅游产品的质量在很大程度上取决于各地接待质量,尤其是各旅行社的接待质量。因此,选择高质量的接待旅行社,是采购到优质接待服务的关键。计调在采购时应综合考虑以下因素:接待社的资质、实力、信誉,接待社的体制、管理,接待社的报价,接待社的作业质量,接待社的接待质量,接待社的结算(垫付)周期,接待社的合作意愿。

(三)旅游采购服务的合同

旅行社为购买各种旅游服务项目而与旅游企业或相关部门订立的各种购买契约,通称为旅游采购服务合同。旅行社以一定价格向其他旅游企业及部门购买相关的服务行为,是一种预约性的批发交易,通过多次成交完成。这种采购特点决定了旅行社同采购单位签订经济合同的重要性,以避免和正确处理可能发生的各种纠纷。

采购合同的基本内容包括以下几项:

(1)合同标的。合同标的是指法律行为所要达到的目的。旅游采购合同的标的就是旅行社向旅游企业或相关部门购买的服务项目,如客房、餐饮、航空、陆路交通等。

(2)数量和质量。数量指买卖双方商定的计划采购量(非确切购买量);质量则指双方商定最低的质量要求。

(3)价格和付款办法。采购价格是合同中所要规定的重要内容。合同中应确定采购量和定价的关系,以及合同期内价格变动情况,还要规定结算方式及付款时间等。

(4)合同期限。合同期限指签订合同后开始和终止买卖行为的时间,一般一年一签,也可按淡、旺季分列两个合同。

(5)违约责任。按照《中华人民共和国经济合同法》规定,违约方要承担支付违约金和赔偿金的义务。

六、旅行社计调业务流程

(一)组团社计调业务流程

组团社指客源地的旅行社。组团社通过各种招揽方式组团,向游客提供符合其需求的旅游产品,并就其旅行中的有关事项与游客协商后,签订旅游合同,并监督约束旅游目的地接待社的接待活动,从而保障整个旅游活动顺利进行。组团社计调是在组团社内负责操作组团流程的专职人员。组团社计调业务流程如图3-1所示。

1.组团社计调的业务流程

1)策划、设计产品

市场策划人员根据收集到的旅游情报等信息决定推广什么样的旅游线路,然后和计调人员确定线路的可行性,同时核算出线路的成本价格(需与地接社联系),共同确定每一条线路的销售价格、行程、接待容量等计划。针对团体客户,市场人员应了解客户需求后,和计调人员一起设计、策划个性化的线路。

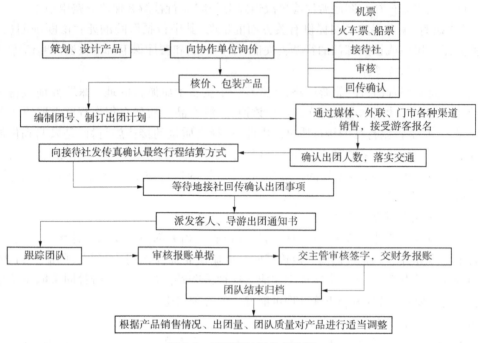

图 3-1　组团社计调业务流程

2）向协作单位询价

询价主要是指交通、住宿、用餐、景点、娱乐或者购物等环节，计调可以直接向服务供应商直接咨询单列的价格，或者向地接社咨询各项分列价格和总体价格。

3）核价、包装产品

通过两家以上地接社的价格对比，计调需要重新核实地接社的各项价格，尤其是大交通和酒店的价格，不同采购渠道价格可能会有所差异。

4）编制团号、制订出团计划

计调向地接社询价的同时编制出团计划——团队接待通知书，并向行程中的各地接社发出接待计划。

5）通过媒体、外联、门市各种渠道销售，接受游客报名

产品策划整合完毕，接着就是销售和推向市场的问题。计调要将产品和出团计划通过媒体、外联、门市等各种渠道销售出去，将计划落到实处。

6）确定出团人数，落实交通

计调应根据预计的接待能力收客，并落实相关旅游交通。

7）向接待社发传真确认最终行程及结算方式

计调应给接待社发传真确认最终出团的行程、餐饮、住宿、标准、价格，特别要附上参团游客的人数及名单、接团方式、紧急联系人姓名、电话等，并约定好结算方式。如行程或团队人数有变化，须及时通知接待社，并就变更内容进行重新确认。

8）等待地接社回传确认出团事项

计调应督促地接社在最短的时间（8~24小时）内进行书面确认。确认重点为机（车、船）票、用房、用车、导游、结算单等。

9) 派发客人、导游出团通知书

计调应向客人派发出团通知书,确认团队的行程、出发时间、地点、紧急联系人姓名、电话和相关注意事项等信息;向导游交代接待计划,确认行程、标准、出发时间及地点、游客名单及联系电话、接团导游姓名及电话、接待社联系人及电话等信息,对陪同的职责和业务要详加提示,并督促导游人员携带齐全各种收(单)据。

10) 跟踪团队

计调应根据顾客名单购买旅游意外保险。在团队正式开始游览后,计调还应跟踪团队行程中的各项吃、住、行、游、购、娱等事项,处理突发情况和意外事件。团队在行程中,如要求改变行程或食宿等情况,计调人员首先要征集对方地接社经办人的同意,并发传真确认方可改变计划,不得只凭口头改变行程。

11) 审核报账单据

导游交回行程单和游客意见表,计调应对比原先的接待计划和实际接待工作,审核团队变动的用餐、门票、住房以及其他费用,相关费用的产生是否和发票或者单据相符。

12) 交主管审核签字,交财务报账

团队行程结束后,应在一周内清账。计调应填写决算单,连同概算单一式两份、组团合同、地接社确认件、地接社结算单、团队接待通知书原始凭证,交公司财务部报账。确认团队质量无异议,经财务部审核,总经理批准,将团款汇入地接社账号。

13) 团队结束归档

计调要将所有操作传真及单据复印留档,作为操作完毕团队资料归档。客户服务人员根据游客意见表,对参团客人进行回访,建立客户档案。

14) 根据产品销售情况、出团量、团队质量对产品进行适当调整

销售好的产品继续销售,也可以适当增加出团计划;销售欠佳的产品要总结是线路本身不够有吸引力,还是市场等情况造成的。如团队质量出现问题要追究责任,对于接待单位也要磨合、考验与再选择。

2. 国内游组团业务及注意事项

国内游组团业务流程见图3-2,在产品策划上要更加注意收集同业信息和景点信息,做好接待计划,通过同行销售、直客销售、网上销售、媒体宣传,以及面向家属、朋友、老客户进行多方面销售。

计调按照接待计划预订机票、火车票等大交通,当地的酒店、用车、景点、用餐、购物和导游一般交由长期合作的地接社负责。因此,地接社的服务和接待质量直接体现了旅游线路的总体质量,一个旅游团能否成功很大程度上取决于地接社的服务水平。

在组团业务中,对地接社的选择要非常重视。组团社应根据旅游客源市场的需求及其发展趋势,有针对性地在旅游目的地的各个旅行社中进行比较和筛选,选择符合条件的旅行社作为自己的业务合作伙伴。

选择地接社有以下几个标准。

1) 考察地接社的合法性

组团社需要考察该地接社是否是经过国家批准合法设立的,是否有经营许可证及许可证期限等,以免把旅游团交给了非法经营的旅行社,导致组团社的损失。

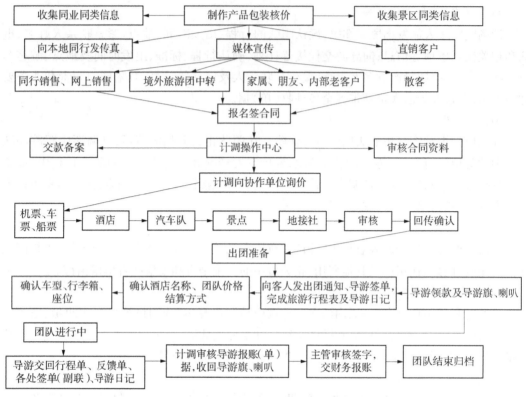

图 3-2　国内游组团业务流程

2）考察地接社的经营状况

组团社应了解该地接社的经营状况是否良好,管理模式是否科学有效,是否有人性化的管理理念、良好的公众形象和发展潜力,以及员工数量和业务水平。

3）考察接团实力和接团记录

对地接社接待实力的评价,主要是考察其业务量状况。业务量是评价接待实力的重要方向标,业务量的大小直接决定了该旅行社的旅游服务采购能力,旅游服务保障力也会随之有所增强。当考察业务量时,既要看业务量的多少,还要看在一定时期内,业务量水平是否稳定。

此外,还可以通过地接社的接团记录了解地接社的接团经历、对线路的熟悉程度、服务质量、客人评价、声誉状况等。通过对这些的了解,组团社可以选择出经验丰富、信用度较高的地接社,把自己的团放心地交给地接社进行接待。

4）产品的地接报价

旅游产品的地接报价,一方面关系旅游者的支付价格,另一方面也与组团社的经济收益密切相关。因此,线路报价是组团社选择地接社的重要标准之一。当考虑价格因素时,不能只看一个总报价,还应要求地接社对所提供的服务项目作出分项报价,这才能使得组团社在以价格为基础的地接社选择中有较全面的认识。

3. 出境游组团业务及注意事项

出境计调的操作流程和国内组团计调的操作流程大致一样,但由于出境旅游操作存在语言和通信上的差异,所以更要特别细致,防止上当受骗。以下问题应该格外引起重视。

1）审核资料

出团计划制订完毕后,通过各种渠道接收到的客人在前台做好统计后,客人的资料会转到计调处,因此审核资料是计调人员非常重要的工作。要注意证件的时效性、证照是否相符、出游动机、担保人情况,并加以提示说明。

还未办理护照及签证的游客,由申请人本人携带以下申请材料到公安局入境管理处办理护照或通行证:①身份证、户口本原件及复印件;②两张2寸彩色护照照片(公安局照);③政审盖章后的出国申请表、单位证明。

审核游客提交的个人资料有个人登记表、有效期半年以上的护照(通行证)、参团签证材料及四张2寸彩色护照照片。护照(通行证)办理好后,游客交齐全额团费并签订旅游合同、协议。计调人员确定前台人员与游客签订的出境旅游合同及出行线路、提交资料准确无误后,统一办理签证及出境手续。

2）查看要求

游客在报名出游时,可能会有一些特殊或个人的要求。计调人员在审核参团资料及与销售人员沟通时,要掌握客人的特殊要求,审查是否在可以满足的范围内,以及对会产生的影响和后果等都要做充分评估,不能盲目答应,避免日后带来不必要的麻烦。

3）选择航班

出境团基本都是选择飞机作为交通工具,因此计调在选择航班时,要做价格、性能及航班时间的综合比较,包括区间交通工具的选择都要配合游程的时间和舒适度。交通工具选择合理,团队运作顺利,自然皆大欢喜。

4）解析成本

解析成本要求计调人员具备较高的职业技能。一般计调人员充其量只能对照国内同行信息加以区别,辨别能力差。其实解析境外旅游成本并不困难,和国内旅游线路的成本解析大同小异,不要因为地域的区别就自己主观上感觉很难。计调人员要学会查看地图,善用网络检索自己需要的信息,化繁杂为简化。

5）实施操作

操作只需按照出境计调人员掌握的规范的操作流程进行即可。团队出发前,通过说明会等方式教育团员遵守国外的法律以及旅游相关规定等。需要提醒的是,一切业务往来应均以书面确认为准,所有的操作单要做备份,细小的更正也要重新落实,否则因疏忽带来的损失将不可估量。

6）全程跟踪

游客回国,计调人员要主动做好回访等善后工作。出境团队和国内团队发生问题不同,国内团队沟通得当,问题容易化解,而出境团队一旦出了问题可能就不是小事,组团社远水救不了近火,全要依靠接待方的努力和协作。因此,在团队行进过程中进行跟踪监控是必要的。

7）结账归档

出境接待有地域和汇率的变化,出境计调人员在回馈信息与质量监督上一定要多留神、多询问,遇到问题要及时解决,要按照约定方式进行款项的结清和团队资料的整理归档。

（二）地接社计调业务流程

接待类计调是指在接待社中负责按照组团社计划和要求确定旅游用车等区间交通工具、用餐、住宿、游览、派发导游等事宜的专职人员。按组团社的地区差异可分为国内接待计调和国际入境接待计调。

1. 报价

根据对方询价编排线路，以报价单提供相应价格信息（报价）。

2. 计划登录

接到组团社书面预报计划后，将团号、人数、国籍、抵/离机（车）时间等相关信息登录在当月团队动态表中。如遇对方口头预报，必须要求对方以书面方式补发计划，或在我方确认书上加盖对方业务专用章并由经手人签名，回传作为确认件。

3. 编制团队动态表

编制接待计划，将人数、陪同数、抵/离机（车）时间、住宿酒店、餐厅、参观景点、地接社接团时间及地点、其他特殊要求等逐一登记在团队动态表中。

4. 计划发送

向各有关单位发送计划书，并逐一落实。

（1）用房。根据团队人数、要求，以传真方式向协议酒店或指定酒店发送订房计划书并要求对方书面确认。如遇人数变更，及时做出更改件，以传真方式向协议酒店或指定酒店发送，并要求对方书面确认。如遇酒店无法接待，应及时通知组团社，经同意后调整至同级酒店。

（2）用车。根据人数、要求安排用车，以传真方式向协议车队发送订车计划书并要求对方书面确认。如遇变更，及时做出更改件，以传真方式向协议车队发送，并要求对方书面确认。

（3）用餐。根据团队人数、要求，以传真或电话通知向协议餐厅发送订餐计划书。如遇变更，及时做出更改件，以传真方式向协议餐厅发送，并要求对方书面确认。

（4）景点。以传真方式向景区发送团队接待通知书并要求对方书面确认。如遇变更，及时做出更改件，以传真方式发送，并要求对方书面确认。

（5）往返交通。仔细落实并核对计划，向票务人员下达订票通知单，注明团号、人数、航班（车次）、用票时间、票别、票量，并由经手人签字。如遇变更，及时通知票务人员。

5. 计划确认

逐一落实完毕后（或同时），编制接待确认书，加盖确认章，以传真方式发送至组团社并确认组团社收到。

6. 编制概算

编制团队概算单，注明现付费用、用途，送财务部经理审核；填写借款单，与概算单一并交部门经理审核签字；报总经理签字后，凭概算单、接待计划、借款单向财务部领取借款。

7. 下达计划

编制接待计划及附件，由计调人员签字并加盖团队计划专用章；通知导游人员领取计划及附件。附件包括名单表、向协议单位提供的加盖作业章的公司结算单、导游人员填写的陪同报告书、游客（全陪）填写的质量反馈单、需要现付的现金等，票款当面点清并由导游人员签收。

8. 编制结算

填制公司团队结算单,经审核后加盖公司财务专用章;于团队抵达前将结算单传真至组团社,催收。

9. 报账

团队行程结束,通知导游员凭接待计划、陪同报告书、质量反馈单、原始票据等及时向部门计调人员报账。计调人员详细审核导游填写的陪同报告书,以此为据填制团费用小结单及决算单,交部门经理审核签字后,交财务部并由财务部经理审核签字;报总经理签字后,向财务部报账。

10. 登账

部门将涉及该团协议单位的相关款项及时登记录入到团队费用往来明细表中,以便核对。

11. 归档

整理该团的原始资料,每月底将该月团队资料登记存档,以备查询。

【技能训练一】

旅行社业务操作流程实训

训练目的

掌握旅行社三大操作流程的具体方法和特点。

工作指引

(1)将全班同学分成四个小组,提前阅读实习资料的有关内容,了解实习的目的和要求,并结合《旅行社经营与管理》《导游业务》《导游基础知识》《旅游政策法规》等进行认真的准备;

(2)学生应服从指导教师与旅行社工作人员的安排,必须完成当天的实习任务,并撰写实习心得和实习报告,交由指导老师;

(3)整个实习的各个环节必须符合旅游行业规范及标准;

(4)提前去当地的旅行社进行调查和了解。

阶段性检测

完成旅行社三大业务操作流程中的工作任务。

【技能训练二】

旅游接待计划的制订

训练目的

学会制订旅游接待计划。

工作指引

(1)将全班同学分成四个小组,提前阅读实习资料的有关内容,了解实习的目的和要求,并结合《旅行社经营与管理》《导游业务》《导游基础知识》《旅游政策法规》等进行认真的准备;

(2)学生应服从指导教师与旅行社工作人员的安排,必须完成当天的实习任务,并撰写

实习心得和实习报告,交由指导老师;

(3) 整个实习的各个环节必须符合旅游行业规范及标准;

(4) 编制旅游接待计划,要对原始资料进行整理;

(5) 计调人员要参照旅游合同的条款,查阅原始资料,整理汇总该团的往来传真、电话记录、函件、电传等,了解旅游团(旅游者)的特点以及游览参观、生活起居和专业活动等方面的特殊要求,并将各项要求反映在计划之中;

(6) 落实交通事宜,在落实票务的时候,按照预订、出票、变更、退票的业务流程进行;

(7) 落实住宿事宜,做好委托代订房工作及向酒店发出自订房的生活委托;

(8) 落实其他接待项目,如在各地的餐饮、文娱活动等;

(9) 落实旅游保险;

(10) 向客户落实计划;

(11) 制订具体的接待计划,应标明旅游团(旅游者)的基本情况和要求,写明具体的日程安排,包括出入境时间、日期、航班号(车次、船次)及抵离地点时间,旅游线路所经停的城市名称、交通工具,在各地所安排的游览景点、品尝风味、文娱活动和其他特殊要求,旅游团(旅游者)名单;

(12) 旅游接待计划的变更与确认。

阶段性检测

制订一份自己设立的旅行社可以应用的旅游接待计划。

【技能训练三】

旅行社计调部实训

训练目的

熟悉并全面掌握旅行社计调部门的工作。

工作指引

(1) 将全班同学分成四个小组,提前阅读实习资料的有关内容,了解实习的目的和要求,并结合《旅行社经营与管理》《导游业务》《导游基础知识》《旅游政策法规》等进行认真的准备;

(2) 学生应服从指导教师与旅行社工作人员的安排,必须完成当天的实习任务,并撰写实习心得和实习报告,交由指导老师;

(3) 整个实习的各个环节必须符合旅游行业规范及标准;

(4) 请教旅行社资深计调人员,编制旅游行程;

(5) 了解旅游大巴的车型、座位数,旅游大巴使用一天产生的费用额度等;了解该旅行社的用车情况,是自有车辆还是租赁车辆,合作情况如何;

(6) 根据不同旅游团的特点,结合旅行社的导游队伍情况,选择合适的导游带队;

(7) 询问旅行社的机票预订途径:电话订票或者网络订票;

(8) 询问旅行社的酒店预订途径:电话预订或者网络预订。

阶段性检测

模拟完成计调员一次完整的工作任务。

任务四　旅行社接待业务

【情景导入】

导游佣金分配表遭曝光：诱导购物最高抽成50%

2011年4月7日，一张盖有浙江××国际旅游有限公司公章的导游"佣金分配表"在网络上被曝光，其中"引导游客购物"，导游最高抽成可达50%，长久以来为人所诟病的旅游业"潜规则"再次引发关注。网民纷纷质疑：导游诱导游客购物提取巨额佣金的"潜规则"为何难以断根？

1. 曝光导游佣金明码标价

该"佣金分配表"的曝光者声称，他是3月30日在杭州××坊捡到这叠资料的，连同"佣金分配表"一起的，还有一张"杭州2日游+宋城导游计划单"。

记者在被曝光的表格上看到，几个旅游购物点商品的导游佣金提成都被明码标价：蚕丝被，佣金200元/床；上海刀具、貔貅、羊毛衫，佣金30%；茶叶，佣金40%；紫砂、珍珠、菊花，佣金50%……

2. 一件丝绸套装导游可抽220元

一位业内人士告诉记者，导游抽取佣金早已是业内不成文的规定，几乎所有旅行社或多或少都存在这样的情况。

他举例说，以杭州—乌镇—上海两日游为例，旅游购物的"规定动作"少不了杭州的丝绸和乌镇的菊花茶。"如果一件丝绸套装的价格是600元，成本是100元，按照规定，旅行社可以从中抽取10%，即60元。剩下的440元盈利由商家和导游平分"。

3. 浙江省旅游局开始调查

记者就此来到浙江××国际旅游有限公司进行核实。该公司副总经理王某说："××国旅在企业管理、导游管理方面非常规范，不存在这样的分配表，目前公司负责人也没有看到'佣金分配表'原件。因此，我们初步判断这张表格不是从我们这里流传出去的。"王某同时也承认，"佣金分配表"的确反映了旅游业长久以来的乱象和痼疾。

随后，浙江省旅游局、杭州市旅委等主管部门高度关注此事件，并开始着手调查。

4. 现状——导游"自负盈亏"

在杭州，经营旅行社10多年的徐先生告诉记者，目前国内旅行社的毛利率不到7%，净利率更是只有0.6%。他说，国内一般中小型旅行社的导游带廉价团，没有薪水和补贴，收入全靠佣金，还得自己缴纳"五险一金"。更有甚者，旅行社会在导游带团前向导游收取"人头费"，以此规避风险，反而让导游"自负盈亏"。

【思考】

(1) 团体旅游接待服务有哪些程序？

(2) 地陪导游工作的主要流程有哪些？

(3) 散客旅游接待有哪些程序？

(4) 大型旅游团队接待有什么特点？

一、旅行社团体的接待业务

旅游接待业务是旅行社的基本业务之一，是旅行社在对客接待服务方面进行综合管理的过程，其主要宗旨是保证向游客提供高质量的接待服务。

（一）团体旅游接待服务的特点

团体旅游接待是指旅行社根据事先同旅游中间商达成的销售合同规定的内容，对旅游团在整个旅游过程中的交通、住宿、餐饮、游览参观、娱乐和购物等活动提供具体组织和安排落实的过程。

不同类型团体旅游接待业务有以下三个共同特点。

1. 计划性强

团体旅游一般均在旅游活动开始前由旅行社同旅游者或者旅游中间商签订旅游合同或旅游接待协议。这种合同是契约性文件，除了不可抗拒的原因，旅行社不得擅自改变旅游团的旅游线路、旅游时间、服务等级等。否则，旅行社违约，需要对旅游报名者进行赔偿。对于旅游线路途中所经停的各地接社来说，它们还必须根据组团旅行社下达的旅游团接待计划，制订旅游团在当地的活动日程。由此可见，旅游团体接待在进行之前，所有的行程及其他安排等都是已经计划好的，导游或者其他工作人员只需要按照计划行事就可以。

2. 技能要求高

由于团体旅游的人数多，需要在有限的旅游期间相互适应，因此旅行社需要选派讲解技能、人际交往技能较高的导游人员来做接待工作，这些导游人员可以是比较有经验的导游人员，经过了时间的磨炼后，很多导游人员的技能相对都比较高，能够把握好整个旅游团的步伐。

3. 协调工作多

团体旅游接待是旅游接待中一项综合性很强的旅行社业务，需要旅行社在接待过程中及接待工作开始前和结束后与多方进行大量的沟通和协调。只有经过了多方的沟通与协调后，团体旅游接待的工作才能够顺利进行。

协调的各方工作大致有以下几个方面。

1) 旅行社与其他旅游服务企业

旅行社要与许多其他旅游服务企业共同协作才能完成团队旅游接待工作。例如，旅行社与酒店、旅游景区、相关交通部门等联系沟通好后，才能够保证旅游团接待的正常运作。

2) 各地旅行社工作人员

团体旅游接待往往有旅游团领队、全程陪同导游人员和目的地（地方）陪同导游人员。他们既要维护各自旅行社的利益，又要共同维护旅游者的利益，因此需要经常就接待中出现的问题进行磋商、相互协调等，确保接待工作的正常进行；同时也要保证游客对接待工作的满意，以免出现游客投诉等不好的现象。

3) 导游陪同与旅游者

旅游团内的旅游者来自五湖四海，各有不同的生活经历和习惯。导游陪同在接待的过程中，务必要与游客及时沟通，有问题要及时进行协调，保持旅游团气氛的和谐友好，给客人的行程留下一份美好的回忆，同时也是在游客面前树立旅行社的形象。

(二)团体旅游接待的服务程序

团体旅游接待业务包括旅游团抵达前的准备、旅游团抵达后的实际接待和旅游团离开后的总结三个阶段。相关的工作人员一定要做好团队接待的各个服务程序,给团队留下良好的印象。无论是全陪、地陪还是领队,团体旅游接待的服务大致有以下三个程序。

1. 旅游团抵达前的准备

在旅行团抵达目的地前,全陪、领队以及地陪都要做好相关的准备工作,以充分的准备来接待相关的团队,为团队提供职业的接待工作,避免在接待过程中出现不必要的错误,以免对游客的情绪和旅行社的形象造成不良影响。

导游人员接待团队前的准备工作包括业务上的准备,例如,研究接待计划、核对接待计划、安排活动日程、落实接待事宜等;知识准备,例如,交通知识准备、话题准备、语言的准备、景点相关知识准备等;心理准备,例如,准备面临艰苦复杂的工作,准备接受抱怨和投诉等;物质准备,例如,工作证、业务用品、个人旅游用品等;形象的准备,要以良好的形象接待团队。当然全陪、领队以及地陪在团队到达目的地前,各自要做的准备工作会有所不同,具体的内容会在后续部分谈到。

2. 旅游团抵达后的实际接待

旅游团抵达后的实际接待工作包括食、住、行、游、购、娱等方面。在实际接待过程中,全陪、地陪和领队的各自职责是不尽相同的,无论是哪个角色,各自都要根据自己的工作职责和团队的接待要求,在具体的实际接待工作中把接待工作做好,使得客人满意,旅途开心。例如,在吃的方面,能为客人提供符合接待计划要求的用餐;在住的方面,能够为客人提供符合住宿要求的酒店,在分房时能够给一个家庭的客人更加人性化地分房,为客人提供贴心的服务等;在游览方面,导游能够为客人提供比较满意的讲解等导游服务,并且能够根据客人的需求,提供个性化服务等。

旅游团队接待工作是一项独立性很强的工作,导游人员远离旅行社在外接待团队,团队接待的质量如何,靠的是导游人员的职业能力和工作责任心等。作为全陪、领队以及地陪等导游人员,务必要以高度的责任心去做好旅游团队的实际接待工作。

3. 旅游团离开后的总结

旅游团离开后,导游员并不是完成了团队的接待工作。全陪、领队以及地陪等还有相关的后续工作要完成,例如,写陪同日记、账单报销等;如果在接待过程中出现了问题或者事故,导游人员需要对接待过程中的各种问题和事故、处理的方法及其结果、旅游者的反应等进行认真总结,必要时应写出书面总结报告。此外,如果团队对接待工作有投诉,导游人员也要做好相关的总结工作,把以后的工作做得更好,避免以后出现同样的问题,影响接待质量。

(三)地陪的工作流程

地陪是导游人员(全陪、出境领队、地陪)的一种,也是对导游职业素养要求最高的。地陪的工作服务大概分为以下几个环节。

1. 旅游团抵达前的准备阶段

旅游团抵达前,地陪要熟悉接待计划,落实接待事宜,做好相关的物质准备。《导游服务规范》(GB/T 15971—2010)要求:

(1)上团前,导游要认真查阅接待计划及相关资料,准确地了解该旅游团(者)的服务项目、要求及全面情况,注意掌握其重点和特点,重要事宜作好记录。

(2)做好个人物品准备:上团前,导游要做好必要的物质准备,带好接待计划、导游证、胸卡、导游旗、接站牌、结算凭证等物品。

（3）落实接待事宜：旅游团（者）抵达的前应与各有关部门或人员落实、核查旅游团（者）的交通、食宿、行李运输等事宜；长线团应同地接社取得联系，互通情况，妥善安排好有关事宜。

此外，还要做好心理准备，做好准备面临艰苦复杂的工作，准备承受抱怨和投诉。

2．旅游团抵达后的迎接服务阶段

旅游团抵达后，地陪导游需要做好迎接服务的工作，确认旅游团所乘交通工具抵达的准确时间，与旅游车司机联络，致欢迎词，首次沿途导游，与全陪导游确认核对旅游行程是否一致等。

3．导游讲解及生活服务阶段

导游讲解及生活服务阶段的工作包括协助办理入住手续，途中导游、景点讲解，安排好各处餐饮服务、送行服务等。

4．旅游团离开后的总结

旅游团离开后的总结工作包括处理遗留问题、结账及相关的总结工作。地陪导游的具体工作流程见表3-1。

表3-1　地陪导游的具体工作流程

阶段	地陪的工作流程
旅游团抵达前的准备阶段	（1）熟悉接待计划； （2）落实接待事宜； （3）做好知识准备、心理准备和物质准备等
旅游团抵达后的迎接服务阶段	（1）确认旅游团所乘交通工具抵达的准确时间； （2）与旅游车司机联络； （3）再次核实旅游团抵达的准确时间； （4）与旅游车司机联络； （5）持接站标志迎候旅游团； （6）认找旅游团； （7）核实实到人数； （8）集中清点行李； （9）集合登车； （10）致欢迎词； （11）首次沿途导游
导游讲解及生活服务阶段	（1）协助办理入住手续； （2）带领团队用好第一餐； （3）宣布当日或者次日活动安排； （4）照顾行李进房，安排好叫早餐服务； （5）途中导游，景点讲解； （6）安排相应的社交活动； （7）安排一定的购物活动； （8）安排好各处餐饮服务； （9）送站前准备； （10）离店服务； （11）送行服务

续表3-1

阶段	地陪的工作流程
旅游团离开后的总结	(1)处理遗留问题； (2)结账； (3)做好旅游团在当地活动期间的总结工作,并填写"地方陪同日记"

(四)全陪的工作流程

全陪的主要工作是协调、联络、监督接待社和目的地陪同导游人员的工作,其服务流程包括以下步骤。

1. 服务准备

全陪在接团前的服务准备工作包括以下几个方面。

(1)熟悉接待计划。

导游员拿到旅游团接待计划后,要认真仔细地阅读接待计划的内容。例如,出团计划一般会在出团的前一天下午拿到,出团计划一般会装在信封里,称为"任务袋"。"任务袋"中的内容包括两份计划表(俗称"大卡"),客人行程表,客人名单表,散客团的座位表(空白,单位包团无),所需的签单纸,散客团迎宾用的举牌(单位包团无),某些景点的确认传真,某些景点所需的购票证明。

导游拿到计划后,需要了解以下相关内容:

①记住旅游团的名称(团号)、国别、人数和领队姓名;

②了解旅游团成员的种族、职业、姓名、性别、年龄、宗教信仰、生活习惯,了解团内较有影响的成员及需特殊照顾的对象和知名人士的情况;

③掌握旅游团的行程计划,抵离旅游线路各站的时间、所乘交通工具的航班次、交通票据是否订好或是否需要确认有无变更。

熟悉主要参观游览的项目:

①了解全程各站安排的文娱活动、风味餐、额外游览项目及是否收费;

②摘记有关地方单位的电话号码及传真。

(2)做好物质和相关知识的准备。

(3)详细了解有关情况。

(4)与首站接待社联系。

此外,拿到接待计划后,还需要打电话通知客人,简称"通团"。通过"通团",提醒客人出团集合的时间、地点以及出团前的注意事项,例如,带身份证等。此项工作非常重要,是顺利出团的必要保证,也是该旅行社回访评价导游带团质量的指标之一。

2. 首站接团服务

全陪在首站接团服务的工作包括以下几个方面:

(1)接团前,全陪应向接待社了解本站即将得到的热情友好的接待,让旅游者有宾至如归的感觉;

(2)全陪应提前半小时到接站地点与地陪一起迎候旅游团;

(3)全陪向领队自我介绍后,与领队核实实到人数、行李件数、住房、餐饮等方面情况,协助领队向地陪交接行李;

(4)致欢迎词(表示欢迎;自我介绍,同时将地陪介绍给全团;表示提供服务的真诚愿望,预祝旅行顺利、愉快)。

3. 入住酒店服务

全陪在入住酒店服务的工作包括以下几个方面:

(1)积极主动地协助领队办理住店手续。

(2)请领队分配住房,但全陪要掌握住房分配名单并与领队互通各自房号以方便联系。热情引导旅游者进入房间。

(3)如地陪不住酒店,全陪要负起全责,照顾好旅游团;掌握酒店前台的电话号码与地陪紧急联系的方法。

(4)为旅游者领取印有酒店地址和电话的卡片,并发给旅游者。

4. 核对商定日程

全陪在核对商定日程的服务工作包括以下几个方面:

(1)日程商定后请领队向全团宣布;

(2)与领队核实出境机票,并协助确认;

(3)如与境外组团社已经订妥国内段机票并由领队自带的,应尽快请接待社核实航班号确认机座;

(4)核对旅游者签证的有效期是否与旅游团在华日期一致。

5. 各站服务

全陪在各站的服务工作包括以下几个方面:

(1)全陪应向地陪通报旅游团情况并协助地陪工作。若活动安排有重复,应建议地陪作必要调整。

(2)如发现住宿安排、饮食卫生、标准及导游服务等方面的问题,全陪应及时向地陪提出。

(3)保护旅游者的安全,预防和处理各种事故。

(4)为旅游者提供满意细心的导游服务,并且当好购物顾问。

做好联络工作:一是做好领队与地陪,旅游者与地陪之间的联络、协调工作;二是做好旅游线路上各站间,特别是上下站之间的联络工作。

6. 离站服务

全陪在离站时的服务工作包括以下几个方面:

(1)提前提醒地陪落实离站的交通票据及离站的准确时间。

(2)离站时间有变化,全陪要立即通知下一站接待社或本站接待社通知,以防空接和漏接。协助领队和地陪办理离站事宜;向领队讲清航空、铁路、水路有关托运或携带行李的规定,超重部分按章缴纳行李超重费;向旅游者讲明我国有关行李托运的规定,帮助有困难的旅游者捆扎行李,请旅游者将行李上锁;协助领队和地陪清点旅游团行李,与行李员办理交接手续。

(3)妥善保管票据。

7. 途中和抵达服务

全陪在途中和抵达时的服务工作包括以下几个方面。

1) 途中服务

(1) 乘交通工具前,全陪事前请领队分配好登机卡或包间、卧铺铺位;如途中有需要,请与餐车负责人联系。

(2) 在运行中,全陪应提醒旅游者注意人身财产安全;安排好旅游者的饮食和休息;保管好相关的票据,抵达下站时将其交给地陪。

2) 抵达服务

(1) 将抵达下站时,全陪应提醒客人整理好个人物品下机后,凭行李托运卡领取托运行李;出站时全陪应举旗走在前面。

(2) 向地陪介绍领队和旅游团情况,并将计划的要求告知地陪;清点人数,组织旅游者上车。

8. 末站服务

全陪在末站的服务工作包括以下几个方面:

(1) 协助领导确认出境票;

(2) 提醒旅游者带好自己的物品和有关证件;

(3) 提醒旅游者提前结清各种费用;

(4) 征求旅游者的意见或建议,并请领队请旅游者填写征求意见表;

(5) 致欢送词;

(6) 介绍公司的其他旅游产品,做好各方面的推销工作。

9. 后续工作

旅游行程结束后,全陪的工作并没有结束,全陪还有以下的后续工作需要完成:

(1) 旅游团离境后,全陪应认真处理好团队遗留的问题;报销差旅账费。

(2) 结清各种账务,填表交财务报销;归还所借物品。

二、旅行社散客接待业务

散客旅游又称自助或半自助旅游,在国外称为自助旅游。它是由游客自行安排旅游行程,零星现付各项旅游费用的旅游形式。散客旅游也并不意味着只是单个游客,它可以是单个游客,也可以是一个家庭或几个亲朋好友,还可以是临时组织起来的散客旅游团,人数通常少于旅游团队。

(一) 散客旅游接待服务的特点

随着旅游业的不断发展,散客旅游越来越受到游客的青睐,散客旅游越来越多。因此,对散客旅游接待服务的要求也就越来越高。

旅游者自身日渐成熟,随着经验的积累,远距离旅行的能力也越来越自信,他们不再将旅游视为畏途,而是作为日常生活的一个组成部分,用以调节身心、恢复疲惫和增长阅历。散客旅游对旅游服务的效率和质量的注重往往比团体旅游的游客更甚。根据散客旅游的特点,旅行社对散客旅游的接待具有以下特点。

1. 增加旅游产品的文化含量,提供个性化服务

散客旅游是一种自主的旅游形式,参加散客旅游的游客一般都是知识面广、对旅游期待较高的旅游者,更希望享受到自己未曾感受到的见闻。正因为这样,为了满足散客的需求,旅行社在为他们设计旅游产品时,要特别增加旅游产品的文化含量,使得这些旅游产品具有

较高的文化内涵和地方特色或者是民族特色产品,满足散客追求个性化、满足好奇心、拓宽视野的要求。

除了旅游产品要增加文化含量,旅行社在给散客分派导游时,也务必要为他们提供知识面广、文化素养高的导游人员,以丰富他们的知识领域。

2. 建立计算机网络化预订系统

散客旅游者的购买方式多为零星购买,随意性较大。因此,旅行社的预订系统必须要迅速、高效、便利、准确地运行,这样才能够满足散客购买者的要求,为他们提供方便快捷的服务。为此,旅行社应采用以计算机技术为基础的网络化预订系统,这样不仅可以方便游客,还可以拓宽旅行社的业务,增强经济效益。

3. 建立广泛、高效、优质的旅游服务供应网络

散客旅游者多采用自助式的旅游方式,在旅游过程中,他们的计划经常会发生变动,对于旅游目的地的各类服务设施要求较高。为此,对旅行社提供的旅游服务项目在时间上要求快,对旅游服务质量要求较高。为满足散客这一特点,旅行社务必建立广泛、高效、优质的旅游服务供应网络,以满足游客的需求。

(二)散客旅游接待程序

旅行社散客旅游接待服务的程序是指受组团社的委托,根据双方长期协议或者临时约定,由地方接待旅行社向外地组团社发来的散客团体提供的旅游接待服务。只要是组团社发送来的散客,一人也可以享受散客团的待遇。

散客旅游接待从业务洽谈开始到游客行程结束,有以下的接待服务程序。

1. 咨询洽谈

在旅游者决定购买旅行社旅游产品前,旅游者会通过各种方式向旅行社工作人员进行咨询了解相关信息,例如,通过电话咨询服务、信函咨询服务以及人员咨询服务等。因此,在这个阶段,旅行社工作人员主要是与旅游咨询者进行咨询洽谈工作,旅行社接待员回答旅游者关于旅行社产品及其他旅游服务方面的问题,并向其提供购买本旅行社有关产品的建议。

2. 签订合同

签订合同是每一个在旅行社报名的旅游者在出行前都要和旅行社签订的协议,这是对旅游者的保障,也是对旅行社的一种保障。当旅游咨询者决定购买相关的旅游产品后,旅行社会向旅游咨询者出示相关的旅游合同,旅游合同里明确标示了旅游者和旅行社在该次旅游行程中各自的责任和义务,以及其他的事项等,旅游者在认真阅读无异议后将和旅行社签订该份合同。

3. 采购旅游产品

旅行社针对游客提出的要求对相关的旅游产品等进行采购。旅行社及时给散客旅游者采购或者预订符合散客旅游者要求的酒店、餐馆、景点、文娱场所、交通部门等,使得散客旅游者的行程能够按时顺利进行。

4. 选派导游

在散客旅游者的旅游行程开始之前,旅行社需要为散客旅游者分派导游,在游客整个行程中,导游为其提供满意的导游服务,包括食、住、行、购、娱等方面的服务。散客旅游的接待工作难度较大,旅行社需要为其配备经验比较丰富、独立能力较强的导游人员。

5. 导游人员的接待工作

在接待过程中,导游人员应组织安排好各项活动,随时注意旅游者的反应和要求,在不违反旅游者承诺和不增加旅行社经济负担的前提下,对旅游活动内容做适当的调整。

导游人员的接待工作包括接站准备工作、接站服务、入住与交通服务、参观游览服务、送站服务等。

三、大型旅游团队和特种旅游团队的接待业务

旅行社除了一般的团体旅游接待和散客旅游接待,还有大型的旅游团队和特种旅游团队的接待。这两种旅游团队的接待与一般的团体旅游和散客接待不同。了解这两种团体旅游服务接待的特点和接待服务的操作,可以更好地为游客提供优质服务。

(一)大型旅游团队接待服务的特点

为了能够提供满意的旅游服务,需要了解大型旅游团队接待服务的特点。

1. 接待难度高

大型旅游团队的利润一般较高,而且对旅行社提高知名度有极大帮助,但是其接待难度也比一般观光旅游团队要高。因为大型旅游团人数多,活动项目多,活动主题性强,甚至要求一些特殊的节目或待遇。例如,安排群众性的欢迎、欢送场面,组织联欢会或专场文艺演出,安排领导会见和举行大型宴会等,因此无论是对于行程开始前的旅行社,还是接待的导游而言,接待难度都是比较高的。

2. 任务重,影响力大

大型旅游团旅行时有时要安排专机或专列,活动时要安排大型车队,租用大型会场和厅堂,住大型酒店甚至必须分住几个酒店,因此旅行社必然面对的是此类团体旅游的接待影响面广、工作强度大、安全保卫工作任务重的现实。如果旅行社能够顺利成功地接待如此大的旅游团队,那么对于提高旅行社的社会地位和社会影响力是极其有帮助的。

3. 涉及面广

接待社要有足够的前期时间做好准备工作。因为大型团体旅游的接待涉及面广而且复杂,往往不是旅行社一家所能承担的,还要依靠外事、公安、文化、教育、科技、经济、宗教、交通、保险等许多单位的支持协助,甚至有时要请有关专业单位负责旅游团的专业活动。正是因为大型团队接待难度高、任务重、影响力大,所以接待这一类型的团队,涉及面也很广。

(二)大型旅游团队接待服务的要求

大型旅游团队的操作不是一件容易的事情,因为人数多、规模大等,如果工作不当,会造成较严重的后果,甚至影响接待社在社会上的声誉和地位。因此,相关工作人员需要对大型旅游团队接待服务有较熟悉的了解,并且要了解大型旅游团队接待服务和要求。

1. 有序接待

由于大型旅游团队的人数多,各方面的安排相对比较复杂,因此要做好充分的准备,做到有序接待,多而不乱。

1)化整为零,分而不散

如果团队住在不同的宾馆,那么可以分成若干个小团来完成旅游活动,甚至各小团的行程都可以不同。例如,两团之间第一天和第二天的行程可以对调,这样可以避免在一些比较小的景点游客堆积太多,从而影响旅游质量。

如果把团队化整为零,就必须在团队到达前做好充分的准备。把人数合理分割,并把各小团安排的导游人员和司机通知给组团社。

2)统一指挥,分工合作

大型团队由于人多、车多、导游人员多,虽然有时候各个小团"各自为政",但是也有不少时候需要统一行动,这就需要在各团间有一个为主调度的导游;必要时甚至可派一名导游专门协调各团队之间的行程进度,并协调其他相关部门,例如酒店、餐馆等的专门人员。

有人统一调度后,还是需要各团队间的服务人员能分工合作。例如,在景点参观的时候,由于人数众多,有时候导游不一定能让自己所带团队的成员都听清讲解,这时候可以采取分段讲解法,各导游人员把景点分成几个部分,各自在部分景点上反复讲解;或采取分批讲解法,根据总团队游客快慢的速度,把所有的游客分为快团、中团、慢团,进行分批讲解,最后统一集合。这样,能让更多的游客听到讲解,从而更好地参观景点。

3)准备充分,落实稳当

大型团队在预订房间、餐厅、车辆的时候就要考虑到人数比较多的问题。有的宾馆不一定能住下团队所有的游客,有的餐馆也不一定能同时容纳所有的游客就餐,为了防止"撞车"事件,就需要提前分散预订。

出团时,导游人员应做好相应的物质准备,必须持证上岗,携带计调单、导游旗、喇叭、意见反馈单等相关物品。除此之外,大型团队的导游人员还应该准备下列物品:旅游车编号、带有小团编号的导游旗、分发给游客的标志、用餐桌签等。

2. 严格控制

大型旅游团队的规模庞大,为了确保旅游行程的顺利进行,防止意外的出现,相关负责人要加强对团队的控制,使旅游团队始终处于控制状态,具体做法有如下几种。

1)加强与领队、全陪的合作

地陪与全陪、领队是以遵守协议为前提进行合作共事的工作集体,他们的关系是合作伙伴关系。处理好这种关系,是旅游团队旅行活动顺利进行的重要保证。

一般来说,全陪、领队都深知与地陪合作是带好旅游团的重要保证。为了搞好与全陪、领队的关系,地陪应从下列几方面努力:要尊重他们,支持他们的工作;互相沟通,避免正面冲突;不卑不亢,有理、有利、有节。

大型团队很容易发生游客走失、丢失财物等意外情况。为了减少、杜绝此类情况的发生,就需要地陪与全陪、领队合作。大家分清自己的责任,通力合作。一般来说,在团队行进过程中,地陪领头并讲解,全陪负责查看游客动向,以防走失。在团队入住的时候,由全陪、领队分发房卡等。

2)做好安全保障工作

旅游安全是旅游业发展的基础,是旅游业的生命线。"人命关天",旅游安全是旅游活动中关系全局的大事,安全胜于一切,安全压倒一切,安全决定旅游活动的成败。为此,在导游过程中保障旅游者的人身和财产安全,是导游服务的头等要事。特别是大型团队,人多、人员构成复杂,导游人员对此更不能有任何麻痹思想,不能存有任何侥幸心理,一旦出现事故苗头和安全隐患,不能有任何怠慢,因为任何麻痹、侥幸与怠慢都有可能酿成大祸,尤其是对旅游者的人身安全,导游人员必须做到万无一失。

3)使旅游团的活动始终处于控制状态

(1)要能分清自己所带团队的游客。在大型团队中很多游客彼此都是熟人,常常发生"串门"的事情,有些混乱团队整个行程下来还不清楚总体人数的,就是因为游客在旅游过程中甲车的游客跑到乙车,乙车的游客又跑到丙车……

(2)导游人员必须做出详细的计划,在做计划的时候还要把游客可能拖延的时间考虑进去,尽量让游客按既定计划完成行程。

(3)各车导游要及时相互联系,协调行动。

(4)最重要的就是要不停地提醒游客遵守活动时间,激发他们的团队精神,相互帮助,相互提醒,不要出现走失等情况。否则,导游联系再紧密,游客不配合也是枉然。

(三)大型旅游团队接待服务的操作

大型旅游团队接待服务的操作有以下步骤。

1. 接站

旅游团(者)所乘班次的客人出站时,地陪要设法尽快找到所接旅游团(者)。地陪要举接站牌站在明显的位置上,让领队或全陪(或客人)前来联系;或主动询问,问清该团领队(或客人)姓名、人数、国别、团名;大型旅游团还要问清团号,一切相符后才能确定是自己所要接待的旅游团。

2. 入住酒店

旅游团(者)抵达酒店后,地陪可先在酒店大堂内指定位置让旅游者稍作等候,并尽快向酒店总服务台讲明团队名称或旅游者姓名(散客)、订房单位,注意各小团队房号可以预先分配好;帮助填写住房登记表,并向总服务台提供旅游团(者)名单,拿到住房卡(房间号)后,再请领队分配房间和分发房门钥匙(或磁卡);最后,地陪应掌握所接待旅游者的房间号,尽量让各小团队不要混淆。

3. 用餐

应提前请餐厅准备好部分菜肴,否则大批游客涌入,会导致上菜速度缓慢。到达餐厅时,导游员亲自带领旅游者进入餐厅,向餐厅领座服务员询问本团的餐桌号,然后引领旅游团(者)成员入座,并不时查看游客用餐情况。

4. 登车出发

地陪应提前10分钟到达集合地,并督促司机做好各项准备工作提前到达。客人上车时,地陪应恭候在车门一侧,热情地招呼客人。待旅游者上车后,地陪应礼貌地清点人数(切忌指点客人)。一切准备妥当后,地陪可示意司机开车,并进行途中导游、讲解。

5. 游览讲解

抵达景点时,下车前地陪应向旅游者讲清该景点停留时间以及参观游览结束后的集合时间和地点;提醒旅游者记住旅行车的型号、颜色、标志、车牌号;在进景点门前,地陪应向游者讲解游览线路,提醒游览注意事项;在景点导游过程中,地陪应保证在计划时间和费用内,使旅游者充分地游览、观赏,做到导和游相结合,适当集中和分散相结合,劳逸结合;为防止旅游者在游览中走失,除了做好上述提醒工作,还须做到时刻不离旅游者,并注意观察周围环境,特别关照老弱病残的旅游者,应与领队、全陪一起密切配合,随时清点人数。

6. 送团

地陪应在旅游团离开的前一天与领队、全陪商定出托运行李的时间,并通知每一位旅游者;提醒、督促旅游者尽早与酒店结清所有自费项目账单,否则在最后送团时结账很可能会拖延相当长的时间。此外,地陪在送团时应提前相应时间到达交通港。

7. 结束

全部接待工作结束后,还要注意处理好遗留问题。如结清本次团队所有的往来账目;报销差旅费;归还所借用的物品;收集整理旅游者的意见建议;处理游客投诉;撰写接团总结等。只有将所有这些工作全部做完做好,接团工作才算圆满结束。

(四) 特种旅游团队接待服务的特点

特种旅游团队是指全团成员具有同一体质特征或同一特殊旅游目的的旅游团,例如专业人士团队、宗教型团队、探险旅游团队、老年人团队、青少年团队、残疾人团队等由特殊游客组成的旅游团队。

特种旅游团队接待服务具有以下特点。

1. 针对性强

特种旅游团队种类很多,导游人员应熟悉和掌握各类旅游团队的特点和服务要点,储备好相关的信息和知识,根据团队人员构成的特点提供针对性的服务,不能够千篇一律。由于不同种类特殊旅游团成员的年龄、职业等不同,因此要针对各个旅游团队的特殊情况,提供有助于该团队成员特征的服务。

2. 对行为和知识要求较高

特种旅游团队包括各种团队,每种团队都具有同一体质特征,因此在给他们提供服务的时候,要尤其注意与该团队成员的交谈,不要和他们谈到该团队比较敏感的话题,对他们造成冒犯,例如宗教团队、残疾人团队等,行为要比较谨慎。此外,例如政务型团队、超豪华型团队等,由于这些团队人士的文化素养较高,因此在接待他们时务必充分做好相关知识的准备,给他们的旅途带来全新的体验和感受。

(五) 特种旅游团队接待服务的操作

对这类特殊旅游团队的接待,除按普通旅游团队服务程序操作外,还应根据每个团队不同的特点,采取更个性化的接待方式,才能获得最佳的效果。

1. 专业人士考察团的接待服务

专业人士考察团是指具有某一方面专业的考察队伍,接待该种考察团时,要根据该考察团的特点进行操作。

1) 专业人士考察团的主要特征

专业人士考察团的主要特征:考察团成员具有较多的相关专业知识,旅游的目的明确,观察细致。

2) 专业人士考察团接待服务的操作

接待专业人士考察团,导游人员要克服畏难情绪。许多导游人员都怕带专业人士考察团,因为导游没有对某类知识研究十分透彻的经验。但是,专业人士并不是在各个领域中都专业,作为地陪,比专家更加了解本地,对于专家不熟悉的方面,导游人员也有相当的发言权。

做好知识准备,包括对该专业(领域)进行一定的了解,收集有关资料,掌握背景知识,针对考察的具体对象做重点准备。

在讲解的时候,不要求能讲多深刻,但是所讲的内容必须正确。另外,针对专家所精通的内容,尽量避免讲解;还有就是不要讲些大家都知道,特别是专家都知道的东西,而应该讲此处景点不同于其他景点的特点。

游览时,要保证充足的游览时间。专业人士考察团一般都有自己的研究目的,并非一般游客走马观花,正常参观后,还应该留出一定的时间自由活动。

2. 宗教旅游团的接待服务

宗教旅游是指一种以宗教朝觐为主要动机的旅游活动。自古以来,世界上三大宗教(佛教、基督教和伊斯兰教)的信徒都有朝圣的传统。其中麦加是所有宗教旅游中规模最大、朝觐人数最多的一处圣地。

1)宗教旅游团的特征

宗教旅游团的特征是目的明确、时间严格、禁忌较多、游客总体而言待人宽容等。

2)宗教旅游团接待服务的注意事项

接待宗教旅游团时,导游应提高政策意识,加强请示汇报,认真落实有关活动日程,尊重宗教习惯,组织好有关活动等。

3. 探险旅游团的接待服务

探险旅游包括山岳探险旅游、沙漠探险旅游、峡谷(洞穴)探险旅游、漂流(潜水)探险旅游以及高原探险旅游等。

1)探险旅游团的特征

探险旅游团最大的特点是喜欢多动多看,他们对旅游有一种特殊的偏爱,在旅途中也时常表现出激动、好奇和热闹。因此,导游人员带领探险旅游团进行参观游览时,应根据团员的特点,在不违反旅游接待计划的基础上,尽量满足他们"合理而又可能的要求",使旅游活动能顺利健康地开展下去。此外,探险旅游团还具有目的特殊、成员意志坚定、配套装备较多、专业性较强、风险性较高等特点。

2)探险旅游团接待服务的操作

首先,带领探险旅游团的关键在于导游人员本身要充满朝气活力,要善于组织和了解他们的心理活动特点。他们到达旅游景区后,往往表现出与众不同的渴望和向往心理,因此他们想多一点自由活动的时间,想多去一些别人没去过的地方,这已经成为探险旅游团最大的需求。

其次,随着旅游活动的进一步开展,游客之间得到了进一步的交流和了解,此时,他们会变得熟悉和热情起来,他们还特别喜欢开玩笑,提出各种各样、名目繁多的奇异问题。这时候是导游人员最难带团的阶段。因此,导游人员的基本做法是尊重游客、热情服务、讲有特点、做有规矩、等距交往、有紧有松、导游结合。

最后,导游人员要控制好整个团队的旅游节奏,包括做好思想工作和组织工作,一定要有较强壮的身体和相关的专业知识,做好充分的物质准备,果断地处理问题。

4. 夕阳红旅游团的接待服务

夕阳红旅游团一般是由单位、社区组织的,也有自发组织和自愿参加旅游团的。导游人员在带领这种旅游团进行参观游览时,应根据老年人的特点因人而异地做好讲解介绍工作。

1)夕阳红旅游团的特征

老年人的特点是喜欢思古怀旧,希望得到尊重。在旅游活动过程中,希望导游人员与他们多沟通、多交流,他们最怕的是寂寞。夕阳红旅游团行程舒缓,对讲解要求较高。

2）夕阳红旅游团接待服务的操作

考虑到老年游客自身的特点，旅游行程安排不宜过紧，活动量不宜过大，人数不宜过多。最好选用经验丰富、有一定医护经验的导游人员带队，并注意从细节上为老年旅游者提供贴心的服务。例如，安排的住宿要尽可能的舒适，餐饮要卫生；要避免安排游览的时间过长，游玩中要注意适当休息，以免疲劳过度。

旅行社应建立针对老年旅游团的专项应急预案。通过行前说明会、发放安全提示小卡片、配备随队医生等方式采取必要的安全防范措施，保障老年游客的人身财产安全。加强对领队和导游的安全培训、急救培训，在旅游途中对可能危及老年游客人身财产安全的事宜，及时作出真实说明和明确警示，并采取必要措施。一旦发生紧急事件，立即上报旅游管理部门。导游人员接待夕阳红旅游团要为他们提供耐心细致的服务，在生活上关心他们，游览中要留心，服务上要耐心。

5. 少年旅游团的接待服务

少年旅游团一般是由学校组织的，也有自发组织和自愿参加旅游团的。导游人员在带领少年旅游团进行参观游览时，应根据少年的特点，因人而异地做好讲解介绍工作。

1）少年旅游团的特征

少年的特点是精力充沛，好奇心强，社会阅历和经验少，容易冲动。在旅游活动过程中，他们一般与导游人员沟通较少，希望自己探索，或与朋友一起欣赏。

2）少年旅游团接待服务的操作

导游人员在带领少年旅游团进行参观游览时，其首要任务是安全问题。导和游的工作都要突出一个"安全"，讲解介绍时速度要适中，声音要响亮，服务态度要热情和周到，更要提醒他们注意安全。因为青少年的心智尚未成熟，对外界的判断力不强，有可能因为好奇心而导致一些意外的发生。

整个旅程安排要对少年有吸引力，尤其是满足他们强烈的好奇心，参观游览完一个景点后要适当给他们一些自由活动的时间。导游在讲解技巧上要多运用形象、生动、比较时尚的语言，能够吸引他们的注意力，让他们与导游产生共鸣，缩短两者的距离。少年旅游团的接待要做到合理安排行程，行程要有吸引力；提供耐心细致的服务，游览中要留心，服务上要耐心。

6. 残疾人士旅游团的接待服务

残疾人士旅游团的成员都是在生理上有缺陷的人士，因此在接待他们的时候，要尤其为他们的行动提供便利，让他们能够在旅途中顺利游览各个景点，圆满完成快乐的旅途。

1）残疾人士旅游团的特征

残疾人士由于生理上的不足，在心理上可能比较自卑，对自己没有信心，因此在接待他们的时候要有耐心，热情接待他们。但是在接待的时候又不能过分地去关心某一个人或者某一些人，因为有些残疾人士自尊心很强，他们会认为这是导游人员认为他们不能自强或者没有出息，才会给以特殊的照顾，有伤他们的自尊心。

2）残疾人士旅游团接待服务的操作

残疾人士旅游团接待应提前与所有该团要涉及的单位、景点打招呼，取得各个部门和单位的合作。此外，事先踩点弄清楚是否有障碍通道，或者也可以通过与相关景区等部门电话联系，了解无障碍通道情况，如果没有，要准备好帮助抬车的足够人手；导游人员要有较强的责任心,并且说话要谨慎,以防伤及游客自尊心。

7. VIP 旅游团接待服务

VIP 旅游团(高标准团)接待要有别于一般旅游团队。由于接待对象的重要性,旅行社在接待标准、接待规格、接待项目等方面要提供个性化服务。

这些个性在服务上主要体现在以下几个方面:

1)行程安排上

(1)在销售与客户询价时首先要考虑行程的安排。VIP 旅游团要求行程轻松,如果对方要求的行程中有不合理或者太紧促的行程,要提议更改。

(2)VIP 旅游团的机动性较大,行程安排上要留有机动的空间。

(3)确认团队是否购物,一般 VIP 旅游团都是无购物的。

(4)行程中有可能会有考察与参观,应事先落实考察与参观的地点。

(5)建议在车上带足饮用水,以供给客人车上用水。

2)接站时

(1)要有接站牌,上写:"接某某等贵宾一行"。

(2)必要时要有鲜花接团,要让客人在刚出站时就感觉特别地受重视。

3)入住酒店服务

(1)销售在接受客户询价时就要询问清楚此团的重要性;如果确认是 VIP 旅游团,预订酒店时,就要找相对这个团等级标准更高些的酒店。

(2)落实团队中有无大领导;如有,确认是否要给领导准备大床房或套房。

(3)在酒店中放置新鲜水果与欢迎牌(可用温馨的粉色纸张印,并写上欢迎词);如可能的话可天天放,如果条件不允许,可在接团当天放置。

(4)VIP 旅游团要求酒店在大堂放置迎接水牌,必要时开设 VIP 专用电梯。

(5)入住时尽量做到"无缝隙"入住,尽量缩短入住手续的办理时间,最好是客人一到酒店就能拿上房卡进房,尤其是大团。比如,可在客人抵达酒店前分好房,拿到客人的姓名以及身份证号码后先在酒店登记办理入住手续,提前拿到房卡,以便客人抵达酒店后即可直接入住。

4)车辆安排与服务

(1)一般 VIP 旅游团的人员都较少,建议用考斯特(考斯特是丰田汽车"豪华客车"的代名词,车厢宽敞、舒适,一般为31座或33座)。

(2)在与车队订车时,要和车队落实清楚车况、车型、车辆年数,注明团队的重要性,有无购物,并注意车况、司机态度以及司机的着装。

(3)尽管已在订车单中注明,但是在导游与司机接团前,应该交代导游先了解一下车况,是否和确认件相符;要检查车内卫生、车套是否干净,车厢内是否打扫干净,有无杂物。此外,还应注意司机的着装与打扮,最好与司机一起接团,如有问题还来得及弥补。

5)用餐服务方面

(1)VIP 旅游团的用餐标准较高,对餐厅的环境也有一定的要求,这样的团队用餐尽量避免在旅行社定点餐厅用餐。

(2)VIP 旅游团的用餐标准如果较高的话,可以在酒店用餐,可与酒店餐厅协调。

(3)在餐厅订餐后,尽量安排到包间用餐。

（4）订餐前一定要注意客人的用餐口味（地方口味）及落实全陪或领队,和餐厅交代清楚,在菜肴口味上尽量接近客人的要求。

6）导游接待服务

（1）接待VIP旅游团是否成功,最主要的就是导游方面。接待这样重要的团队要选公司实力较强的导游人员上团,这些导游人员要有丰富的知识储备,能应答上客人的大多数提问。

（2）要求导游人员有很强的应变能力,能随着客人的变化而变化。

（3）高标准团队大多是无购物团队,要求导游人员有良好的心态。高标准的团队客人都较富有,导游人员的服务到位了,客人有可能会增加景点或者给小费来感谢导游人员的服务。

（4）接待团队前,先了解客人当地的人文、特产、语言,这样在与客人交流时,有内容可讲。

（5）讲解时,要用对比的讲解法和客人的一些情况作对比,但只能抬高对方而不能贬低。

（6）对待团队中的客人要做到五勤,即腿勤、嘴勤、眼勤、手勤、脑勤;尤其是嘴与腿,让客人感觉你是真心对待他们的。

（7）带VIP旅游团时,导游人员应提供细微化服务,细节之处显示真情。

（8）在带VIP旅游团的时候可以活跃车内气氛,但不能讲黄色笑话,如客人是机关领导也不能讲政治笑话。

（9）导游人员在带VIP旅游团的过程中,要始终面带微笑,而不能板着脸孔,让客人有距离感。

（10）向客人多展示自己的才艺。自己在哪个方面有特长,就在哪方面多展现,避开自己薄弱的地方。

（11）带团过程中,对于存在安全隐患的地方,一定要多次提醒,以防万一。

（12）多征求领队与全陪的意见,千万不能擅作主张。

四、导游人员的管理

导游服务是旅游服务重要的组成部分,而导游人员是导游服务的主体。按劳动就业方式划分,导游人员分为旅行社（含导游公司）专职导游人员和兼职导游人员。专职导游人员是指与旅行社签约的、专门为该旅行社从事导游带团工作的导游,是以带团为职业的导游。兼职导游人员是指有固定职业、偶尔帮助旅行社从事导游带团活动的导游,所服务的旅行社不固定,可以有多家旅行社。

旅游服务产品是无形的,它的价值是通过导游的全过程服务来具体体现的,导游人员素质的高低与能力的强弱直接影响导游服务的质量,影响旅游者对其"游历质量"的满意程度,因此旅行社要加强对导游人员,包括专职导游和兼职导游的有效管理。

（一）专职导游人员的管理

目前多数旅行社对专职导游服务质量的监控方式主要有对游客以及与该导游合作的其他旅游企业的员工进行调查访问,发放并回收游客意见表。这些监督手段有一定的效果,但是只能保证导游旅行的基本职责,并不能激励导游从关注游客利益角度来提升游客满意度。

专职导游服务质量的制度性监管在旅行社企业层面的缺失,会造成较为严重的后果。旅行社务必采取切实可行的措施,改善专职导游人员的管理机制。具体有以下一些措施。

1. 实行公对公佣金制度,优化专职导游人员的薪酬结构

使旅游购物佣金合法化和公开化。旅游购物商场提计的佣金,必须计入销售成本;旅行社收取的佣金,应将其列入营业收入。导游个人不允许收取佣金,旅行社必须与聘用的导游人员签订劳动合同,明确劳动报酬和返回佣金比例,并纳入企业核算体系内进行规范管理。

旅行社在切实执行公对公佣金制度的基础上,与专职导游通过合同约定其基本工资、带团津贴以及回佣提成,以优化专职导游的薪酬结构。旅行社可以适当提高专职导游的基本工资和带团津贴,将专职导游的回佣提成控制在双方都可以接受的比例范围内,这样可以增加专职导游收入的相对稳定性,缓解专职导游的职业焦虑。

2. 发挥旅行社联合体作用,共同制定并执行导游服务质量标准和规范

为应对日益激烈的市场竞争,各地都已经出现了各种各样的旅行社联合体。旅行社联合体制定了各类旅行社产品的现场服务规范,在联合体内推广。例如,针对团队、散客,制定不同的标准化服务措施和程序;针对服务对象、接待要求和标准不同,制定具体的导游服务规范。

在此基础上,旅行社联合体应建立起完善的旅行社企业全新机制和专职导游人员诚信档案,对企业行为以及专职导游的个人行为进行相对透明的市场监管,对联合体内的专职导游人员进行服务质量监控。

3. 逐步推行"全员所有制",从根本上完善专职导游人员的激励和保障机制

在专职导游人员的绩效考评机制的构建上,旅行社可以实行导游人员薪酬等级制。导游人员的薪酬和导游人员被评定的等级相挂钩,实现优导优酬。

但是导游人员的职业行为是在脱离旅行社监控的真空状态下完成的,仅靠导游人员的自律,要求他们恪尽职守,尽可能完美地提供服务,近乎不可能。旅行社应该尽量谋求导游人员和旅行社之间利益的一致性,在保证企业利益的同时,要保证导游人员的长远利益。因此,旅行社要建立与导游人员"风险共担,收益共享"的机制。

除此之外,旅行社还可以采取灵活多样的激励措施,满足专职导游人员自我实现的需要,例如,把导游人员转为正式员工作为一种奖励措施。旅行社内的业务、管理乃至分社总经理等中高层管理职位应始终对专职导游人员开放,鼓励长期以来带团质量好、能力强的导游人员向内部经营管理方向发展。

同时,为免除专职导游人员的后顾之忧,旅行社还应为带团导游人员无偿提供旅游意外伤害险、为专职导游人员无偿提供全年的交通意外伤害险、与保险公司协议开发无记名团队大病医疗险等。

(二)兼职导游人员的管理

近年来,由于我国导游人员数量激增且兼职导游人员居多,而兼职导游人员与旅行社只有松散的临时雇佣关系,权利、责任、义务不明确,双方几乎完全只凭相互信任支撑,旅行社对导游人员缺乏应有的约束力。由于旅游业淡旺季差异明显,利润空间有限,旅行社为最大限度节省开支,只会配备少量的专职导游人员,旺季时旅行社的专职导游人员供不应求,就聘用大批的兼职导游人员;一到旅游旺季,整个地区的导游人员处于一种供不应求的状态,

只要有人愿意带团,就让带团;有时甚至使用未取得导游资格证书和导游IC卡的人员上团,即所谓的"野导""黑导";派团时,因个人关系因人而异,导致导游人员提供的服务质量差。导游人员是直接跟旅游者接触的,他们的导游服务质量关系本地区旅行社乃至整个地区旅游业的声誉,因此旅行社必须加强对兼职导游人员的管理。加强对兼职导游人员的管理有以下几种措施。

1. 订立合同,实行合同管理

旅行社与兼职导游签订合同,有助于增强导游人员的责任感,更好地为旅游者服务。旅行社在同兼职导游人员订立合同之前,要实行审核制度。旅行社应对其所在单位的证明、导游资格证书、思想品质、身体状况、有无民事行为的能力、有无犯罪记录等进行审核、登记,以确定是否与其签订劳动合同。

2. 实行质量保证金制度

为确保导游人员接待的质量,旅行社应在与兼职导游人员订立合同的同时,要求导游人员缴纳一定数量的质量保证金。如遇到质量事故,经调查属实的,则按规定作相应的处罚。通过缴纳质量保证金,有利于改善旅游市场秩序,保护旅行社和旅游者的合法权益;通过质量保证金制度,能够不断督促导游人员认真工作,避免工作中一些不好的情况出现。

3. 建立导游人员个人档案

旅行社的相关部门应该把所有兼职导游人员的资料录入电脑,例如兼职导游人员的年龄、性别、联系电话、获取资格证的时间、每次带团的表现情况、曾经带团去过的线路等。当旺季需要兼职导游人员时,能够从兼职导游人员的数据库中,寻找合适的导游人员。

4. 组织培训,确保兼职导游人员素质

旅行社提供的产品很重要的一部分是服务,而服务要通过人来完成,人员综合素质、服务水平的高低直接影响旅行社的信誉。现代社会的信息瞬息万变,许多旅游的相关信息也在不断更新和前进,因此旅行社应当定期组织兼职导游人员进行培训,让他们去了解最新的导游工作的信息,以提高其自身的素质和工作能力,从而更好地开展导游工作。旅行社必须改变传统的培训方式方法,采用新的培养模式,丰富培训内容,重视培训效果,增加培训的吸引力,使培训更灵活、更生动,导游人员更愿意参与。

5. 召开兼职导游人员定期例会

召开兼职导游人员定期例会可以加强各个导游之间的交流和学习,以及信息的沟通,这对兼职导游人员来说是一个很好的学习机会,能够从其他的同事中了解不同线路的一些情况、出现的问题以及如何解决等。此外,定期例会还可以让导游人员进行批评和自我批评,不断总结经验教训,找出自己的不足,为以后的工作提供借鉴,从而创造良好的团队协作氛围,形成互帮互助、互相勉励的团队精神,更有利于员工保持良好的工作心情。

除此之外,旅行社可与学校建立长期的合作关系。开设了旅游或相关专业的学校为学生提供了比较系统的理论性教育,一方面学生对旅游相关概念有一个基本系统的认识;另一方面,学生的素质也比较高,加上大多数旅游系的学生已考取导游证,这是非常好的兼职导游人员的来源;再者,学生拥有比较稳定的个人支配时间,且大多集中在学校这个营地当中,相对于社会上的兼职导游人员来说,具有相当大的固定性。对于旅行社在旺季前难以作出人手预算这点来说,学生资源恰好是一个补充。凭借与学校的合作,旅行社将能提高管理和决策的能力,并通过学校设定一系列的调查,清晰、快捷地洞悉市场的需求。

【技能训练一】

旅行社接待工作实训

训练目的

熟悉并全面掌握旅行社接待部门工作。

工作指引

(1)将全班同学分成四个小组,提前阅读实习资料的有关内容,了解实习的目的和要求,并结合《旅行社经营与管理》《导游业务》《导游基础知识》《旅游政策法规》等进行认真的准备。

(2)学生应服从指导教师与旅行社工作人员的安排,必须完成当天的实习任务,并撰写实习心得和实习报告,交由指导老师。

(3)整个实习的各个环节必须符合旅游行业规范及标准。

(4)为前来咨询的顾客提供现场咨询服务,注意与顾客的沟通和交流,根据顾客的需求,对旅游产品进行说明并提供宣传资料等;接听办公电话,提供咨询服务,注意接电话的细节和要求,并做好相关的记录;正确使用传真机,提供正确的信函咨询;向顾客发电子邮件;利用即时工具如QQ、MSN等提供网络在线咨询。

(5)在接受顾客的旅游咨询时,应时刻关注顾客的需求,注意旅游产品的推介。

(6)与顾客签订旅游合同的手续办理。

(7)代订机票、火车票等相关票据的手续办理。

(8)护照、签证的手续办理。

(9)通过电话对已参团的顾客进行客户回访,听取该顾客的意见和建议,注意发掘顾客的旅游需求。

(10)建立和利用旅行社的客户档案,对客户进行维护,如通过发信息、寄贺卡等方式巩固与客户的合作关系。

阶段性检测

能够顺利进行旅行社接待部工作。

【技能训练二】

旅行社导游人员实训

训练目的

熟悉并全面掌握旅行社导游部门工作。

工作指引

(1)将全班同学分成四个小组,提前阅读实习资料的有关内容,了解实习的目的和要求,并结合《旅行社经营与管理》《导游业务》《导游基础知识》《旅游政策法规》等进行认真的准备;

(2)学生应服从指导教师与旅行社工作人员的安排,必须完成当天的实习任务,并撰写实习心得和实习报告,交由指导老师;

(3) 整个实习的各个环节必须符合旅游行业规范及标准；
(4) 熟悉带团计划书，掌握小喇叭等的使用，做好带团前的物质准备；
(5) 熟悉旅游目的地主要旅游景点的导游词等，做好上团前的知识准备；
(6) 模拟现场导游，包括欢迎词、沿途讲解、景区讲解、欢送词等；
(7) 熟悉旅游目的地酒店数量、档次及主要分布；
(8) 熟悉旅游目的地的交通及餐饮情况。

阶段性检测

能够独立完成全陪带团工作。

模块四　酒店运营与管理

☞ **知识目标**
　　(1)掌握酒店前厅部、客房部、餐饮部的理念及任务；
　　(2)熟悉酒店客房部的清扫服务与标准要求；
　　(3)掌握前厅服务及程序。

☞ **技能目标**
　　(1)具备旅游酒店服务的基本理念；
　　(2)能为客人建立客史档案；
　　(3)能自主筹划菜单。

任务一　酒店前厅部运营管理

【情景导入】

晨衣、三眼插座与特大号拖鞋

　　随着我国对外开放的不断深入以及综合国力的不断提升，尤其是随着"一带一路"互惠互通的合作与发展，海外游客、国家元首纷纷到我国访问和进行国事活动，旅游酒店往往会承担起接待国宾的重任。美国的里根总统及其夫人、意大利的佩尔蒂尼总统、斐济的总统约瑟法·伊洛伊洛都曾访问过中国的上海，下榻过锦江酒店。五星级的锦江酒店为他们提供了出色的服务，至今传为佳话。

　　案例 A　里根夫妇的晨衣

　　1984年美国总统里根到上海访问，下榻锦江酒店。里根总统和夫人南希早上起来，服务人员已经准备好了晨衣，里根和夫人穿上一试，不由地惊讶起来："哦，这么合身！就像为我们量了尺寸定做的。"里根和夫人没有想到，"锦江"早已留有他们这方面的档案资料，而且还知道里根夫人喜欢玫瑰红色的服饰。里根在离开锦江酒店时，除在留言簿上留下他的赞誉之词外，还特地将他们夫妇的合影照片夹在留言簿内，并在背面签有赠给锦江酒店留念字样。

　　案例 B　佩尔蒂尼总统的三眼插座

　　意大利佩尔蒂尼总统访问中国时，下榻上海锦江酒店，住进了总统套房。佩尔蒂尼总统进入房间后，取出自己的物品，并将电动剃须刀放在盥洗台上。负责为总统服务的是一位男服务员，他发现总统带的电动剃须刀是三插头的，而锦江酒店客房内的电源均为两眼插座。第二天早上，总统按铃，服务员走进他的房间，未等总统开口，服务员就把事先准备好的三眼插座递了上去。总统惊讶地接过插座，说："太好了！"这位服务员的服务可谓细致入微，使总统惊叹不已。在访问我国其他城市时，他仍然对这件事情津津乐道，不住地赞扬。

　　案例 C　斐济总统的特大号拖鞋

　　当年，斐济总统访华，他在访问过中国其他几个城市之后来到上海，下榻锦江酒店。这位身材高大的总统有一双出奇的大脚,因此他在访问中国期间,还没有穿到一双合脚的拖鞋。此刻,当他走进锦江酒店的总统套房时,一双特大号拖鞋端端正正摆在床前。总统穿上一试,刚好合脚,不由得哈哈大笑,问道:"你们怎么知道我的尺寸的?"服务员答道:"得知您将来上海,下榻我们锦江,公关部人员早就把您的资料提供给我们,我们就给您特地定做了这双拖鞋,您看可以吗?""舒服,太舒服了,大小正好!谢谢你们!"总统离开中国时,特意把这双拖鞋作为纪念品带回了斐济。

【案例评析】

上海锦江酒店是我国一家著名的五星级酒店,曾多次成功地接待了到我国进行国事访问的外国总统和元首。怎样才能接待好国宾呢?锦江酒店给了我们很好的启迪。

第一,事前尽可能详细地收集资料,建立国宾的客史档案。所谓客史档案是指酒店工作人员对客人入住酒店后的实际消费需求和访问期间的各种活动安排日程进行收集,并以文字、图表形式记录整理的信息资料。客史档案要设立以下几类:常规档案、个性档案、习俗档案、反馈意见档案。客史档案是对客源的科学管理,也是为客人提供针对性、个性化服务的依据。存有所有下榻本店贵宾的档案资料,是锦江酒店的不同凡响之处。为了接待好美国总统里根夫妇、意大利佩尔蒂尼总统、斐济总统,锦江酒店通过我国驻外使馆、外事机构,以及查阅有关资料和观看有关录像片等多种渠道,及时掌握了下榻国宾的生活爱好、风俗习惯等有关情况,即使是一些细节也从不放过。正是这些客史档案为锦江酒店赢得了百万宾客的一致赞誉。

第二,把客人需要放在第一位。不可能每位服务员都有机会接待外国总统,但锦江酒店把客人的需要放在第一位的服务精神值得我们学习。每位服务人员的心中都应有一本客史档案,凡是接待过的客人的姓名、国籍、爱好、忌讳都要记在心上,以提供符合其胃口的食品、合其喜好的服务。这就要求服务员要做个有心人,使客人受到高层次的礼遇,自尊需求得到极大的满足,产生亲切感。里兹·卡顿酒店的黄金标准中写道:"所有员工都必须知道客人的需求,这样我们方能把客人期望的产品和服务提供给他们。"这就是世界上最先进的服务。

第三,注重超前服务与细微服务。所谓超前服务是指把服务工作做在客人到达酒店之前,满足客人明确的和潜在的需求。里根夫妇合身的晨衣、里根夫人喜爱的鲜艳的红色服饰、斐济总统合脚的特大号拖鞋,这些小物品对国宾来说虽然微不足道,但却给客人带来了一种物质上和心理上的极大满足,这就是超前服务的魅力。

客人的需要是不断变化的,客史档案也不可能完善地收集到客人所有的生活资料,这就要求现场服务的管理人员和服务人员有一双敏锐的眼睛,善于察觉那些容易疏漏的细枝末节,并预测客人的要求,及时采取措施,解决客人的困难,为客人提供恰到好处的服务。服务员主动为佩尔蒂尼总统的房间配上三眼插座,看起来是个简单的服务项目,却产生了事半功倍的效果。这类服务虽属举手之劳,但却给客人带来极大的方便,甚至令其终生难忘。这位服务员并无惊人的服务技巧,他能够在细微之处发现潜伏着的服务需求,正是强烈服务意识的体现。酒店行业有一句行话:"主动寻找服务对象。"怎么找?到哪里去找?答案是:服务员不仅要照顾好面上的工作,更要关注深层次的、潜伏的动态。只有这样,才能为客人提供体贴入微的高水平的服务,达到"服务在客人开口之前"的超然境界。

【思考】
(1)收集客人的客史档案有什么作用?
(2)你从案例中得到什么启示?

一、前厅服务

(一)总服务台

酒店的大小、等级、类型可以有所不同,但是总服务台的服务项目却是大同小异。它们一般都肩负着迎来送往、分送客人行李、接待客人的住宿、查验证件、分配房间、结账等工作。另外,它还负责解答客人的问询,协助解决客人临时出现的困难,安抚客人的抱怨以及与旅行社、航空公司等对外联系。总之,总服务台是酒店综合服务总枢纽和内外联系的桥梁。

总服务台的具体任务包括以下几方面。

(1)销售:主要是接待新到的客人,为客人办理住房登记,主要包括以下内容:
①应掌握一到两门外语,至少英语表达流利;
②熟悉主要客源的生活习俗、礼仪、语言,要有针对性地接待客人并提供综合服务;
③具有熟练处理业务问题的能力;
④掌握当天、一周和一个月本酒店客房销售情况,掌握客房出租情况;
⑤对客人的登记住宿等整个程序非常熟练,可准确无误地快速填写各种表格。

(2)预订:客人通过电话、电传或信件预订房间。这要求将客人预订的房间等级、到达日期及客人预计的离店日期,准确无误地填在客人预订房间表格上并存档。

(3)客房状况显示:宾馆实行计算机网络管理。每个楼层和房间按顺序排列,嵌有不同颜色以显示各种房态,例如空房、已入住、打扫中、空房未打扫、正在维修等情况。

(4)设置客用钥匙架:依楼层和房号顺序存放客人的房间钥匙。钥匙架亦可存放给客人的各种留言,待客人领取钥匙时一齐送交。酒店往往出于安全目的将钥匙架设在客人看不到的位置。

(5)放置贵重物品保险柜:通常酒店可在前厅较安全隐秘的地方放置保险柜,专供客人存放贵重物品或机密文件。此柜只有在两把钥匙同时插入锁孔时才可将柜锁开启,钥匙分别由工作人员和客人保管。

(二)公共服务场所

(1)商务中心:为客人提供传真、打字、复印、长途电话等业务服务的场所。
(2)购物中心:为客人提供物品齐全、质量较高的日常用品和食品等。

二、登记与结算

(一)住宿登记

预约订房可以是人来到酒店面谈,也可以是来信、来电预约。针对此项业务,服务员应熟练掌握酒店所有客房的特点,一提到房间号码就能立即说出它的位置、等级、有无噪声、是否向阳等情况。

1. 办理预订的 5 个条件

(1)住宿客人的姓名、人数、团体名称;

(2)到达酒店的日期、时刻;

(3)离开酒店的日期、时刻;

(4)客房种类、预约房费;

(5)预约者姓名、电话号码、单位名称。

2. 办理预订注意事项

(1)来办理VIP、团体、会议等需要作特殊安排的预约时,要问清有何特殊服务项目要求。

(2)如果预约者不是住宿者本人,要先问清付费方式。比如,是住宿者本人付费,还是公司支付;是公司全付,还是只付房费。

3. 客房安排

客房是一种特殊商品,其特点之一就是当日客房不能租出。因此,尽可能地提高空房出租率,这是总服务台的重要任务。

对于VIP客人,在安排分配房间时要从警卫、防止自然事故和便于提供周到的服务等方面侧重考虑,对噪声大、室内温度过高或过低等容易引起客人投诉的客房,要最后安排出租。

对于零散客人和团体客人,应注意:

(1)如果是团体客人,应尽量在其到达前,根据拿到的名单先分配好,使陪团人员便于引导。

(2)应将老弱病残客人尽量安排在楼层服务台附近。

(二)结账

宾客前来办理离店结账手续时,应按钥匙牌所标房号取出其账单,迅速准确地清算好各项账目,开出结账单据,收款结账。

结账时,应注意下列情况:

(1)为准确地结账,应事先整理好客人在酒店的各项费用,同时在客人结账时还要问清是否还有其他费用。

(2)住宿期间有调换房间或加床时,应按调整后的价格计费,不要遗漏或误收。

(3)如果客人提出要用信用卡结账,在接受某种信用卡时应做必要的检查,如核实持卡人在银行是否有足够的存款。如果不具备这种检查设施或不熟悉信用卡的支付使用方法,一般不接受使用信用卡支付酒店费用。

(4)办理客人结账手续。如果客人离开酒店,应要求客人交回客房钥匙,并通知客房部联系清扫人员马上整理清扫房间。

三、电话服务

(一)代客留言

代客留言是指有外线或长途电话而受话人又不在时,双方请求酒店总机转送信息的一种服务。总机接到外线请求时,应问清对方姓名、地址、电话号码、留言内容,将这些记录在案,通知总服务台或楼层服务台,当受话客人回来时,当面转告清楚。

(二)电话问询

住店宾客经常向电话总机问询有关电话号码,因此要求服务员应熟记大量常用电话号码,这也是服务员应掌握的主要业务技术。有时宾客还会要求总机代为找人,在不影响工作的前提下,应尽力帮忙;如果没有找到要找的人应告诉客人,并致歉意。

(三)酒店电话服务技能

(1)声调柔和,语速适中,切忌大声尖叫或尖声回答客人问题,但也不要太低声,否则对方听不清楚。应采用适中、愉快、自然的声音以便客人容易接受,谈话的速度以适应对方速度为佳。

(2)避免过于随便的语句。热情、修辞恰当的语句是电话回答成功的一半,因此要注意不要用非正规和非专业的语句,不要用拗口或本地语言回答客人,对待电话里的客人应如同对待面对面说话的客人一样。

(3)以听为主。在客人讲完之前不要打断,也不要妄下结论;对听不清的地方,要复述客人的话,以免搞错。

(4)善于提问是一个好的接电话者必须学会的。在接电话时最好能问清对方姓名并记住,在电话中用姓名称呼对方,使其感觉自己受到酒店重视和欢迎,这样易于与对方建立友好的关系。

(5)重视对方。让客人等着不给予肯定答复是恼人的,这种情况是能避免的,接电话者必须中间间隔片刻就要和对方招呼下,要让他知道他并没有被忘记。在让对方等待时必须事先征得对方的同意,这点很重要。记住:不管接电话者多么忙,在整个过程中必须使自己的客人感到受重视。

(6)给客人积极有益的帮助。酒店服务员要学会当场圆满答复顾客的否定电话;高水平者甚至能够使客人转向积极肯定的结论。关键在于接电话者要掌握客人心理,要急客人之所急,告诉他们问题是怎样解决的。

(7)传话要准确。从酒店的前台到后台所有人(尤其是接电话经验不足的人),都应该学会记录精确的电话信息。电话便条包括时间、日期、电话人全名、单位、电话号码、谈话内容等,为了准确,接电话者应将便条内容重复给对方,并在便条下方留些空白,以防需补充其他问题。

(8)切忌火上浇油。接电话者必须明确服务是每个人的职责,避免告诉情绪低落的客人什么都不能解决;为平息客人的火气,要婉转地把问题摆出来,积极帮助客人。

(9)电话铃响三下必须接听。拿起听筒说:"您好,我是某某部。"

(10)通话结束时,接电话者不能抢先挂断电话,要确定对方讲完后再挂机。

(四)对总机人员要求

(1)从事电话总机服务的工作人员必须会一至两门外语,会标准普通话和地方话等多种语言。

(2)电话总机工作人员要求声音清晰,吐字清楚,注意语音语调,使人感到悦耳动听。

(3)接听电话与客人会话时,要注意态度诚恳,温文尔雅,友好热情,使对方感到你是乐意为他服务的。每当电话铃响时,接听电话均要向客人致问候语。若是外线,要讲"您好(或早晨好、中午好、晚上好),××宾馆";若是内线电话,问候同上所述;若是在节日里,应将"您好"改为"节日好",如"元旦好""春节好"等。

(4)熟悉掌握电话总机的性能和操作方法。

(5)熟悉酒店全部内线电话号码。

(6)熟悉酒店总经理、各部经理的家用电话和手机号码,熟悉经理的声音和讲话习惯。

(7)熟悉本地区机关、公司、交通部门、公安局、医院、其他酒店等的电话号码。
(8)熟悉各地长途电话收费标准。
(9)按时开启背景音乐,保证大厅音响效果。

(五)接转内部电话

这里指由外部打进宾馆的电话,有本地的电话,也有长途电话。接转这些电话必须注意以下几点:

(1)打给住客电话时必须先问清电话人的姓名及打电话的事项,然后核实住客是否是要找的人。若是,则征求住客意见,是否可转给他,客人表示可以接进时才可转给他;若客人表示不接,可向打电话人婉拒。

(2)若打电话查询住客,也要征询客人意见,经同意后才可告诉打电话者。住客及其房号要保密,一般不得告诉外人。

(3)若客人不在房间或表示不愿接听电话,可将来电人的姓名与电话内容记下来转告客人。打给总经理的电话也应按上述方法处理。

(4)职工工作时间外面打给职工的电话,一般不转接;若有急事可转告有关部门办公室,或其上司代职工接听。

(六)电话咨询服务

(1)当客人询问酒店开房事宜时,要及时与客房预订处或总服务台联系,并及时答复客人。

(2)当客人询问酒店可以提供的服务设施及项目时,要向客人热情介绍。

(3)当客人想了解本地区游览胜地、商业中心、单位地址、电话号码等情况时,要尽可能向客人介绍。

电话总机服务并不是咨询公司,但只要是客人问到的、自己又了解的,在允许条件下可向客人介绍,尽量满足客人要求,绝不可讲"不知道、不行、不可以"等不礼貌之词。

四、"金钥匙"服务及客史档案建立

(一)"金钥匙"服务

"金钥匙"为国际服务评估组织,是一个国际性的酒店服务专业组织。"金钥匙"服务最早是法国在1929年率先提出的,1952年在此基础上成立了酒店业委托代办的组织——"金钥匙"组织。"金钥匙"的本质内涵就是酒店的委托代办服务机构,演变到今天,已经是对具有国际"金钥匙"组织会员资格的酒店的礼宾部职员的特殊称谓。"金钥匙"已成为世界各国高星级酒店服务水准的形象代表。

1. 我国酒店"金钥匙"会员的任职资格和素质要求

1)我国酒店"金钥匙"会员的任职资格

(1)在酒店大堂柜台前工作的前台部或礼宾部高级职员才能被考虑接纳为"金钥匙"组织的会员;

(2)21岁以上,人品优良,相貌端庄;

(3)从事酒店业5年以上,其中3年必须在酒店大堂工作,为酒店客人提供服务;

(4)有两位我国酒店"金钥匙"组织正式会员的推荐信;

(5)有一封申请人所在酒店总经理的推荐信;

(6)有过去和现在从事酒店前台服务工作的证明文件;

(7)掌握一门以上的外语;

(8)参加过由我国酒店"金钥匙"组织的服务培训。

2)我国酒店"金钥匙"会员的能力要求

(1)交际能力:彬彬有礼,善解人意,乐于和善于与人沟通;

(2)语言表达能力:表达清晰、准确;

(3)协调能力:能正确处理好与相关部门的合作关系;

(4)应变能力:能把握原则,以灵活的方式解决问题;

(5)身体状况:身体健康,精力充沛,能适应长时间站立工作和户外工作。

3)我国酒店"金钥匙"会员的业务知识和技能

(1)熟练掌握本职工作的操作流程;

(2)熟练掌握所在酒店的详细信息资料;

(3)熟悉本地区三星级以上酒店的基本情况;

(4)熟悉本市主要旅游景点,包括地点、特色、开放时间和价格;

(5)掌握本市高、中、低档的餐厅具体情况各5个;

(6)能帮助客人安排市内旅游,掌握其线路、花费时间、价格、联系人;

(7)能帮助客人修补物品;

(8)熟悉本市的交通情况;

(9)能帮助外籍客人解决办理签证延期等问题;

(10)能帮助客人查找航班托运行李的去向,掌握相关部门的联系电话和领取行李的手续。

2.我国酒店"金钥匙"服务项目

我国酒店"金钥匙"服务项目包括:

(1)行李及通信服务:运送行李,电报、传真、电子邮件等。

(2)问询服务:指路等。

(3)快递服务:国际托运、国际邮政托运、空运、紧急包裹、国内包裹托运等。

(4)接送服务:汽车服务、租车服务、接机服务。

(5)旅游服务:个性化旅游服务线路介绍。

(6)订房服务:房价、房型、折扣、取消预订。

(7)订餐服务:推荐餐馆。

(8)订车服务:汽车租赁代理。

(9)订票服务:飞机票、火车票、其他演出票。

(10)订花服务:鲜花预订、异地送花。

(11)其他一切合理合法服务:联系美容、按摩、帮忙跑腿,看护孩子,邮寄物品等。

(二)客史档案建立

酒店客史档案是酒店对在店消费客人的自然情况、消费行为、信誉状况和特殊要求等信息所做的历史档案,是酒店改善经营管理和提高服务质量的必要资料,也是酒店用来促进销售的重要工具。

(1)客史档案管理的重要性:一是市场竞争的需要;二是建立和保持宾客忠诚度的需

要;三是满足客人个性化需求的需要;四是促进酒店销售的需要。

(2)客史档案的内容:

①常规档案:客人姓名、国籍、肤色、性别、社会地位、公司名称、职务、常居住地、出生年月日等。

②住店记录:每次住店房号、日期与天数、订房渠道、接待单位、联系人等。

③消费档案:消费金额、消费项目、消费时间等。

④特别喜好:客人的脾气、性格、喜好忌讳、风俗习惯、言谈举止、外貌特征、经历、交往、需特别留意之处等。

⑤意见或建议:客人对酒店的表扬、批评、投诉记录等。

(3)客史档案的信息来源:预订单、登记单、账单、宾客拜访记录、宾客意见书、宾客需求调查表,服务人员通过与客人交流、观察获得的信息,与接待单位的沟通,互联网等。

(4)客史档案管理的重点对象:重要客人、商务客人、有潜力的散客和回头客等。

(5)客史档案管理的作用:一是快速识别客户,二是掌握客户消费习惯,三是拉近与客户的关系,四是提高个性化服务的水平,五是为酒店获取经营数据,六是管理客户感知和期望,七是酒店关系营销的基础。

【技能训练一】

建立客史档案

训练目的

(1)模拟建立酒店的客史档案;

(2)为客人提供个性化服务做好准备。

工作指引

(1)自愿组合分组。

(2)汇集前一天办理的客人住宿登记表;

(3)进入电脑程序,选择目录进入客人历史档案查询网;

(4)选择电脑相应项,输入客人姓名、性别、公司名、家庭地址、邮编、国籍、城市名称、护照号码、签证号码、生日等,以此为据,为客人建立历史档案。

阶段成果检测

(1)客人住宿登记表的收集;

(2)前厅服务软件的正确使用;

(3)客史档案的收集积累。

【技能训练二】

前台接待服务

训练情景

接待员面对一个外国客人,要求在7分钟内将酒店7种房型中的5种房型和房价介绍给客人,并用英文或普通话给客人介绍酒店优惠条款中的其中5条,完成整个入住登记程序,并尽量出售高价位房间和展示推销技巧。

帮助客人填写入住登记表、房卡、早餐券,要求书写正确,字迹工整。房卡和早餐券中的月份要求用英文填写,并一次性在登记表和房卡上签名;收取客人住房押金或刷卡担保。

训练目的

(1)熟悉前厅接待服务;
(2)掌握酒店的房间种类和价格;
(3)熟悉前台接待工作程序。

工作指引

(1)自愿组合分组,以四星级以上涉外酒店服务规范为标准;
(2)选手需站姿正确,态度和蔼,笑容亲切,目光自然平视;
(3)熟悉前台接待工作程序,具有良好的推销意识;
(4)客人由教师或学生组成,客人可使用自己本人的身份证、护照或由大赛提供的护照或身份证的复印件,其他登记表和房卡等采用酒店目前正在使用的成品;
(5)前台接待工作程序流程表:问候客人→提供服务→介绍房间、房价及优惠条款→与客人确定房型和房价→请客人出示有效证件→安排房间→及时帮助客人填写登记表→填写房卡和早餐券→询问有关付款方式→请客人在登记表及房卡上签名→再次告诉客人房间号码和所在楼层→介绍行李生给客人,并告诉客人让行李生带其去房间→将房卡交给客人,钥匙卡交给行李生,由行李生带客人进房→预祝客人住店期间愉快。

阶段成果检测

(1)是否符合酒店服务规范标准;
(2)是否正确使用前厅服务软件;
(3)是否顺利完成前台接待工作程序流程。

任务二 酒店客房部运营管理

【情景导入一】

橙黄色的丝质床帷、全套美甲化妆用品、浴室里的香薰浴盐、用于女性健身的瑜伽垫……这可不是哪位精致女人的香闺,而是新华诺富特酒店于2009年3月8日推出的特色"女士房"。

"女士房"内的布置以暖色调为主,一束粉红色的玫瑰营造了家的感觉。房间里无处不在的镜子,以及化妆棉和卸妆乳液等美容用品,让天生爱美的女性房客随时保持精致的仪容。随着经济的发展和女性地位的提高,越来越多的女性占据了企业高级管理层的位置,高级酒店客房偏男性化、商务化的布置显然无法满足女性的需要。"考虑到商务女性差旅途中可能遇到的不便,我们甚至给她们准备了卫生棉等用品。"新华诺富特公关部经理介绍说。

贴心、安全是"女士房"的最大特点。首批5间"女士房"设在无烟楼层,仅限女士入住,不接受任何男性客人。而"女士房"的价格与其他高级房间相同,并不额外加收费用。

一位业内人士认为,在酒店客源逐渐被细分的情况下,酒店必然会向类型化、专业化、个性化的方向发展,新华诺富特酒店这种以女性为营销对象的策略将给酒店行业带来一些启示。

【思考】
以上案例对客房的布置和设施有什么启示？

【情景导入二】

"请勿打扰"的房间里没有人

早上 8:45 左右，员工 A 在客房打扫服务过程中，看见 5010 的客人李先生外出，虽然当时 5010 房门铃上亮着"请勿打扰"灯且门把上已挂了"请勿打扰"牌，但 A 自认为客人不在，此时打扫房间不会打扰客人，便进去打扫。在打扫房间的过程中，李先生回来了，脸上流露出不悦的表情，嘴上说道："难道你们酒店的'请勿打扰'不起作用吗？"

问题：服务员错在哪里？平时工作中如何保证既尊重客人的需求，又不耽误清扫客房的工作？

【思考】
(1)清扫顺序的标准是否为固定不变的？为什么？
(2)客房的基本类型主要有哪些？它们各自有何特点？
(3)简述客房的清扫程序。

一、客房服务

客房服务是客房服务员在一天中所做的工作，如签到、了解客情和房态、确定清扫顺序、准备清洁工具和客用品进房打扫等。签到表如表 4-1 所示。

表 4-1　签到表

Date(日期)：

Name of Room Attendant（姓名）	Floor Keys（楼层钥匙）	Time In（上班时间）	Time Out（下班时间）
张亮	F5－1	8:20	17:05

（一）了解客情和房态

了解客情和房态，可通过客房部的部门例会、各班前会的交流讨论以及客房部的交接记录和表单得出结果。房态如表 4-2 所示。

表 4-2　房态

CODE	STATUS
Va(空房)	Vacant
DND(请勿打扰房)	Do not Disturb
SO(外睡房)	Slept Out
OC(已清洁住客房)	Occupied Clean
UR(正在修理房)	Under Repair

续表 4-2

CODE	STATUS
NS(无烟房)	No Smoking
OOO(待修房)	Out of Order
DL(双锁房)	Double Lock
CO(走客房)	Check Out
LB(少行李)	Light Baggage

(二)确定清扫顺序

一般顺序标准:请速打扫房→领班前厅指令房(催房)→VIP 住客房→普通住客房→走房→长住客人房→空房。

旺季清扫顺序:请速打扫房→领班前厅指令房(催房)、空房、走房→VIP 住客房→普通住客房→长住客人房。

(三)准备清洁工具和客用品

准备工作车,车上的客房备用品必须由服务员在下班时补充完备。工作车最上面摆放清洁剂和备用消耗品,两侧分别挂放垃圾袋和脏布巾袋。清扫时工作车应推至客房门口,挡住门。

(四)进房打扫

1. 拉开窗帘,打开窗户

每天(上午或下午)打扫房间卫生时,必须先拉窗帘,检查帘子是否有脱钩被损现象,窗帘是否好用;如果房内有异味,应喷洒空气清新剂。

2. 清理烟缸

把烟缸里的烟头倒入指定的垃圾桶内,把烟缸洗净、擦净。绝不能把烟缸里的脏物倒进马桶内,避免马桶堵塞。倒烟缸时要特别注意烟头是否已熄灭,及时消除隐患。

3. 清理纸篓

纸篓内套有塑料垃圾袋的,应直接把垃圾袋取出倒入垃圾桶内。在倒垃圾袋时也应注意检查里面是否有危险物品,发现后应及时处理。旧的垃圾袋扔掉之后,应再放一个新的垃圾袋并套好。

4. 整理床铺

把床拉开,然后逐一拆除被套、枕套和床单,注意是否有客人物品,枕头下是否有钱包等物;整理床褥,检查床保护垫是否有污渍;把被子平铺在床上,套进被套;套枕套,把床推回原位,放好枕套。

5. 除尘、检查设备

整理床铺后,进行除尘。除尘时要按顺时针方向或逆时针方向从房门做起,不漏项,既迅速又认真;擦拭家具、设备的同时要注意检查它们是否有损坏的地方。

(1)房门:擦拭房门时,应把门牌、门框、门面擦拭干净,以防日久不擦积有尘土,这样可以保持整个门面干净明亮。

(2)风口:风口一般定期擦拭,防止风口积尘,造成一通风就尘土飞扬。

（3）壁柜：擦拭壁柜时要细致，不要把客人衣物等搞脏、弄乱。一般住客的房间，擦拭壁柜时，只搞大面卫生即可；如果搞空房卫生，就要彻底打扫，并在擦拭的过程中检查一下衣架是否齐全。

（4）化妆镜：擦拭房间镜子时，一定要小心，注意安全。要用一块潮的和一块干的擦布擦拭，标准是清洁、光亮，镜面不要有布屑、手印、灰尘等。

（5）行李架：擦拭行李架时要注意客人的行李，在一般情况下不要搬动客人的行李，也不要把客人存放在行李架上的物品弄乱，把行李架上的灰尘擦去即可。

（6）写字台：宾馆房间写字台装饰设备很多，如灯、电视机、服务指南夹等。当擦拭写字台上面的灰尘时，不但要搞好卫生，而且要注意电器设备的检查。

①擦拭写字台台面时，不要乱动客人放在台面上的文件及其他物品，应保持原状。擦去台面上的灰尘、脏迹即可；写字台上的台历日期要每天翻，并要检查写字台文件物品是否齐全，为下一步配备物品时做好准备。

②擦拭写字台抽屉时要逐个拉开擦，如果抽屉内有宾客存放的物品，应等客人退房之后彻底清扫。

（7）电视机：擦拭电视机表面灰尘时，首先应关上开关，然后用干布擦拭；最后打开开关，检查电视机有无图像，频道选用是否准确，颜色是否适宜。

（8）电冰箱：擦拭电冰箱表面灰尘之后，应打开冰箱门，检查冰箱是否失控，接水盒是否溢满，温度是否适宜。

（9）电话：擦拭电话时，应首先检查电话机是否有故障，用耳朵听听有无忙音；然后用擦布擦去灰尘及脏迹，并定期用酒精棉球擦拭话机，既卫生又起到消毒作用。

（10）台灯、壁灯：擦拭台灯（壁灯）时，应用干布擦去灰尘，切勿用湿布擦；如果台灯线露在写字台外围，要将其收好。

（11）写字台椅子：擦拭写字台椅子时，应首先检查椅子腿脚有无松动现象，然后用半温擦布擦去灰尘。

（12）沙发、茶几：擦沙发时，应用干布擦去灰尘，经常清理沙发与沙发垫缝隙内所存的脏物。茶几容易脏，要先用湿布擦去脏迹，然后用干布擦干、擦净，保持茶几清洁、光亮。

（13）窗台：窗台要先用湿布擦，然后用干布擦。擦完后，关上窗户，拉上透明窗帘（薄窗帘）。

（14）壁画：擦壁画要先用湿布擦，然后用干布擦。擦完后要将壁画摆正，注意美观。

（15）床头（床头板）：擦拭床头时，应注意潮湿抹布不要贴着墙，应小心轻轻擦拭靠墙一侧的床头；如不注意，日久天长，湿擦布就会把墙擦出脏痕，影响整个房间美观。擦完床头后，应再检查一下床罩是否平整，如有不符合要求之处，稍加整理。

（16）床头柜：一般电器开关都在床头柜上，便于客人使用，擦床头柜时，必须检查各种开关，如有故障应马上通知工程部进行维修；另外检查服务用品是否齐全（一次性拖鞋、纸布、擦鞋器等），要认真检查。如客人用过，就要马上更换新的；并配备其他物品，如便笺纸、油笔等。

（17）更换茶具：凡是客人用过的茶杯、茶壶、水杯、漱口杯都要更换，撤换时注意下面的垫碟，不要损坏。更换茶具托盘及已消毒的水杯、漱口杯时，手指不可提住杯口或手指插入杯内，要用手拿住底部，放置水杯、口杯时，口杯朝上并用消毒纸套套上，"已消毒"字样朝外;托盘、垫布脏了应及时更换。

6. 配备各种文件用品、服务用品

1）文件用品

（1）客房内配备文具、便笺夹（放在电话机旁）、信纸、传真信纸、信封和航空信封、小便笺（放在便笺夹内）、圆珠笔和铅笔；

（2）各种文具用品质量优良、印制精美、设计美观、平整完好、规范摆放、取用方便。

2）服务用品

（1）每间房内应配有服务指南（含本地区公安部门颁布的旅客须知）、电话指南及本地区常用电话号册、电视频道指示说明、价目表、宾客意见书、"请勿打扰"和"请速打扫"牌、晚安卡和"请勿在床上吸烟"告示牌、送餐菜单及送餐服务挂牌、洗衣单和洗衣袋及中英文市内交通图；

（2）各种服务指示用品质量优良，造型设计美观，并逐步做到与酒店视觉形象设计相统一；

（3）各种服务指示用品摆放规范，平整完好。

7. 清扫浴室

（1）开灯，开换气扇；放水冲马桶，滴入清洁剂；收走宾客用过的毛巾、洗浴用品和垃圾；清洗浴缸、墙面、脸盆和抽水马桶。

（2）擦干卫生间所有设备和墙面；对卫生间各个部位进行消毒；添补卫生间的棉织品和消耗品；刷洗卫生间地面；确认工作无误后关灯并把门虚掩。

8. 吸尘

吸尘按从里到外的顺序进行，同时拉好窗帘。

9. 仔细检查

仔细将房间检查一下，看是否有漏项，发现遗漏应及时补漏。

10. 锁门

检查完之后要锁门。

11. 登记客房清扫状况

登记清扫时间及部件、服务用品、文具用品的使用情况和修理情况。

注意事项：

（1）敲客人房门前，应观察门把上是否挂有"请勿打扰"挂牌，以免打扰客人。

（2）以手中指在门上有节奏地轻敲三下（或按门铃），如房内无人回答约5秒钟后，再次敲门。

（3）敲门后，房内客人有应声时，服务员应主动说："我是服务员，可以打扫房间吗？"然后根据客人要求整理房间。

（4）在清扫客房时，房门应一直开着，直到打扫完毕。

（5）如果客人至14:00还未开房间，里面也无声音，应立即报告上级。

（6）打扫房间时不得擅自接听房间电话。

（7）"请勿打扰"现象的处理：

①一般不能进房打扫卫生；

②当"请勿打扰"的牌子一直挂在门外，至下午2:00～3:00时，应通知楼层领班，打电

话进房间,询问是否需要打扫卫生,并记录。

③下午 2:00～3:00,电话无人接听时,领班应打开房门查看,若无异常,则应关门离开,并记录、注意观察,等客人回来后,询问是否打扫卫生;对连续几天挂"请勿打扰"且客人又在房间的,应上报,并高度警惕。对有叫醒服务而客人睡得太沉,电话无法叫醒时,可以由服务员在管理人员陪同下,进入"请勿打扰"房间,叫醒客人。

二、客房类型与客房设施

(一)按结构划分房间

标准客房(Standard room)、大床房(Double room)、两个单人床房(Twin room)、单人房(Single room)、套间(Suite room)、联通房(Connecting room)。

(二)按档次划分房间

普通房(Junior room)、行政房(Executive room)、高级房(Superior room)、豪华房(Deluxe room)、豪华房套房(Deluxe suite)、普通套房(Junior suite)、总统套房(Presidential suite)。

(三)特种客房与设施要求

1. 行政楼层(客房)

行政楼层(Executive Floor)是高星级酒店(通常为四星级以上)为了接待商务客人等高消费客人,向他们提供特殊的优质服务而专门设立的楼层。

2. 女士客房

女士客房的棉织品、窗帘及窗纱要选择温馨的色彩;拖鞋等一次性用品要和其他楼层有所区别;房间要无烟处理,女性楼层除吸烟区外,其他地方是不可以吸烟的;摆放一些女性物品及小装饰品;房间内摆放女性喜欢看的杂志和报纸;酒店点播系统专设女性频道,供女客人观看。

3. 无烟客房

在客房门手把上悬挂临时绿色无烟客房标志,让宾客一到门前就知道酒店为其准备的是无烟客房,同时也起到提醒访客的作用。使用空气净化器或空气除臭剂,对房间空气进一步净化除味;撤除客房内的烟缸、火柴等,放置无烟客房提示卡,并在卡上告知宾客。如果有访客,吸烟请至指定吸烟区;在客房茶几上放置适量糖果,以示酒店对不吸烟客人的感谢。在卫生间或客房书桌上摆放可净化空气的绿色植物,以改善空气质量。

4. 残疾人客房

该类型房间内配置有残疾客人生活起居一般要求的特殊设备和用品。坡道应控制在12°以下,卫生间应有较大的空间方便轮椅回旋,内有特殊折叠椅、沐浴轮椅;卫生间有残疾人专用的面盆、浴盆,在墙壁、浴缸、洗脸盆、便桶边应设牢固的扶手,扶手在水平和垂直方向的功能应都具备;要有呼叫按钮。

三、客房设计与布置

(一)客房设计的理念与原则

(1)功能性:客房是客人休息的地方,应具备安静、私密、卫生等条件,以满足客人生理需要和生活需要。

(2)合理性:应满足功能性、方便性、舒适性等需求。

(3)审美性:满足客人心理需要、精神需要。
(4)一致性:市场定位与酒店风格、接待对象等协调一致。
(5)文化性:满足客人文化需要。
(6)特色性:给人留下深刻印象。
(7)时代感:有创新,满足人们追求新奇的需要。

(二)客房空间结构与功能布局
(1)睡眠区:睡眠区是客房最基本的功能区,其中最主要的家具是床。
(2)盥洗区:客房卫生间是客人的盥洗区,盥洗区主要是供客人如厕、洗浴、梳妆。卫生间的主要卫生设备有浴缸、便器、洗脸台三大件。
(3)储存区:储存区主要是指设在房门进出小通道侧面的壁橱和小酒柜。
(4)办公区:办公区一般设在床的对面,沿墙体设计一个长条形的多功能柜桌,包括行李架、写字台、电视柜等。
(5)起居区:起居区的功能是供客人会客、休息、饮食、看电视等。此区配有软座椅、茶几。

四、客房卫生质量控制

(一)客房卫生质量控制途径

1. 强化员工卫生质量意识

首先,要求参与清洁的服务人员有良好的卫生意识;其次,要不断提高客房员工对涉外星级酒店卫生标准的认识。

2. 明确清洁卫生操作程序和标准

清洁卫生操作程序符合"方便客人、方便操作、方便管理"的原则;清洁卫生操作标准包括视觉标准和生化标准。

3. 严格逐级检查

服务员自查、领班全面检查、管理人员抽查。

4. 设置"宾客意见表"

客房卫生检查部门内分三级查房:员工自查、领班普查、主管抽查。领班一般查80~120间,主管一般查20间。检查方法一般为看、摸、试,检查重点为容易被忽略的区域,如电线、高处、吹风筒、天花板上的设施等。

为更好地改进服务,酒店应设置"宾客意见表",如表4-3所示。

(二)客房卫生检查制度
(1)制订定期卫生检查计划,将全面检查与抽查、问查相结合,检查各项制度的贯彻落实情况。
(2)卫生管理人员负责各项卫生管理制度的落实,每天检查一次卫生,检查各岗位是否有违反制度的情况,发现问题,及时指导改进,并做好卫生检查记录备查。
(3)各岗位负责人应跟随检查、指导,严格从业人员卫生操作程序,逐步养成良好的个人卫生习惯和卫生操作习惯。
(4)卫生管理员必须每天检查一次,部门经理必须每天检查一次,卫生安全第一责任人必须每周检查一次。对发现的问题及时反馈,并提出限期改进意见,做好检查记录。

表 4-3 宾客意见表

台/房号：　　　　　　单号：　　　　时间：　　　年　月　日

项目	选项	很好 (Goodish)	好 (Good)	一般 (Adequate)	差 (Terrible)
产品 Produced	色(Color)				
	香(Fragrance)				
	型(Type)				
	卫生(Hygiene)				
	上菜快慢 (Mealspeed)				
服务 Service	仪表(Grooming)				
	态度(Attitude)				
	微笑(Smile)				
	技能(Skills)				
	业务(Business)				
	灵活(Flexibility)				

（5）客房应每日清扫、保洁，做到墙壁、门窗、天花板、玻璃等无灰尘、无蛛网。

（6）被套、枕套（中）、床单等卧具要一客一换，未使用的床上卧具不得有毛发、污迹。

（7）茶具应每日清洗消毒，茶具表面必须光洁，无油渍、水迹、茶垢、指纹等污迹。

（8）客房内卫生间的洗漱池、浴盆等卫生洁具应每日清洗消毒，消毒后的卫生洁具不得有污迹。

（三）客房清洁卫生质量的标准

1. 视觉标准

视觉标准主要包括眼看到的地方无污迹；手摸到的地方无灰尘；设备用品无病毒；空气清新无异味。

2. "十无"标准

（1）天花板、墙角无蜘蛛网；

（2）地毯（地面）干净无杂物；

（3）楼面整洁无害虫（老鼠、蚊子、苍蝇、蟑螂、臭虫、蚂蚁等）；

（4）玻璃、灯具明亮无积尘；

（5）布罩洁白无破烂；

（6）茶具、杯具消毒无痕迹；

（7）铜器、银器光亮无锈污；

（8）家具设备整洁无残缺；

（9）墙纸干净无污迹；

（10）卫生间清洁无异味。

客房检查完毕后，应填写客房检查报告，如表4-4所示。

表 4-4 客房检查报告

房号：
房型：
状况：□优　□合格　□不合格

	卧室	状况		浴室	状况
1	门、锁、链		1	门	
2	灯、开关、电源插座		2	灯、开关、电源插座	
3	开花板		3	墙	
4	木制品		4	天花板	
5	窗帘与金属构件		5	镜子	
6	窗		6	浴缸、扶手杆	
7	空调调节装置		7	沐浴喷头	
8	电话机		8	浴室地垫	
9	床头板		9	梳妆台	
10	床单、床罩、床垫		10	固定装置、水龙头	
11	梳妆台、床头柜		11	抽水马桶	
12	台灯、灯罩、灯泡		12	毛巾	
13	椅子、沙发		13	卫生纸、脸巾纸	
14	地毯		14	肥皂	
15	图片与镜子		15	便利品	
16	除尘情况		16	排气口	
17	壁橱其他				

其他

早班领班：　　　　早班清洁员：　　　　中班领班：　　　　中班清洁员：

五、"绿色酒店"与"绿色客房"

(一)概念

"绿色酒店"是指以可持续发展为理念，坚持清洁生产、倡导绿色消费、保护生态环境和合理使用资源的酒店。

"绿色客房"是指无建筑、装修、噪声污染，室内环境符合人体健康要求的客房；客房内所有物品、用具及对它们的使用都符合环保要求。

(二)绿色客房的"4R"原则

1. 减量化(Reduce)原则

酒店在不影响产品及服务质量的前提下，尽量用较少的原料和能源投入。通过减小产品体积、减轻产品重量、简化产品包装，达到降低成本、减少垃圾的目的，从而实现既定的经济效益和环境效益目标。

2. 再使用(Reuse)原则

在确保不降低酒店的设施和服务标准的前提下,物品要尽可能地变一次性使用为多次使用或调剂使用,不要轻易丢弃,减少一次性用品的使用范围和用量。

3. 再循环(Recycle)原则

物品在使用后可进行回收处理的一定要回收处理,使其成为可利用的再生资源。

4. 替代(Replace)原则

为节约资源、减少污染,酒店应使用无污染的物品或再生物品,作为某些物品的替代品。

(三)"绿色酒店"与"绿色客房"的措施

(1)安装分区流量表;

(2)使用中水系统;

(3)减少客房棉织品洗涤次数;

(4)减少客房一次性消耗用品的使用;

(5)客用品采用双色服务。

【技能训练一】

清扫客房

训练目的

(1)锻炼学生的团队协作能力和发挥个人的主观能动性;

(2)掌握完成清扫客房的程序。

工作指引

(1)两人一组,结成工作小组;

(2)按照客房清扫的程序制成工作标准,依照之前准备的房态表进行比照;

(3)依照工作标准进行清扫,两人互相监督完成。

阶段成果检测

(1)各组工作标准的制成情况;

(2)模拟客房的清扫程序掌握情况。

【技能训练二】

"OK房"不"OK"

一辆进口大型豪华面包车在华北某一刚被评上五星级的新酒店门前停下。车上50余位德国客人鱼贯而入,大堂里接待员、行李员、保安员互相配合,客人很快便被一一安排进了房间。

20分钟后,大堂副经理接到8612房一位老太太打来的电话,投诉说洗手间马桶水箱里没水。大堂副经理答应马上派人前去修理。不到5分钟,一个工程维修人员出现在8612房间。他先代表酒店向客人道歉,接着便熟练地动手干起来。一会儿工夫,故障就全部排除了,水箱里很快便注满了水。

大堂副经理做出修理安排又立即与客房部联系,了解该房情况,后查明此系一领班的责任:把"非 OK 房"报了"OK 房"。

这支德国团队早在两周前就在该酒店预订了房间,前厅部在前一天已做了安排。8612 房原住着一对西班牙夫妇,当天中午前办了离店手续。早上服务员清扫过房间后,领班也按程序检查过了,但并未发现抽水马桶水箱无水的问题,便报告说这间走客房一切正常。中午客人走后,前厅部又一次通知客房部,证实 8612 房确为走客房,要求再检查一遍,岂知领班又把水箱给疏忽了。领班两次查房均未发现洗手间的问题,最后导致客人投诉,情况是严重的。事后,大堂副经理赶到 8612 房,再次郑重地向德国老太太致歉,同时要求客房部按程序再认真检查一遍所有客房并把该事情经过写进当天的大事记录本中。

训练目的
(1)锻炼学生对客房清扫质量控制的理解;
(2)理解客房部基层管理者的职责。

工作指引
(1)分成小组进行案例讨论;
(2)按照客房卫生质量控制标准进行比照;
(3)进行分析总结。

阶段成果检测
(1)各小组对客房卫生质量控制标准的理解掌握情况;
(2)对案例的分析总结。

任务三　酒店餐饮部运营管理

【情景导入一】

客人所点菜品缺货

一天,餐厅里来了三位衣着讲究的客人,服务员引至餐厅坐定,其中一位客人便开了口:"我要点某某菜,你们一定要将味调得浓些,样子摆得漂亮一些。"同时转身对同伴说:"这道菜很好吃,今天你们一定要尝尝。"菜点完后,服务员拿菜单去了厨房,再次来时,便礼貌对客人说:"先生,对不起,今天没有这道菜,给您换一道菜可以吗?"客人一听勃然大怒:"你为什么不事先告诉我?让我们无故等了这么久,早说就去另一家餐厅了。"发完了脾气,客人仍觉得在朋友面前丢了面子,于是拂袖而去。

【思考】
(1)案例中的服务员犯有什么错误?
(2)如何避免发生案例中客人情况?

【情景导入二】

员工带走厨房原料

千帆假日酒店位于千岛湖畔,是一家中型度假型酒店。这家酒店的餐饮部由客用餐厅、咖啡厅、音乐茶座和员工餐厅几个部门组成。近年来,餐饮部由于餐饮成本高,员工流动频繁,一直亏损。

李某是一个刚满17周岁、十分讨人喜欢的姑娘,在餐饮部餐厅当服务员,一个星期六的下午,保安人员在她下班准备离开酒店时,检查了她的手提袋,从中发现了0.5千克火腿肠和2听XO酱。李某承认这些东西都是餐厅的食品原料,但她声明是厨师长送给她的。送给她的原因是:当日午饭期间,厨房工作很忙,缺少人手,李某利用饭后休息时间到厨房帮忙,因此厨师长顺便送她这些原料作为感谢。但厨师长坚决否认,他说小李(李某)在撒谎,大家都知道厨师长无权把酒店的原料私自送人。厨师长今年45岁,身材魁梧,和蔼可亲,平易近人,在这家酒店已经工作了12年。他烹饪技术出众,善于待人处事,很受酒店中层管理人员的赏识。

【思考】

作为餐饮部经理,如何处理本案例中的情况?

一、餐饮企业的筹划

(一)餐饮机构的经营环节

(1)菜单筹划。菜单是餐饮经营管理信息的重要表现形式,它充分展示了餐饮经营要目,在餐饮经营中起着十分重要的作用。菜单筹划包括菜肴的选择、菜肴的分析、设计制作菜单、装帧布局菜单等。

(2)设备规划。当餐饮企业选择购置设备、灶具、桌椅和餐具时,菜式品种越丰富,所需设备的种类就越多;菜式水平愈高,所需设备、餐具也就愈专业。每种菜式都有相应的加工烹制设备和服务餐具,菜单是餐饮企业选择购置设备的依据和指南,在一定程度上决定了餐饮企业的设备成本。

(3)原料采供。原料采供包括植物原料、畜类原料、禽类原料、水产品原料的采供。原料采供是餐饮部最重要的环节之一,可以从源头上做好成本把控。根据原料采供,餐饮部所需要的食品应向储藏仓库申请,当日发放的食物原料既可以是仓库本身保管储藏的,也可以是当天经验收合格的新鲜食品原料。原料采供是保证餐饮产品质量的重要环节。

(4)产品生产。餐饮部作为酒店唯一的生产部门,既生产有形的实物产品(如名目繁多的美味佳肴),又生产无形的服务产品(如优雅的就餐环境和热情周到的餐饮服务)。与其他产品的生产相比,餐饮产品生产量难以预测,很难确定,客人餐饮消费具有较大的随机性,餐饮产品生产具有不确定性。因此,这就要求严把餐饮产品质量关,服务好每一位客人,让客人的每一次消费都得到最大限度的满意。

(5)现场服务。餐饮产品生产出来以后客人来消费,餐饮部要从餐饮环境、员工、餐饮服务礼仪、服务方式、服务技能、服务流程、服务质量管理等方面,针对餐饮服务、现场服务与管理对员工进行培训与指导,使客人有一个满意的消费体验。

(6)销售推广。除了人员推广、广告和公共关系等手段,酒店餐饮产品针对目标市场,为了刺激消费需求、扩大销售而要采取一系列促销措施。酒店餐饮部要针对自己的餐饮产品,了解销售方式和销售价格,并准备销售新产品。关注客人需求,了解畅销菜肴有哪些,哪些菜肴利润比较大。

(7)成本控制。成本控制既包括酒店各部门内部运营成本,又包括对客服务成本及客房、餐饮产品成本的控制。

（二）餐饮企业的分类

1. 概念

餐厅是通过出售服务、菜品和饮料来满足顾客饮食需求的场所。

2. 餐饮企业的类型

（1）商业综合型餐饮服务企业：主要指集住宿、餐饮、康乐、购物、休闲、演艺等项目为一体的餐饮服务企业，包括综合型宾馆（酒店）中的餐饮、餐饮与娱乐、休闲等综合经营的企业、购物中心式的新型餐饮企业等。

（2）商业单一型餐饮服务企业：主要指以经营餐饮为手段、以提供某种风味食品为主的餐饮服务企业，包括主题式餐饮企业、连锁餐饮企业、风味式餐饮企业等。

（3）非完全商业型餐饮服务企业：主要指在公共性或民营的工商企业、医院、学校、幼儿园等机构内，为某一特定人群提供有限食品服务的餐饮服务设施，包括学校式餐饮服务设施、工商企业餐饮设施、医院餐饮服务设施等。

（三）餐饮管理的特点

（1）生产过程短，产销定制性强；

（2）经营变化快，技术质量要求高；

（3）影响因素多，客源营业收入波动大；

（4）业务过程复杂，管理不易控制。

（四）餐饮企业选址

著名的酒店企业家埃尔斯沃斯·斯塔特勒曾经说过，他的成功有三个原因：位置、位置、位置。市场调查的主要内容之一就是选择经济可行的地点。选择餐馆的位置要优先考虑收益，即"在此开店能赚多少钱"。当然，客人云集的地方是餐馆的最佳位置。例如，商店聚集、行人往来众多的地区，交通方便、居民集中居住区等。

对位置因素的调查主要是了解以下情况。

1. 各种地段的特点

根据不同地段可把位置分为8大类：商业中心、居民住宅小区、车站附近或交通要道、饮食街、企事业单位集中地、旅游风景区、经济开发区和市郊。分析这些地段的特点，寻找与之相适应的餐馆类型。

2. 交通条件调查

对交通条件的调查要注意以下4点：

（1）该地段铁路、公路及其他乘客的进出量；

（2）市内公共交通设施状况；

（3）餐馆附近公交车数量；

（4）附近停车场状况。

此外，还要注意一点：未来城市建设可能对餐馆经营带来的影响。如生意原本兴隆的餐馆，因在其门前修建高架桥，给行人行走带来不便，而致使生意一落千丈。因此，在开店之前对位置因素做调查时，还应去当地政府的城建机构的规划处了解各地段的未来发展建设状况。

3. 餐饮企业选址策略

随着社区商业的持续增温，社区餐饮也逐渐成为商家谈论的焦点。餐饮业和其他行业不同，无论是从长期战略还是既得利益角度考虑，选址都是一个必不可少的环节。据有关数据显示，店铺地址的好坏对餐饮成功运营的直接和间接的影响在众多相关因素中达到60%。

1）商圈评估

商圈意指在餐饮店坐落的地点所能够交易的范围、规模。例如，徒步区的店城市可能是方圆1 000米，乡镇则可能是方圆3 000米（同类餐饮店数量少、缺乏竞争等因素），视具体情况而定。从上面的定义中我们可以比较清晰地了解商圈的含义，但对于具体的餐饮店而言，商圈并不仅用如此简单的概念就能诠释，还要求我们掌握一定的评估商圈的方法。

一个地方是否适合开店，需要从多方面权衡，要考察店铺的地理位置是否便利，人与车的主要动向和总体流量，地点的可接近性，以及视觉和其他感官效果等。要通过调查，大体计算出餐饮店商圈范围内的住户数、消费水平、客流量，从而粗略估算餐饮店未来能够达到的营业额。

由于住宅区的顾客群较为稳定，而随着经济发展，越来越多的人没有时间和精力在家里下厨房，到餐饮店就餐就成了他们的首选；同时，这部分人群有一定的消费能力，容易给餐饮店带来稳定的收益。所以通常我们在住宅区周围选择店面，当然也要合理地考虑交通主动脉的配合，因为增大外来客源也是增加营业额的有效途径。

由于一些法规不允许在住宅小区内开店，也不一定强求把餐饮店设在住宅区内。一般情况下，只要保证商圈内有3 000人以上的生活人口存在，而且其步行时间在10分钟以内就可以达到预期的效果。国外比较成熟的商圈通常以店铺所在点为中心，半径1 000米较为普遍，目标人群为2 600～3 000人；如果以家庭户数算，每户3.6人，则家庭数在722～833户。

2）消费能力评估

虽然商圈内的人口数一定程度上决定着他们的消费能力，但有时并不能完全代表餐饮店能吸引的有效客流。这还取决于商圈内的家庭状况、人口密度、客流量、购买力等多种因素。

3）家庭状况评估

圈内家庭构成决定了未来餐饮店的类型。新时代的人越来越注重自己的饮食结构，提倡营养与口味的协调，崇尚多功能的饮食。对于一个由年轻人组成的两口之家，饮食就会偏重于色泽和口味；而在一个有独生子女的三口之家的家庭中，其饮食需求主要是以孩子为核心来进行的，更注重营养与卫生。家庭成员的年龄与性别也会对商品需求产生影响，老龄化家庭的饮食多倾向于保健、营养等，女孩子多的家庭饮食重点多半会放在素食和餐厅的浪漫氛围上。

广义的家庭也包括企业、学校、医院等。不同类型的企业和单位对餐饮种类的需求不同，可以根据他们从事的职业的特征、收入状况和消费水平安排相应的饮食和相关服务项目。有些地区外籍人士相对较多，也可以根据他们的饮食习惯、消费能力设定属于他们自己类型的餐饮。

4）人口密度评估

人口密度通常以每平方公里人数或户数乘以平均每户人数来衡量。一般来说，人口密度低的地区顾客光临的次数少，人口密度高的地区，顾客光临的次数就多。通常相同类型的餐饮店之间会有一定距离,大部分人会选择距离自己居住地近的、适合自己消费水平的店面就餐。因此,在人口密度高的区域所设的店面,其规模可相应扩大,以适应就餐需求。

5) 客流量评估

客流量分为现在客流量和潜在客流量。餐饮店选择开设地点总是选在现在客流量最多、最集中的地点,以使多数人能够就近用餐。在评估地理条件时,必须认真测定经过该地点行人的流量,也就是未来餐饮店的潜在客流量。一般潜在客流量多的地方如地铁站、公交车站、学校、医院、影剧场以及游览地附近会有更大的商机。另外,办公楼附近也是设店的有利地址,办公楼里的客流以消费能力较高的白领为主,他们对餐饮店的食品往往有较高的质量要求。

客流量的大小同该地上下车乘客数也有较大关系。上下车乘客数量的调查重点为该站上下车乘客人数历年来的变化趋势。上下车乘客人数越多的地方越有利于开店;上下车乘客人数若减少,又无新的交通工具替代的情况下,商圈人数也会减少。

根据车站出入的顾客年龄结构,可了解不同年龄顾客的需求。

店铺应选择在车流动线较多的地方(车流动线指车辆行走时的移动路线)。如在十字路口转角处附近的店铺,其车流动线有 4 条;位于双向车道马路的店铺有 2 条车流动线;处在单向车道马路的店铺则只有 1 条车流动线。

6) 消费能力评估

商圈内家庭和人口的收入水平决定了他们的消费水平,而消费水平又影响着未来餐饮店销售额的高低。通常是通过入户抽样调查获取家庭人均收入的。在选择店址时,餐饮店多以青年和中年层的顾客为主,因为他们的社会经济地位较高,而且可支配收入较多。城市中的年轻人,特别是大学生、中学生和已经进入工作岗位的年轻人,这批年轻人一般是独生子女,被称为"新生代消费层",他们消费的特点是注重饮食质量,注重味道与营养而不注重价格。由于这个年龄段人的父母大多是 20 世纪 50~60 年代"生育高峰期"出生的,数量很大,因此这个年龄段年轻人的数量也很大,餐饮店定位于这样的目标客户群是非常有规模性的。

7) 商圈的竞争评估

在做商圈竞争评估时必须考虑这样一些因素,现有餐饮店的数量、现有餐饮店的规模分布、新餐饮店开张率、所有餐饮店的优势和劣势、短期和长期变动以及饱和情况等。餐饮店过少的商圈,只有很少餐饮店提供满足商圈内消费者需求的服务;餐饮店过多的商圈,又有太多餐饮店提供服务,以致每家餐饮店都得不到相应的投资回报;一个饱和的商圈才是餐饮店数目恰好满足商圈内消费者对特定产品与服务的需要的最佳状态。饱和指数表明一个商圈所能支持的餐饮店不可能超过一个固定数量。

在计算饱和指数时可以借助于以下公式:

$$IRS = C \times \frac{RE}{RF} \tag{4-1}$$

式中 IRS——商圈的餐饮消费饱和指数;
　　　C——商圈内的潜在顾客数目;
　　　RE——商圈内消费者人均餐饮消费支出,元;
　　　RF——商圈内餐饮店的营业面积,m^2。

假设在一个商圈内有1万个家庭,每周在饮食方面支出为200元,共有10个店铺在商圈内,共有10 000平方米销售面积,则该商圈的饱和指数为 $IRS = 10\,000 \times 200/100\,000 = 20$。饱和指数越大,意味着该商圈内的饱和度越低;饱和指数越小,则意味着该商圈内的饱和度越高。一般说来,餐饮店要选择饱和指数较高、饱和度较低的商圈开店。

8) 细节技巧

如何发现一个区域的最优点呢?我们要学会在一个商圈内寻找细微的差异。例如,方向不同、当地主要建筑物不同或地势不同等原因都会对未来餐饮店的营业额造成影响。通常在有红绿灯的地方,越过红绿灯的位置最佳,因为它便于顾客进入,又不会造成店铺门口的拥挤堵塞现象。当然在餐饮店前最好有适当数量的停车位;在有车站的地方,车站下方的位置就要比车站对面的位置好,因为来往的顾客就餐比较方便,省去了过马路的麻烦;在有斜坡的地方,坡上要比坡下好,因为坡下行人过往较快,不易引起顾客的注意。

在居民住宅区附近设立餐饮店,在决定餐饮店位置的时候,要注意避免在下述地点开店建店,即道路狭窄的地方、停车场小的地方、人口稀少的地方以及建筑物过于狭长的地方等。不同气候的城市店址也有优劣差别,在北方城市,如果店门朝风(一般朝西北方向),冬季寒风不断地侵入,就会赶走顾客,因此风口位置要慎选。而有的门店前有树木、建筑物等,这些障碍物会影响餐饮店的能见度,从而影响客流量。正因为这样,我们要通过细微的对比来获取位置上的最大优势。

4. 选择餐厅地址的重要性

古人云,天时不如地利,充分强调了地利的重要性。尤其是开餐厅,地理位置的优劣更显得重要。人们把地理位置好视为餐厅赚钱的第一要素,这是有道理的。商业的传统规律是"步差三市",足以说明选址的好坏直接影响餐厅的盈亏。选择店址的重要性主要体现在以下几点。

1) 店址选择是一项长期性投资

餐厅不论是租赁的,还是购买的,一旦被确定下来,就需要大量的资金投入。当外部环境发生变化时,餐厅的地址不能像人、财、物等其他经营要素一样可以做相应的调整,它具有长期性、固定性特点。因此,对餐厅地址的选择要做深入的调查和周密的考虑,妥善规划。

2) 店址选择是对市场定位的选择

店址在某种程度上决定了餐厅客流量的多少、顾客购买力的大小、顾客的消费结构、餐厅对潜在顾客的吸引程度以及竞争力的强弱等。选址适当,餐厅便占有了"地利"的优势,能吸引大量顾客,生意自然就会兴旺。

3) 店址选择反映了服务理念

店址选择要以便利顾客为首要原则。从节省顾客的购买时间、节省其交通费用的角度出发,最大限度地满足顾客的需要;否则,就会失去顾客的信赖和支持,餐厅也就失去了存在的基础。

4) 店址是制定经营战略及目标的重要依据

餐厅经营战略及目标的确定,要考虑所在区域的社会环境、地理环境、人口状况、交通状况及市政规划等因素。依据这些因素明确目标市场,按目标顾客的构成及需求特点,确定经营战略及目标,制定包括广告宣传、服务措施在内的各项促销策略。事实表明,经营方向、产品构成和服务水平基本相同的餐厅,会因为选址的不同,而使经济效益出现明显的差异。不理会餐厅周围的市场环境及竞争状况,任意或仅凭直观经验来选择餐厅地址,是难以经受考验获得成功的。

二、餐饮管理

(一)餐饮机构下属部门

餐饮部的组织机构因酒店餐饮部的规模、等级、服务内容、服务方式、管理模式等方面的不同而不同,各个酒店因餐饮部大小、规模的不同而有所增减。常见的餐饮部组织机构如图 4-1 所示。

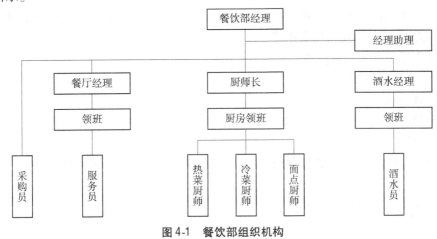

图 4-1 餐饮部组织机构

(二)餐饮部所属机构的主要职能

1. 餐厅

餐厅是提供食品、饮料和优质服务,满足客人饮食需求的场所。餐厅必须具备三个基本条件,即固定的场所,提供食品、饮料和服务,以赢利为经营目的,三者缺一不可。其中,食品、饮料是基础,优质服务是保证。

餐厅的主要职能有:

(1)按照规定的标准和规格程序,用娴熟的服务技能、热情细致的服务态度,为客人提供餐饮服务,同时根据客人的个性化需求提供针对性服务。

(2)扩大宣传推销,强化全员促销意识,提供建议性销售服务,保证餐厅的经济效益。

(3)加强对餐厅财产和物品的管理,控制费用开支,降低经营成本。

(4)及时检查餐厅设备的使用状况,做好维修保养工作,加强餐厅安全管理。

2. 厨房

厨房是餐厅的生产部门,负责菜肴、面点等产品的加工制作。厨房是餐厅管理的中心环节,必须确保产品质量,主要职能有:

(1)根据客人需求,为其提供安全、卫生、精美可口的菜肴。

(2)加强对生产流程的管理,控制原料成本,减少费用开支。

(3)对菜肴不断开拓创新,提高菜肴质量,扩大销售。

3. 宴会部

宴会部通常设有多种规格的宴会厅,在酒店经营中起着创声誉、创效益的重要作用。宴

会部主要负责各类宴会及重大活动的组织实施,主要职能有:

(1)宣传、销售各种类型的宴会产品,并接受宴会等活动的预订,提高宴会厅的利用率。

(2)负责中西宴会、冷餐酒会、鸡尾酒会等各种活动的策划、组织、协调、实施等工作,向客人提供尽善尽美的服务。

(3)从各环节着手控制成本与费用,增加效益。

4. 管事部

管事部是保证餐饮部正常运转的后勤保障部门,负责提供餐饮部所需的餐具用品,清洁餐具、厨具以及后台区域卫生等,主要职能包括:

(1)根据事先确定的库存量,负责为餐厅及厨房请领、供给、储存、收集、洗涤和补充各种餐具,如瓷器、玻璃器皿及服务用品等。

(2)负责银器及机器设备的清洁与维护保养。

(3)负责收集和处理垃圾。

(4)负责区域卫生。

(5)控制餐具的消耗及各种费用。

5. 采购部

采购部是餐饮部的物资供应部门,主要负责餐饮部生产原料的采购与保管工作,主要职能包括:

(1)及时做好食品原材料的采购工作,保证餐饮部所需原料供应。

(2)负责餐饮原料的验收与保管工作。

(3)做好采购价格控制及仓库存货控制工作。

(三)餐饮部的合理定员

1. 按比例定员

比例定员法是一种依据相关人员之间的比例关系来计算确定员额的方法。

如果某类人员的数量是随着职工总数或另一类人员总数的增减而增减的,就可找出其变化规律,确定其比例关系,则这种比例关系便具有标准的性质,可以作为计算定员的依据。例如,在食堂工作人员和就餐人数之间,托幼工作人员和入托儿童之间,教职员工和学生人数之间,工会工作人员、管理人员、运输人员、勤杂人员和职工总数之间,都存在这种比例关系。根据就餐人数、入托儿童总数、学生人数、职工总数及相应的比例,就可计算出相关服务管理人员的定员人数。

(1)计算方法。按职工总数或某一类人员总数和比例定员标准来计算定员人数。计算公式为:

$$定员人数 = \frac{职工总数或某一类人员总数}{比例定员} \qquad (4-2)$$

(2)确定适用条件。比例定员法的特点是定员人数随职工总数或某类人员总数成比例地增减变化。因此,应用此种方法时,必须确定所要定员的这类人员同职工总数或另一类人员总数之间是否确实具有客观的比例关系。如果不具有此种关系,则不能应用此法;否则就是滥用,计算出的定员就不会合理,不会符合实际。

(3)确定比例定员标准。比例定员标准要正确反映影响定员比例的因素,防止简单化。当存在多种影响因素时,要按影响因素分组确定比例定员标准。如食堂工作人员的比例定员标准就应根据就餐人数多少和开放次数多少分组确定。一般地说,当工作量大时,由于能更加合理地分工协作,实行兼职作业,充分利用工时,个人劳动效率能够提高,用人数量的绝对值虽然是增加的,但相对值(即比例定员标准)往往是降低的。

此外,确定比例定员标准一般应有一定幅度,以适应不同的条件,便于因地制宜,防止脱离实际。

(4)主要应用领域。比例定员法主要适用于确定定员人数随职工总数或某一类人员总数成比例增减变化的工作岗位的定员,如某些管理人员的定员或服务性单位的定员。确定某些生产工人的定员也可使用此种方法。如木模工可按造型工的人数和比例定员,焊工可按铆工的人数和比例定员等。

2. 按同行参数定员

可根据表4-5所给信息进行合理定员。

表4-5 按同行参数定员

数据来源		正常餐位数	餐饮部总人数	餐厅人员	厨房人员
李勇平的《现代饭店餐饮管理》(上海人民出版社)	传统资料统计	18	1		
	现代资料统计	23~25	10		
赵建民的《中餐行政总厨管理事务》(辽宁科学技术出版社)	大规模、高档次	15			1
	小规模、低档次	7~8			1
虞迅的《现代餐饮管理技术》(清华大学出版社)	酒店(早、中、晚三市)	100	35		
	社会餐饮			60	40
编者根据浙江范围调资统计	星级酒店	500	120	55	45
	社会餐饮	500	120	50	40

3. 按厨房内部配比定员

可根据表4-6和表4-7进行厨房定员。

表4-6 按厨房内部配比定员(1)

餐饮形式	餐位	炉台
会议宴请	80~100位	1人
零点散客	60~80位	1人

表4-7 按厨房内部配比定员(2)

	炉台	打荷	砧板	上杂	水台	冷菜	面点	杂工
传统厨房	1	1	1	1	0.5			0.5
现代厨房	1	1	0.7	0.7	0.7	0.5	0.5	0.5

4. 按工作量定员

$$\frac{总工作量时间 / 每人每天工作时间}{1 - 休假缺勤系数} = 餐饮生产人数 \qquad (4-3)$$

如某酒店每人每天工作 8 小时,每 10 天休息 2 天(每周休息一天半),三楼包厢区有包厢 50 间,每人每餐就座率 80%,每完成一桌中档宴席,平均所需时间为 4 小时(4 位厨师在默契配合下,8 小时内能顺利完成 8 桌中档宴会任务)。按上述公式进行人员计算:

$$\frac{4 \times 2 \times \frac{50 \times 80\%}{8}}{1 - 20\%} = 50(人)$$

5. 按餐位数定员

可按表 4-8 所提供数据进行定员计算。

表 4-8 按餐位数定员

种类	桌数	人均负责	服务员	迎客	跑堂	合计
大厅方桌	10 桌	4 桌/人	3 人	6 人	5 人	合计
大厅圆台	24 桌	2 桌/人	12 人			
普通包厢	30 桌	15 桌/人	2 人		5 人	
豪华包厢	20 桌	1 桌/人	20 人			
合计			37 人	6 人	10 人	53 人

三、菜单设计

(一)菜单的含义与作用

1. 菜单的含义

菜单是指酒店等餐饮企业向宾客提供的有关餐饮产品的主题风格、种类项目、价格水平、烹调技术、品质特点、服务方式等经营行为和状况的总的纲领。

2. 菜单的作用

菜单的作用从顾客角度来说,主要表现在以下两个方面:

(1)菜单是连接顾客与餐厅的桥梁。

(2)菜单设计的好坏直接反映了餐厅的档次和经营水平。

菜单的作用从餐厅角度来说,主要有以下几个方面:

(1)菜单反映了餐厅的经营管理方针。

(2)菜单影响着餐厅设备与用具的采购。

(3)菜单影响着餐厅人员的配备,决定了对服务的要求。

(4)菜单影响着食品原料的采购与储藏。

(5)菜单影响着餐饮成本及利润。

(6)菜单影响着厨房布局与餐厅装饰。

(7)菜单既是艺术品又是宣传品。

(二)菜单的种类

(1)按餐饮产品的品种划分为菜单、饮料单、餐酒单。

(2)按餐别划分为中餐菜单、西餐菜单、其他菜单。

(3)按就餐时间划分为早餐菜单、正餐菜单、夜宵菜单。早餐菜单一般内容较为简单;午餐、晚餐菜单必须品种齐全,丰富多彩,富有特色。

(4) 按服务地点划分为餐厅菜单、酒吧菜单、楼面(客房)菜单。
(5) 按服务方式划分为点菜(零点)菜单和套菜菜单。
(6) 按市场特点划分为固定菜单、变动菜单、循环性菜单。

(三) 分析选择菜肴

在确定了餐厅菜单的类型后,经过试验性菜单经营,接下来就要按照正式菜单选择菜肴了。选择菜肴就是将那些顾客喜欢的同时又能使餐饮企业获得利润的菜肴经过筛选,使之出现在餐厅的菜单上。在选择菜肴之前,我们必须对菜肴的销售状况作定量分析。

1. 了解当前菜品的销售动态

在选择菜单的菜品时,要密切注意有关菜品的销售状况,阅读有关美食和各种菜谱的杂志和书刊。同时,还要访问其他餐馆,了解他们销售什么食品以及这些食品的销售情况,了解他们有哪些菜特别受顾客欢迎,哪些菜销售不佳,从而使菜单的品种反映以下特点:

(1) 当时菜品流行的潮流;
(2) 市面上销量大的菜品;
(3) 当地人最喜欢的菜品。

2. 对菜肴销售状况的定量分析

对菜肴销售状况进行定量分析是菜肴选择中一项十分重要的工作。菜肴销售状况的定量分析就是对菜单上各种菜肴的销售情况进行调查,分析哪些菜肴最受顾客欢迎,用顾客欢迎指数表示;分析哪些菜肴赢利最大,一般价格越高的菜,毛利额越大,用销售额指数表示。

菜肴销售状况定量分析步骤:

(1) "菜肴"分类。这里分类的依据是指相互间会竞争的菜肴,也就是说一种菜的畅销会夺走其他菜的销售额。在分析菜单时,先要将菜单的菜品按不同类别划分出来,然后对直接竞争的同类菜品进行分析,例如铁板牛肉与青椒牛肉。

(2) 采集原始数据。菜单分析的原始数据可来自于订菜单,主要是汇总账单上各种菜的销售份数和价格。

(3) 分别计算出顾客欢迎指数和销售额指数。

顾客欢迎指数表示顾客对某种菜的喜欢程度,以顾客对各种菜购买的相对数量表示。顾客欢迎指数计算公式是:

$$顾客欢迎指数 = \frac{某种菜销售数百分比}{各菜应销售百分比} \qquad (4-4)$$

式中 各菜应销售百分比 = 100%/被分析项目数。

销售额指数表示菜肴的赢利能力,其计算公式为:

$$销售额指数 = \frac{某菜肴销售额百分比}{各菜应销售百分比} \qquad (4-5)$$

3. 选择菜肴

不管被分析的菜品项目有多少,任何一类菜的顾客欢迎指数和销售额指数的平均值总是为1。

顾客欢迎指数的意义:顾客欢迎指数超过1的说明是顾客喜欢的菜,超过得越多,越受欢迎。我国通常以顾客欢迎指数1为菜肴保留的临界点(国外的临界点是0.7),即大于1予以保留,小于1则从菜单上剔除该菜肴。

销售额指数的意义:与顾客欢迎指数同理,销售额指数超过1的说明该菜肴盈利能力强;反之,则盈利能力弱。

但是,在实际应用当中,两个指标通常应结合起来考虑。这样我们就可以把被分析的菜品划分成四类,并对各类菜品分别制定不同的产品政策:

(1)畅销、高利润菜既受顾客欢迎又可盈利,是餐厅的盈利项目,在计划菜品时应该保留。

(2)畅销、低利润菜一般可用于薄利多销的低档餐厅中,如果价格和盈利不是太低而顾客又较欢迎,可以保留,使之起到吸引顾客到餐厅来就餐的作用。顾客进了餐厅就还会点别的菜,这样的畅销菜有时甚至赔一点也值得。但有时盈利很低而又十分畅销的菜,也可能会转移顾客的注意力,挤掉那些盈利大的菜品的生意。如果这些菜明显地影响盈利高的菜品的销售,就应果断地取消这些菜。

(3)不畅销、高利润菜可用来迎合一些愿意支付高价的客人。高价菜毛利额大,如果不是太不畅销的话可以保留。但是如果销售量太小,会使菜单失去吸引力。因此,连续在较长时间内销售量很小的菜应该取消。

(4)不畅销、低利润菜一般应取消。但有的菜如果顾客欢迎度和销售额指数都不算太低,为0.8左右,又在营养平衡、原料平衡和价格平衡上有需要的,仍可保留。

4. 菜单的色彩、插图

菜单的颜色能起到推销菜品的作用。在菜单上使用颜色和彩色照片是当代餐厅的一种潮流。颜色能显示餐厅的风格和气氛,因此菜单的颜色要与餐厅的环境、餐桌和餐具的颜色相协调。菜单上使用颜色,能增加美观和推销效果。

彩色照片也能对食品饮料起推销作用。彩色照片能直接展示餐厅所提供的食品和饮料;能为菜单增加色彩,增加美观度;能使顾客加快点菜的速度,是菜品有效的推销工具。

5. 菜单的大小

美国餐厅协会对顾客调查证明,菜单最理想的尺寸为23 cm × 30 cm,这样的尺寸顾客拿起来舒服。尺寸太大,顾客拿起来不方便;尺寸太小,会导致篇幅过小而文字过密。菜单在篇幅上应保留一定的空白。篇幅上的空白会使字体突出、易读,并避免杂乱。如果菜单的文字所占篇幅多于50%,会使菜单看上去又挤又乱,会妨碍顾客阅读和挑选菜品。菜单四边的空白应宽度相等,给人以均匀之感;左边字首应对齐;菜单页数不宜过多,过多使人有烦冗之感,但也不能过少,否则难以反映出餐厅的实际菜品、档次和水平。

6. 菜单程式的安排

1)按就餐顺序排列

顾客一般按就餐顺序点菜。因此,菜单的内容一般按就餐顺序排列,以便顾客能很快找到菜品的类别而不致漏点。

(1)中餐菜单的程式一般为冷盘—热菜—汤—主食—饮料。

(2)西餐菜单的程式一般是开胃品—汤—色拉—主菜—三明治—甜点—饮品。值得一提的是,在西餐菜单中,主菜的地位举足轻重,分量很大,应该尽量排在显要的位置。根据人们的阅读习惯和餐饮同行们的经验总结,单页式菜单上主菜应列在菜单的中间位置;二页式菜单上主菜应放在右页的上半部分;三页式菜单上主菜须安排在中页的中间;四页式菜单上主菜通常被置于第二页和第三页上。如图4-2所示,各类菜单中阴影部分为主菜的理想位置。

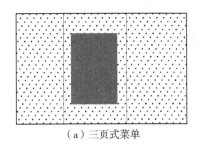
（a）三页式菜单

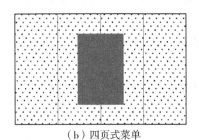
（b）四页式菜单

图4-2 菜单设计

2）按视线顺序排列

菜品编排顺序要考虑到菜单的不同位置对顾客视线的吸引力。菜品类别的编排要按最重要、重要、次要的先后顺序排列。主菜是菜单中价格较高，能给餐厅带来较多利润的菜品，因而主菜应该尽量列在醒目的位置。菜单的编排也要注意眼光集中点的推销效应，要将重点推销菜品列在醒目之处。重点促销菜肴可以是时令菜、特色菜、厨师拿手（绝活）菜，也可以是由滞销、积压原料经过精心加工包装之后制成的特别推荐菜，总之是酒店希望尽快介绍、推销给就餐者的菜。

菜品在菜单上的位置对于菜品的推销有很大的影响。要使推销效果显著，就必须遵循一个原则，即列在第一项和最后一项的菜品最能吸引人们注意，并能在人们头脑中留下最深刻的印象。因此，应将盈利最大的菜品放在顾客第一眼和最后一眼注意的地方。调查显示，顾客几乎总是能注意到同类菜品的第一个和最后一个。每个菜单都有它的重点推销区域。

三页式菜单对菜肴推销很有利，中间部分是人们打开菜单首先注意的地方。使用三页式菜单，人们首先注意正中位置，然后移至右上角，接着移至左上角，再到左下角，最后又回到正中。依据对人们眼睛注意力研究的结果表明，人们对正中部分的注视程度是对全部菜单注视程度的七倍。因而中页的中部是最显眼之处，应放上餐厅最需要推销的菜肴。

7. 菜单制作材料

对于餐厅的经营者来说，处理用纸问题不外乎两点基本考虑，即菜单打算用一次报废，还是打算作尽可能长久性的使用？如果菜单是打算逐日更换的，这种菜单可以印在普通的轻磅纸上。轻磅纸无须涂膜，价格低廉，用上一天即予处理。如果菜单是打算长久使用的，菜单就需印在重磅的涂膜纸上，这种纸经久耐用，经得起顾客餐前席间多次传递，也许还得选用防水纸，以便随时用湿布擦拭。这类纸通常就是封面纸或板纸，经过特殊处理。由于涂膜，它耐水耐污，使用时间也长久。选择恰当的菜单用纸涉及纸张的物理性能和美学问题，如纸的强度、折叠后形状的稳定性、不透光度、油墨吸收性、光洁度和白晰度等。此外，纸张还存在着质地差异，有表面十分粗糙的，也有表面十分细洁光滑的。由于菜单总是拿在手里的，所以纸张的质地或"手感"也是个重要的问题。

8. 菜单的字体

菜单的字体主要为餐厅制造气氛，反映餐厅的环境。它与餐厅的商标标记一样，是餐厅形象的一个重要组成部分。菜单的颜色、字体、标记可作为鉴别餐厅的特征。一旦选定了字体和标记图案后，这种标记和图案就不仅用在菜单上，还用在火柴盒上、餐巾纸上、餐垫上、餐桌广告牌上及其他推销品上。使用令人容易辨认的字体和标记，能使顾客感到餐厅的食品和饮料、服务质量具有一定的标准而留下深刻印象。为使菜单的字体易于辨认,字体不宜过小,要使顾客在餐厅的光线下,特别在晚间的灯光下能清楚地阅读。菜单设计的一个要点是尽可能提高字体的易读性和清晰度,这要靠对字体和字号大小的选择来决定。

9. 菜单的形式

菜单最常见、最传统的表现形式是长方形的平面菜单。除此之外,一些主题餐厅和特色餐厅还采用心形、扇形、刀形、灯笼形等立体菜单。

10. 菜单封面的设计

1)封面设计必须符合餐厅的经营风格

每一家餐厅都有自己经营的特点,一份设计精美、色彩丰富、漂亮且又实用的菜单封面应该成为该餐厅经营风格的醒目标志,无论是在图案、色彩还是规格上,都应突出其特点。假如你经营的是一家古典式餐厅,菜单封面上的艺术装饰应对此有所反映;如果你经营的是一家现代晚餐俱乐部式餐厅,那么,菜单封面艺术装饰就要有时代色彩,应考虑抽象艺术,甚至流行的通俗艺术绘画。

2)菜单封面应被视为室内点缀品之一

整个餐厅的装饰应讲究整体上的协调统一,餐桌的装饰、房间的装饰、门脸的装饰等都应协调起来。菜单作为其中一个小的部分,分散在顾客手中,菜单封面的颜色要么和餐厅的色彩设计相协调,要么就是互成反差,使之相映成趣。在一家设计完美的餐厅里,菜单封面通常是设计得既能恰如其分地体现餐厅的名称,又能与餐厅的装饰色调和设计和谐一致。

3)菜单封面上的内容

一般菜单封面上都有酒店或餐厅的名称,有的还包括其他一些内容,如餐厅的地址、电话号码、营业时间、支付方式等。不过这些内容不一定都印在封面正面,正面可以只印餐厅的名称,其余的几项印在封底。封底还可以注明一些与经营有关的重要内容,如会议设施、外卖服务、餐厅简史或餐厅所处地段的简图等。

【技能训练一】

餐饮机构前期筹划

训练目的

为建立某中小型餐饮机构做前期筹划工作,设想其类型、地点、目标对象、店名等。

工作指引

(1)学习相关知识,为外出实地考察做准备,小组组长为组员作分工合作安排。

(2)进行市场细分,确定餐厅类型,起个好的店名,以适合目标市场。

(3)确定小组所要开设的餐厅类型,确定店名、餐厅的目标市场,最后由小组代表上讲台给其他组陈述本组的理由。

(4)在本市为你的餐饮企业找个合适的开业地点,向其他小组说出本组的理由。

(5)教师归纳总结。

阶段成果检测

(1)各小组对餐厅类型的确定。

(2)每个小组对所构建餐饮企业的目标市场定位及店名确定。

(3)各小组对所建立餐饮企业的成功筹划并陈述理由。

【技能训练二】

设计餐饮企业组织结构图

训练目的

为自己的餐饮企业设计组织结构图,并为其合理定员。

工作指引

(1)考察当地餐饮企业,了解所考察企业的组织结构,列出要考察的要点。

(2)学习相关知识,各小组列出向当地企业经理提问的有关组织结构问题,为外出调研做好准备。

(3)学习相关知识,各小组根据考察结果,模仿调研企业,初步为自己的餐饮企业画出组织结构图。

(4)根据学习到的企业组织定员方法,得出自己的餐饮企业所需员工具体人数。

阶段成果检测

(1)各小组当地餐饮企业调研报告的提交。

(2)每个小组为自己企业画出组织结构图。

(3)各小组对自己所建立餐饮企业合理定员。

【技能训练三】

单选择菜单类型风格

训练目的

选择自己要设计的菜单类型,并能根据不同菜单类型设计不同风格的菜单。

工作指引

(1)各小组从多方面收集不同种类菜单,作为一个顾客(餐厅管理者),你能分别从中读出菜单背后的哪些信息?

(2)小组组长为组员作分工合作安排;要求每个组员收集一个类型的菜单;在课堂上介绍收集回来的菜单。

(3)各小组将组员收集回来的菜单拿来逐一讨论,分析菜单所传递的信息(从顾客和餐厅管理者角度);由小组成员代表来陈述讨论结果。

(4)根据各小组所建立的餐饮企业,为自己的餐厅确定菜单类型,并结合餐厅特点、风格等说明所选的理由。

阶段成果检测

(1)各小组对所收集菜单进行分析。

(2)各小组建立餐饮企业,确定菜单类型,并陈述理由。

【技能训练四】

设计菜单

训练目的

选用恰当的方法确定本餐厅要经营的菜肴及菜单的内容,装帧布局自己的菜单。

工作指引

(1) 讨论菜单筹划时要考虑的因素有哪些,分析后确定所选择的菜肴。

(2) 为你的菜肴起名字并定好价格。

(3) 确定餐厅菜单的描述性说明、促销信息、餐厅准备信息。

(4) 确定菜单的色彩、插图、菜单的大小。

阶段成果检测

(1) 各小组陈述菜单制作的演讲稿或提纲。

(2) 各小组制作出成型的菜单。

模块五　旅游景区管理

☞ **知识目标**
（1）掌握景区游客管理的方法与技术；
（2）掌握景区安全事故的类型及处理方法；
（3）理解旅游景区解说类型及内容；
（4）理解旅游景区资源管理的内涵；
（5）掌握旅游景区服务质量管理的内容。

☞ **技能目标**
（1）能对景区游客进行引导与管理；
（2）能正确掌握处理景区安全事故的程序及方法；
（3）能设置旅游景区解说系统；
（4）能分析旅游景区资源特点及提出管理措施；
（5）能分析旅游景区出现的服务质量问题。

旅游景区是旅游吸引力的载体，是旅游者出游的归宿，也是激发旅游者出游的最重要的因素之一。由此，旅游景区是旅游产业的核心，可以说，没有旅游景区就没有旅游业。通过本模块的学习，主要了解景区的游客管理、安全管理、解说管理、资源管理、服务质量管理5个内容，为景区管理打下基础。

任务一　旅游景区游客的引导与管理

【情景导入】

2013年5月6日，网友沈先生在微博中提出游览埃及卢克索神庙时，发现壁画上有几个歪歪扭扭的汉字：丁××到此一游。沈先生说，作为中国人这是在埃及游览的途中最难过的一刻。沈先生发表的微博和照片很快就成了网络最热议题。在微博发出24小时的时间里，评论达11 000多条，转发达到83 000多条，而同上的相关评论则达数十万条。

有网友说："几千年的文物被你这几个字给毁了，一定要严惩！"还有网友写道："亲爱的游客们，别忘了，出去时，你就是中国！"更有网友痛批："孩子的家长呢？老师又是怎么教育的呢？中国人到底怎么了？"此外，"到此一游"也引起了官方的重视，5月27日，中国外交部呼吁国民出国旅游应遵守当地法律法规，要有文明的举止。

然而，事发地卢克索神庙布满西方人涂鸦。种种案例表明，丁××不是第一个在埃及神庙浮雕上涂鸦的人，世界各地有很多"粗鲁无礼"的游客都曾在埃及神庙或者希腊神殿上"留名"。人类有多种多样的心理动机留下"到此一游"，这和民族无关。事实上，在此次涂鸦事件的发生地卢克索神庙，布满各种各样的古人涂鸦。这些涂鸦有古埃及文、古希腊文、卡利安文等。而考古学家和金石学家的相关论文里，还提到"廊柱上密密麻麻地刻着19世纪旅行者的名字"。一直到神庙的廊柱有了保护措施,这种情况才得以好转。可见,"到此一游"并不是中国人的专利。

与此同时,网友也发现各国(地区)的游客在国内景区也有刻画现象。如香港文汇报记者在敦煌壁画上题字;长城也屡遭游客涂鸦,外国人也"到此一游",有"USA、France、Russia"等之类的老外留言。

【思考】
(1)如何看待游客的景区"涂鸦"?
(2)景区游客为什么会发生不文明的行为?
(3)如何对景区游客进行引导与管理?

近几年来,很多旅游景区在旅游旺季都出现了人满为患的现象。如何提高旅游景区对游客的服务引导与管理也变得越来越迫切。游客的行为会对景区产生一定的影响,文明的行为有利于景区的可持续发展,而不文明的行为则阻碍景区的可持续发展,可能有损景区环境和景观质量。这就需要旅游管理者对游客的不文明行为进行管理,多方面努力维护景区环境和秩序,寻找科学、合理的景区游客管理方法,引导旅游者文明旅游,尤其让公众意识到不文明的行为对旅游环境景观的污染和破坏,从而使游客认识到旅游中哪些行为是文明的、哪些行为是不文明的,意识到旅游景区环境应负的责任和义务,以此来制约自己不文明的行为。

一、景区游客管理的重要性

(一)游客是景区管理的重要组成部分

游客是旅游景区的"主角",是带来经济收益的"顾客"。注重对游客的管理,对景区的规范和可持续发展有着不可忽视的作用。游客是景区管理的重要组成部分,通过组织和管理游客的行为活动,通过调控和管理来强化旅游资源和环境的吸引力,在提高游客的满意度和体验质量的同时,实现旅游景区资源的可持续发展。倡导文明的社会文化氛围,可以保护旅游资源,优化游览环境,保证游客心情畅快,从而提升游客自身的满意度,促进景区管理目标的实现。

(二)游客是景区安全运营的影响者

旅游景区是指任何一个可供旅游者或来访游客参观游览或开展其他休闲活动的场所,是旅游者参观、游览的主要场所。安全是旅游的生命线,旅游景区发生的旅游安全事故不仅给游客的人身财产造成重大损失,也会严重损害景区的旅游形象。游客是景区的重要组成部分,保证游客的安全问题,是吸引游客来此旅游的基础,也是景区正常运转的前提。

(三)游客是景区市场推广的参与者

游客是推动市场的动力,是景区市场推广的参与者。景区要获得高的利润需要市场的推广,需要在游客心目中塑造"美好的口传形象"。景区景点给游客留下良好的印象,就容易获得游客的赞赏,从而为景区景点带来效益。

二、游客行为对景区的影响

游客是文明旅游的主要承载者,其文明的行为有利于景区的可持续发展,而不文明的行为则阻碍景区的可持续发展。

(一)游客文明行为对景区的影响

游客是景区的重要组成部分,也是旅游业的"形象代表",需要有文明的行为。游客的旅游消费包括物质消费和精神文化消费。人们外出旅游,不仅要在行、游、住、食、购、娱等方面得到优质服务,更希望能开阔眼界,增长知识,陶冶情操,获取美的享受。当游客做出爱惜花草树木、不乱涂乱画、爱护动物、尊老爱幼等文明行为时,不仅可以保护景区的自然资源、文化遗产资源以及游客的财产人身安全,也是精神文明的一种体现。

游客的文明行为关系重大,干净整洁的景区环境能够提高游客的满意度。优美的环境不仅是旅游管理者的责任,更重要的是游客的细心呵护。文明的旅游行为是保证景区可持续发展的因素,是景区良性发展的推动力;文明的游客可传播良好的声誉,吸引更多的海内外游客,推进旅游经济的更大发展。各景区要重视对游客的文明行为管理,这样才能使我国的旅游业更快、更好地发展。

(二)游客不文明行为对景区的影响

游客的不文明行为是指游客在景区游览过程中所有可能有损景区环境和景观质量的行为。它主要表现为两大类:一类是游客在景区游览过程中随意丢弃各种废弃物的行为,如随手乱扔废纸、果核、饮料瓶、塑料袋、烟头等垃圾,随地吐痰之类;另一类是游客在游览过程中不遵守景区有关游览规定的违章活动行为,如乱攀、乱爬、乱刻、乱画、违章拍照等。由于游客道德意识薄弱、环境保护信息缺乏等,这两类行为在景区都极为常见。

很多游客存在不文明行为,可能导致旅游景区环境污染、景观质量下降甚至寿命缩短,还可能给景区带来灾难性影响,如违章抽烟、燃放爆竹、违章野炊等行为。其直接影响表现为三个方面:

第一,游客的不文明行为给旅游景区的环境管理、景观管理带来极大的困难。

第二,游客的不文明行为本身往往成为其他游客游览活动中的视觉污染,影响游兴,破坏环境气氛,进而影响其他游客的游览质量。

第三,游客的不文明行为往往会给自己的人身安全带来隐患,如违章露营、随意给动物喂食、袭击动物、不按规定操作游艺器械等行为都可能给游客自身带来意外伤害。

三、景区游客的过程管理

如何教育和引导旅游者是摆在景区管理者面前的一个重要课题。中国国民素质从整体上说还不算很高,正确引导游客行为的责任尤其重要。很多旅游者并不清楚自己的权利、责任和义务。对于这种游客,景区管理者要及时传递信息给他们,要让"盲目"的游客了解其责任,向其介绍景区内应注意的事项(特别是不准做的事情)、环保政策、当地的习俗、社会行为规范、宗教场所的行为规范、摄影时应遵守的礼貌及其他与当地社会习俗和价值观有关的问题。

(一)游览前的游客行为管理

1. 制定景区行为规则

行为规则是人们参与社会活动所遵循的具体的基本原则和规范,具有长期的、稳定的适应性。

景区为游客制定行为规则,是要求游客在景区活动时要遵循一定的规范和制度。例如,进入佛教圣地游客不能杀生、不能戴墨镜或光脚进寺庙、不能乱摸寺庙内的物品。

景区制定行为规则要更科学化、人性化,让游客更乐意接受。比如行为规则的语言要婉转,避免使用"禁止、严禁、必须、应该"等词语。

有这样一条游客准则:真诚欢迎您光临某景区,为了创造优雅的景区环境,真诚地希望您将果皮纸屑等杂物放入清洁桶内。为了大家的安全,请不要吸烟;真诚地感谢您的合作,欢迎您再次光临某景区。听到广播站传来的温馨提示,游客怎能不遵守行为规则呢?游客安全受到保护,景区环境得到维护,保证了景区的可持续发展,也会给景区带来更多的经济效益。

景区要加强各种类型的旅游者的行为规范的制定、宣传和实施。英国发布的《在英旅游告诫20条》,除了告诫游客不要扔废弃物、乱涂乱画、触摸展品,还有针对具有不同文化习俗的国外游客的提醒,如要压低嗓门,特别是夜间和那些幽静的地方,如教堂和乡村,如果要把别人摄入自己的镜头,须先征得对方的同意等。所制定的行为规范一定要切实可行,要通过各种手段进行宣传,并采取有效的监督措施,以达到对游客进行教育和引导的目的,使游客认识到哪些行为是文明的、哪些行为是不文明的,意识到自己对旅游景物应负的责任,从而有效地来约束自己的行为。

2. 游客行为规则信息的发布

信息化时代的来临使得人与人之间的时空距离相对缩短,在旅游景区中提供充分的信息也是保证游客行为(活动)的关键。景区要加强对游客宣传的力度。例如,游客进入景区之后,先让游客观看通过生动形象手段布置的展览或者现代技术摄制的短片,使游客增长知识,唤醒游客的责任意识,自觉进行文明旅游;在景区入口处,免费发放入园须知或旅游指南,提前向游客告知一些禁止行为,使游客在入园前就了解有关规定,在游玩的过程中自觉遵守;在景区醒目的地方利用大型电子显示屏滚动播出游览须知及文明宣传短片,在显要位置悬挂文明标语、设置文明提示牌等。

对目前的出境旅游团至少要进行三个层面的宣传教育:基本的文明行为教育,不做损害他人、妨碍他人的事,如随地吐痰、衣冠不整、乱扔废弃物,在公共场所大声喧哗等;国际礼仪教育,如仪容仪表着装礼仪、会面礼仪、餐饮礼仪等;跨文化交际常识教育,了解与特定旅游目的地的人们交往时须注意的文化差异。

中央文明办和国家旅游局于2006年10月2日发布了《中国公民国内旅游文明行为公约》《中国公民出境旅游文明行为指南》,这在旅行社出行前对游客的引导与教育发挥了重要作用。

3. 景区旅游物品的发放

景区为保护资源、方便游客,根据其特点为游客发放一些物品,如陕西汤峪温泉为游客提供睡袍、浴巾,使游客泡完温泉后立刻感受到温暖。无锡灵山景区为保护梵宫,给游客提供鞋套。上海博物馆是一座大型的中国古代艺术博物馆,馆藏珍贵文物12万件,其中尤以青铜器、陶瓷、书法、绘画为特色;为让游客更详细地了解博物馆,场馆为游客发放了电子导游器。深圳欢乐谷的四维影院为游客提供了专用眼镜,使游客充分享受融视觉、听觉、触觉于一体的震撼效果。

(二)游览中的游客行为管理

1. 游客行为引导标志

设置标志牌和警示牌。景区应在适当位置设置规范的景区平面图、示意图、线路图,使游客知晓景区地形地貌、景点布局、距离远近及自己所在位置。在游客集散地、主要通道、危险地带、禁止区域设置安全标志;安全标志应设置在明显位置,不可有障碍物影响视线,也不可放在移动物体上。及时消除安全隐患,对景区的游览线路、设施设备进行巡查,一旦发现安全隐患应及时消除,如清除有碍通行的各类路障,铲除游道旁松动的山体危石,对森林中的危树加固或拔除。景区服务人员对于游客不安全的行为应及时制止,如人员拥挤应积极疏导,不正确的操作应立刻纠正。

2. 基础设施的设置

约束游客行为的最佳方式就是加强景区基础设施建设,营造优美高雅的景区氛围来感染游客,使其深入其中而自发约束自我行为。而要达到这个效果,除了积极适度的宣传教育,高质量的保洁工作、合理的路标、垃圾桶及公共厕所的设置和委婉幽默的警示牌都是必不可少的。另外,景区管理者也要重视景区重要文物古迹的保护栏设置。在一个规划设计人性化而又古朴庄重的景区内,一个行为本不文明的游客也会文明起来。

3. 景区导游

导游是国家和景区的"民间大使"和"窗口",导游工作是一项传播文化、促进友谊的服务性工作。带队导游可对游客的行为起到直接的引导、监督、制约作用。因此,旅游管理部门、旅游企业要加强对导游的培训和管理,引导他们发挥对游客的示范、监督和制约作用。导游要主动对不文明行为进行监督,要能够做到随时捡起乱扔的垃圾,以实际行动引导游客。旅行社要加强对导游和领队的教育和管理,要求他们在旅游中尽到引导、提示、监督的责任。另外,景区要对导游词严格把关,严禁无中生有地编造,加强导游词的知识含量和科学性,发挥导游"文明的引导者和传播者"的作用。

4. 景区工作人员实施监控

我国旅游业存在从业人员队伍缺乏稳定性、基层管理人员素质相对偏低的现象,同时很多旅游景区和企业对从业人员的培训和管理不到位,缺乏对从业人员的管理能力和管理责任意识的培养及要求,缺乏应有的责任感。在国内的很多景区,游人会随意触摸文物古迹,在文物古迹边嬉戏,并和文物亲密拍照,而从业人员对其视而不见的现象屡屡发生,使景区文物资源不经意被逐步破坏。工作人员的这种态度阻碍了游客管理的正常进行。为了维护景区的可持续发展,景区工作人员要不断提高综合素质,对游客进行更加人性化的监控。

四、重点区域游客管理

(一)排队区管理

有效地管理游客的排队等待特别重要。作为服务的前奏,排队等待通常出现在服务最开始阶段。如果让游客在排队时留下了不好的印象,不管在等待后得到的服务有多好,第一印象会长期保持,并极大影响游客对景区感受的评价。游客排队等待服务可以使有限的服务能力得到更加充分的利用。如果没有排队管理,就无法估计游客数量,难以合理安排人员,使景区环境、安全受到影响。但如果让游客长时间等待,将会使游客感知服务质量降低,会使游客流失、需求减少,景区形象受损。有效地对游客排队等待进行科学管理,可提高景区的管理效率。

排队区管理主要有以下三种方法。

1. 设置游客排队队列旅游高峰时的分流及管理

著名的旅游景点排队现象是较为普遍的。让游客长时间排队会造成游客体验下降，景区应给游客进行合理的分流及管理，确保良好的排队等待秩序，给予每一个游客公平的优质服务，并寻求一个优化方案，提升景区的服务质量，为景区赢得更多的忠诚游客。排队结构是指排队的人数、游客的位置、空间的分布以及对游客行为的影响。

常见的排队结构有多队列、单队式和叫号三种。多队列可以使游客自由选择其中的一条队伍，中途看到其他队伍等待时间变短时可以转队。但对等待时间的估计容易产生焦虑和竞争，导致紧张心理。对于多队列的方式，景区根据需求的基础和游客的优先级，将不同的游客分成不同部分，允许部分游客不按照先来先服务的原则，例如设置绿色通道，残疾人、军人、老年团队、儿童团队可通过绿色通道进入景区，从而体现景区的个性化管理。

2. 利用技术手段加快游客进入过程

加快游客进入过程，必须要掌握客流量并科学引导。组织者可建立网络、电话、短信售票系统，鼓励观众提前订票。游客可以根据已售票数，主动回避高峰，同时组织者也能做到心中有数，做好预案。例如，随着游客检票进入景区，有了第一时间的统计数据，接下来的科学调控，用大屏幕对人群统一疏导，借助手机提供"个性化导游"——当游客走出场馆时，手机网络就能自动甄别其身份，结合他的参观路线和客流量分布，自动发送短信，引导他前往最合适的地方参观。

3. 设计排队区环境，转移游客注意力

景区可以采用一些与服务相关的转移游客等待焦虑的注意力的方法来填充时间，并设计排队区的环境。对于游客来说，感知到的等待通常比实际的等待时间更重要。因此，应当通过创新方式减少游客感觉中的等待时间。空闲无聊的等待比有事可做的等待时间长，游客没有获得服务时容易厌倦，比他们有事可做时更加注意时间。为等待的游客提供一些活动来填充时间，比如读物、广告、有趣的视频、供小孩玩耍的玩具、咖啡、小点心等。安装镜子也是常用的方法，人们可以对镜子看看自己服饰是否合适，也可以偷偷观察其他正在等候的人。还可以把景区的宣传册递给等待的顾客，这些方法传达服务已经开始的信息。一旦开始接受服务，顾客的焦虑会大大降低。

（二）景区设置游客服务中心

游客服务中心是景区设立的为游客提供游览信息咨询、游程安排、讲解、教育休息、电信、投诉等旅游设施和服务功能的专门场所。以下是游客服务中心的要求：

（1）游客服务中心应位置合理，能够从主入口便捷到达，与主入口间有一定的缓冲。

（2）引导标识醒目、齐全，设置科学，能够引导游客方便到达。

（3）建筑风格有特色，符合景区主题；建筑外观（造型、色调、材料）与景区相协调，建筑体量适度；建筑物周边形成相应缓冲区，景观与环境美化措施多样，环境氛围优良。

（4）建筑规模是4A级以上景区游客服务中心面积应达100平方米以上，1A～3A级景区游客服务中心面积应达50平方米以上。

（5）功能设置包括景区介绍、旅游咨询、游程信息导游、通信、邮电、便民服务、景区形象展示、投诉处理和安全提示等，有条件的提供医疗救护服务。

（6）各功能区进行合理划分，做到互不影响，游客服务中心内设服务项目公示牌。

（7）咨询设施：配备咨询台和咨询人员，提供景区全景导游图、游程线路图等，提供本旅游景区预览宣传资料，明示景区活动节目预告，提供景区周边交通图和游览图。设置电脑触摸屏和影视设备，介绍景区资源、游览线路、游览活动、天气预报，提供上网服务，有条件的应建立网上虚拟景区游览系统。

（8）休息设施：设置专用的游客休息区，面积要适当，能够满足高峰时游人的需要；座椅数量要满足游客需要，摆放合理，进出方便，注意氛围的营造，与周边功能区要有缓冲或隔离，要求安静，视野开阔；室内要有适当盆景、盆花和其他装饰品摆放；提供免费饮水服务；设置茶饮服务台，有专人服务；提供茶饮或咖啡服务，价格要适当。

（9）景区形象宣传设施：设置景区导游展示，宣传展板；提供正式印刷的导游图、明信片、画册、音像制品、研究论著；有条件的可设置景区沙盘、多媒体放映厅、展示厅。

（10）特殊人群服务设置：入口、台阶处应设置无障碍通道，设置标准应符合、方便残疾人使用。设置的规范要求提供轮椅、婴儿车、拐杖等辅助器械。

（11）便民措施：提供雨伞租借，手机、摄像机、照相机免费充电，小件物品寄存，失物招领服务；提供电池、手机充值等旅游必需品售卖服务，收费合理；提供邮政、明信片及邮政投递、纪念币和纪念戳服务；游客服务中心内设公用电话，具备国际、国内直拨功能，移动信号全覆盖，信号清晰；有条件的，提供医疗救护服务，设立医务室，配专职医护人员，备医学药品、氧气袋、急救箱和急救担架。

（12）游客意见调查：进行游客意见调查，征询游客意见。

（13）游客投诉及意见处理：投诉制度健全，设专人接待受理游客投诉；认真听取游客诉求，耐心做好解释安抚工作，及时向投诉者反馈处理意见。

（14）游客安全宣传：通过影视设备或广播向游客宣传安全游览须知，在旅游高峰期和特殊时段及时发布安全预警信息；遇到突发事件时，及时指示、引导游客脱离危险。

（15）环保节能：设立废旧电池回收箱，提供垃圾回收袋。

（16）环境卫生：游客服务中心内外地面无污水、污物；建筑物及各种设施、设备无污垢，无剥落，气味清新，无异味；设置禁烟标志。

（三）信息咨询服务

在旅游业快速发展的今天，游客更加注重多样化、体验式旅游，自驾游、背包游、骑行游等独立的旅游方式日益为大众接受和喜爱，对其有针对性的信息咨询就显得尤为重要了。游客出行前了解目的地信息主要是通过网络资源，因此景区应加强网络建设，建立"吃、住、行、游、娱、购"六要素全方位的旅游信息数据库，采取电子触摸屏、宣传架、小广播站等信息系统，建立"游客至上、服务高效、内容丰富、多方参与"的综合性信息服务系统，不断提高旅游景区移动信息服务模式，实现景区精细化管理和人性化服务，提高景区综合管理水平和服务质量，使游客在旅游旺季和节庆活动期间及时准确地了解景区的状况，方便自己的出行，繁荣景区旅游经济。

（四）接受游客投诉

景区正确接受并处理好游客投诉的意义在于发现自己工作的疏漏和不足，了解管理和服务中存在的实际问题，以便有针对性地采取措施，确定某一时期服务质量管理的方向或重点，改进服务工作，提供高质量、高效率的服务，进而加强游客同景区之间的感情联系，改善游客对景区的印象,以提高景区的声誉,增加潜在的客源及回头客,提高景区的经济效益。接受游客的投诉应注意以下4个方面。

1. 正确认识投诉服务的意义

游客通常在非常满意或非常不满意的情况下才会表示他的态度。在许多旅游景区管理者看来,只要游客在服务合约期间没有投诉,就万事大吉了。殊不知,一个含蓄的中国游客可能会不声不响地选择其他景区,可能向他周围的每一个人诉说他的不满。网络投诉也是一个市场调研。通过投诉,游客告诉景区他们想要的旅游产品和服务是什么。有时游客因怕麻烦,而放弃投诉,管理部门也无法了解实情。在这种情况下,通过售后服务就可以及时发现问题,争取主动,尽快化解游客的抱怨和不满,减少负面影响,提高游客对景区的满意度。投诉还可以带来"终身客户价值",忠诚的游客是不容易产生的,可是不忠诚的游客却很容易产生。如果游客认为他们的抱怨被接受,并且有所回应,他们将会多次光顾,成为忠诚的游客。

2. 重视网络建设工作,加大资金投入

认清景区投诉的重要性,把景区投诉服务工作列入重要的议事日程,加强投诉服务建设的力度,突出自身特色;建立、完善各种与旅游者的联系形式和互动方式,发展电子商务,提供在线旅游咨询,设立旅游论坛;提供景区及周边购物、住宿、交通等相关服务内容。

3. 搭建旅游网络投诉维权平台

首先,景区要建立专职机构,专门管理投诉事宜;运用搜索服务器,查看投诉者的相关信息,明确投诉信息的原始来源和移动去向,并及时将受理信息和顾客反馈在互联网站发布,尽可能降低不良影响,增加其他游客对旅游景区的好感。其次,应设立专业和便捷的网络投诉渠道,并向游客公开,接受游客的投诉。网络投诉便捷、自由度高,越来越多的游客倾向于采用这种投诉方式。此外,旅游景区传统的电话、书信等投诉渠道应保持畅通、有效。

4. 提高投诉处理效率

如果游客曾打电话给旅游景区,不是无人接听,就是态度怠慢,就会转入网络投诉。旅游景区应提高内馆员工素质,要求其应认真倾听,态度热情。相关人员还要提高投诉处理水平,不仅要熟悉相关的旅游法律知识,还要善于做说服工作,能够比较好地化解游客的不满并处理投诉。另外,要加强旅游投诉处理时限的管理。

五、旅游景区游客管理技术

(一)游客数量和景区容量的调控

众所周知,旅游具有季节性,淡旺季客流量有差异也极为正常。但是当控制不好这个差异度,尤其是当旺季游客量过大且超过景区承载力的时候,就会造成景区、游客及社区居民三方利益受损的局面。

客流量能带给景区丰厚的利益,但是如果超过了景区负荷,所造成的损失就不是经济利益所能衡量的了。此外,过大的客流量也会给游客自身和当地社区居民带来不良影响,游客满意度的高低与其周围的其他游客有着直接的关系。一个旅游团队活动带来的视线遮挡、声音干扰以及人员拥挤很可能影响另一个团队的活动和体验。如果游客密度太大,这种影响则会更加负面。社区居民这个常常被忽略的因素,在此也会因为过多的游客,受到较大干扰。

例如,××省博物馆新馆位于××新城市中轴线,其外观气势磅礴,参观博物馆游客只需用身份证领取门票就可免费参观。博物馆为防止人流量过大造成安全隐患,并保护国家文物,采取控制游客数量的方法,在景区入口处的警示牌中写道:"每天参观博物馆的人数不超过500人,每隔10分钟到15分钟进入一批游客,请各位客人排队等候。谢谢合作!"在入口两侧各有一个排队区,一侧是散客排队区,另一侧是团队游客、VIP排队区,这样不仅能使游客有条不紊地进入博物馆,而且控制了游客的数量。

(二)定量定点管理技术

旅游区的接待能力一般与该地区的旅游资源、生态环境、旅游设施和基础设施,以及当地居民心理承受能力有关。旅游的某一时段的容量,可由该地区旅游资源容量、生态容量、设施容量和社会地域容量中的某一两个因素决定,一般情况下由旅游资源容量、设施容量决定。每位游客在景区活动应占有一定的合理空间。例如,我国一些风景名胜区规划所采用空间的标准不尽相同:泰山为15平方米/人,庐山为60平方米/人,杭州为57平方米/人,北戴河为40~60平方米/人,北京古典园林为20平方米/人,山岳型观景为8平方米/人。游客的数量一旦超过景区各项容量标准,就会产生消极的影响。

(三)游线管理技术

(1)解说系统选择技术。通过旅游者消费技术与解说系统之间关系的分析发现,解说系统能够深化旅游者对景观和整个景区的旅游体验,从而为景区创造更多的潜在需求。还可以通过解说系统,有意识地增加旅游者的环保意识,促使旅游者进一步尊重自然和人文生态,支持旅游景区的管理工作。

(2)有效沟通技术。沟通是指有效地向别人表达自己的思想、看法和情感,并能够得到积极的呼应、交流。有效沟通可以达到减少误解、促进相互合作、交流融洽,以达到解决问题的目的。沟通在我们生活当中无处不在,在旅游行业中与游客保持良好的沟通关系既可以拉近景区与游客之间的距离,不断了解客人的需求,提高客人的满意度,也能让客人了解景区的游客管理制度,维护景区旅游资源的可持续发展。

【技能训练】

旅游景区游客管理技术的制定

训练目的

(1)通过对景区的游客行为和景区游客管理技术的调查,制定合理的游客管理技术;初步掌握旅游景区游客管理技术,为景区游客管理提供基础。

(2)锻炼学生分析问题及解决问题的能力。

工作指引

(1)实训要求。

学生应提前阅读相关实习知识,了解实习的目的,并结合《旅游景区管理》教材进行认真的准备;学生应服从指导教师与景区工作人员的安排,必须完成当天的实习任务,并撰写游客管理技术报告,交由指导老师;整个实习环节必须通过自己的实地调查,制定出合理的游客管理技术,并给予合理的解释。

(2)实训准备。

实习前仔细阅读实习指导书及相关资料,准备好实习调查的图表、文具等。

(3)实训步骤。

教师指导学生完成实训前的准备工作。学生对实地景区进行实地调查,具体调查游客的行为特征,特别是游客的文明与不文明行为、景区游客管理现状及技术措施。学生对景区制定出合理的游客管理技术,教师做好游客管理技术的指导工作。

(4)实训要领。

实习过程中,学生必须到具体的部门岗位对游客进行实地调查、访问交流,这样才能获得第一手资料,并与其他景区的管理技术进行对比。

阶段成果检测

(1)完成旅游景区游客管理技术的制定报告。

(2)各小组完成实训总结报告。

任务二 旅游景区安全管理

【情景导入】

来自陕西省合阳县的两名游客未按照游园规定,误入西安秦岭野生动物园虎区(车行区)大门,进入老虎散养区。一名游客被四、五只老虎当场咬死,另一名游客被园区工作人员及时救出,腿部受轻伤。两名游客是父子关系,均为陕西省合阳县人,亡者张昌某45岁,伤者是刚参加完高考的张永某,17岁。

据警方调查,秦岭野生动物园猛兽区设2道门和3.6米高铁栅栏、电网等设施,游客须坐观光车才能进入虎区游览,猛兽区电闸门操作有严格规定,观光车鸣笛后电闸门操作员开启第一道门,车进入后关闭第一道门,随后可开启第二道门。但是事发当日,张氏父子未坐观光车,两人就进入虎区。景区工作人员梁××在岗楼值班,负责进入虎区第一道门和第二道门的电闸门操作。下午1时许,一辆观光车进入猛兽区后,梁××没有及时关闭两道闸门,导致步行游园的张氏父子误入虎区遭袭。据悉,经多次谈判,西安秦岭野生动物园给予死者家属死亡赔偿金、丧葬费等共43万元,并于6月20日赔付。与此同时,西安秦岭野生动物园主管单位西旅集团对有关当事人进行了内部处理,动物园一名总经理助理和动物园管理员被免职。

【思考】

(1)情境中的野生动物园为什么会出现游客被动物咬死的情况?

(2)今后该景区如何制定安全管理措施,保证游客的生命财产安全?

"没有安全,就没有旅游"。景区安全管理不是仅仅制定制度、配置设施,更重要的是景区管理人员应具有安全意识,严格执行相关制度,加强防范,加强对游客安全意识的教育和引导,以尽到景区权限范围内的安全义务。景区避免损失最为经济、有效的办法是建立安全保障体系,将事故隐患消灭于日常管理之中。景区安全管理即对各类安全的防治与管理。景区安全的工作目标是防止重大治安案件和刑事案件的发生,预防火灾和重大事故的发生,并在发生安全事故时能及时有效地处理。

一、自然灾害类型及其防治

旅游自然灾害是指在旅游过程中突发性的给游客或旅游设施带来严重危害的天然灾害事故。景区自然灾害的类型主要有威胁人类生命及破坏旅游设施的自然灾害,包括飓风、台风、气旋和龙卷风、洪水、雪暴、沙暴等气象灾害;地震、火山喷发、雪崩、泥石流等地质及地貌灾害,以及其他自然灾害,如森林火灾。景区自然灾害有种类多、季节性强、损失较大,人为灾害与自然灾害交织作用等特点。旅游灾害与旅游资源开发似乎是一对"孪生儿",因此把旅游开发与减灾结合是非常必要的。

(一)水灾与旱灾

洪灾及涝灾多由夏季暴雨形成。如果景区排水设施不畅,积水过多,就会影响旅游交通,并可引发崩塌,破坏基础设施及旅游设施,给旅游企业运作带来困难。洪灾带来的水土流失也不容忽视。旅游开发(包括相关的房地产开发和拆迁、改造)可能会破坏原本良好的地貌、植被和通畅的水系,若地面绿化及道路硬化等水保措施跟不上,则一遇暴雨便会造成严重的水土流失。水土流失将造成水源污染,带来淤积危害,破坏生态平衡,旅游设施和市政设施也会受损害,给旅游区带来难以估量的损失。据分析,旅游区水土流失主要是人为破坏地貌植被所致,最易发生在建设项目施工过程中和建设项目竣工后。因此,在各项目施工过程中,建设单位要把控制水土流失作为专项管理内容实施管理;在项目竣工后,要尽快铺设道路和在裸露地面上实施绿化,以尽量减少和控制水土流失现象。

洪涝灾害对旅游区的危害虽不可避免,但可以将其降到最低限度,具体对策包括雨季到来之前,对道路、危险建筑仔细查看,适时采取工程措施防范;对受暴雨影响严重的景区及时封闭;充分利用上游水库水量调节功能;景区建设之前,建筑、道路等设施要考虑防洪、抗冲能力,预留泄洪道,疏通淤积河道;旅游业防洪要贯彻"全面规划,综合治理,防治结合,以防为主"的方针,各旅游景点应因地制宜,确定防洪标准,并与流域规划相协调,工程措施和生物措施相结合。

旱灾会造成景区缺水,水景及植被美观度下降,旅游设施运转费用增加,旅游企业成本上升。防治旱灾采取的措施主要通过行政、立法和经济手段促进水资源的合理利用,制定合理的水价,在不同时间、不同用途上征收不同的水费。

(二)气象灾害

旅游气象灾害具有以下特点:类型多,包括风灾、高温灾害、冰雪灾害、大雾灾害、雷电灾害等;季节性强,暴雨和雷电等重大灾害性天气都发生在夏季,大雪、冰冻、大雾等灾害性天气都发生在冬季;具有连锁性,交通、通信、供水、供电、供气等工程之间联系十分紧密,一旦发生气象灾害,很容易造成连锁反应,产生一系列次生灾害和衍生灾害。

气象灾害防治措施以预防为主,应加强对灾害性天气的预警预报;景区相关部门与气象部门应密切合作,开设专项服务(咨询、热线);合理拟设针对突发性气象灾害的应急措施,配备人力、物力,减少各类灾害性天气所造成的损失。

(三)泥石流灾害

泥石流灾害多发于山区,是由暴雨集中、山高、坡陡和植被稀疏等因素引起的,破坏性较大,对旅游业干扰很强。近几年的夏季,我国多处景区均有泥石流灾害发生。其主要防治措施有搞好山区水土保持和小流域治理;修筑塘坝、排洪渠等工程措施;加强泥石流的预警预报等。

二、人为灾害的预防与处理

(一)火灾

火灾是景区比较常见,也是危害较大的安全事故之一。

1. 景区火灾的发生原因

火灾是由在时间和空间上失去控制的燃烧所造成的灾害,往往伴随爆炸。从形成的原因看,火灾可分为三类:人为火灾,大部分的火灾都是由游客乱丢烟头、火柴梗,操作人员思想麻痹、违规操作等违反安全管理规定引起的;自然起火,如雷击;人为故意纵火。

2. 景区火灾发生的特点

景区的火灾主要发生在旅游宾馆、酒店和各类公共场所及森林景区内。景区住宿与公共场所火灾的特点是起火因素多且蔓延快,公共部位有众多的装修陈设,居住体中有大量的家具衣物,多属可燃之物,加之人员多而复杂,极易形成着火源;疏散扑救难且危害大,公共体中游客既多又不熟悉安全出口位置,火灾时人群相互堵塞。森林与草场等植被发生火灾的特点是一旦发生,火势猛、范围广,地形复杂,很难扑灭。

3. 景区火灾的预防措施

针对火灾应采取的措施主要有景区管理者严格遵循消防条例和景区规定,防患于未然,加强安全管理;景区管理者积极对游客开展安全教育和安全引导,对进入景区的游客,景区工作人员有必要向他进行景区防火宣传,向游客宣传景区防火注意事项,讲明应注意的具体事项,如说明安全通道、消防设施、安全门等情况;宣传形式可人性化、多样化,不能太过生硬,让游客产生反感,如在每个客房的房门后悬挂安全防火示意图,在景区公共场所张贴防火标志和多处设置烟缸等,方便游客扔烟头和火柴梗。

4. 景区管理者对火灾的应对

一名合格的景区管理者,应懂得本部门服务过程中火灾的危险性,懂得预防火灾的措施,懂得扑救火灾的方法。火灾发生时,会报警、会使用灭火器材、会扑救初期火灾。

5. 景区火灾事故处理

景区发生火灾事故可以按如下方法处理:

(1)组织灭火。发生火灾的单位或发现火情的人员或单位应立即向报警中心报警,讲清失火的准确部位、火势大小。报警中心接到报警后,应立即报告总经理或总负责人,并根据总经理或总负责人的批示呼叫消防队并拉响警铃。报警中心应指示总机播放录音,告知火势情况,稳定游客情绪,指挥游客撤离现场。总经理或总负责人、安全部经理、工程部人员、消防队、医务人员等应立即赶赴火灾现场指挥现场救火,迅速查明起火的准确部位和发生火灾的主要原因,采取有效的灭火措施;积极组织抢救伤病员和老、弱、病、幼旅游者。

(2)保护火灾现场。注意发现和保护起火点;清理残火时,不要轻易拆除和移动物体,尽可能保护燃烧时的状态。火灾扑灭后,应立即划出警戒区域,设置警卫,禁止无关人员进入,在公安部门同意后进行现场勘查和清理火灾现场;勘查人员进入现场时,不要随便走动;进入重点勘查区域的人员数量应有所限制。

(3)调查火灾原因。对于火灾发生原因的调查,主要采用调查访问、现场勘查和技术鉴定等方法。调查访问的主要对象包括最先发现火灾的人、报警的人、最后离开起火点的人、熟悉起火点周围情况的人、最先到达起火点的人、火灾受害人等；调查的内容包括火灾发生的准确时间、起火的准确部位、火灾前后现场情况等。现场勘查包括对火灾周围环境的勘查，对着火建筑物和火灾区域的初步勘查，对物证、痕迹的详细勘查和对证人的详细询问等。技术鉴定是指借助科学技术手段，如化学分析试验、电工原理鉴定、物理鉴定和模拟试验等对火灾发生原因进行技术鉴定。

（二）环境公害

环境公害主要包括大气污染、水污染、酸雨、噪声等，主要分布在人口密集的城区和旅游景区。环境公害不但影响景区的景观质量，而且影响景区的形象，从而影响旅游者到景区的意愿。环境公害需要社会各部门的通力合作，综合治理，才能标本兼治。

三、景区治安管理

对于景区治安管理的责任，现行法律法规虽然没有明确界定，但景区应做好相关的预防和应急处理措施，尽到职责范围内的安全义务，避免产生相应的纠纷。

（一）景区治安管理防治

景区的治安问题，管理者应予以高度重视，一旦发生，影响和损失巨大。景区工作中必须贯彻"群防，群治"的原则，每一位员工都应具有安全意识，严格执行安全责任制，时时注意做好治安工作。景区在治安工作中，除日常的治安维护、巡视外，重点要预防盗窃、杀人、投毒、爆炸案件的发生。景区的治安管理措施有以下几个。

1. 普及法制教育，提高安全防范意识

由于景区地域广阔、地形复杂、人群流动性强及人员分散等特点，应努力将治安工作群众化。要坚持不懈地对景区内的居民进行深入细致的普法教育，强化景区内的旅游管理人员、从业人员、社区居民以及旅游者的法制意识与安全防范意识。

2. 健全和完善各种治安管理制度

景区应根据国家有关治安管理的法规条例，结合自己景区的特点，健全和完善各种治安管理制度。要使各项规章制度明晰，具有可操作性，使之有章可循，有法可依。

3. 建立和健全治安执法机构和治安管理队伍

景区治安管理需要有一个能统一协调、具有权威性的执法机构，以负责景区治安的管理与防控工作。景区要有一支治安管理专职队伍，以便对景区实行治安专职管理。治安管理队伍要实行治安责任制管理，要将景区治安管理责任到人，并使治安管理队伍的管理工作日常化。要加强旅游个体从业人员的统一管理，提高治安管理队伍人员和联防人员的政治素质和业务素质，提高他们的法律意识和执法水平，保证治安管理和执法中的准确性和合理性。

4. 安全防范设施到位

配备和更新必要的安全防范设施，实行建、防、治三位一体的管理体系。三位一体的建、防、治体系能充分发挥治安管理机构的作用，达到标本兼治的目的。

"建"是指建立一个稳定和谐的治安格局和正常的旅游安全状态，为旅游者提供一个良好、安全的旅游环境。

"防"是指在治安问题未形成前的量变阶段，制止其质变发展，这是预防和控制违法犯罪的根本途径。随着景区治安管理面的加大，要注意视角前移，加强调查研究，更好地预测各种犯罪的趋向、手段和特点,以便科学地、有针对性地进行预防。

"治"是指治安管理部门要充分应用法律法规的威力,对黄赌毒等社会丑恶现象必须坚决查禁取缔,并严厉打击,遏制其蔓延势头。

为提高建、防、治体系的防控能力,各景区(点)特别是比较偏僻的景区(点)应配备和更新必要的安全防范设施,在景区各路段、各风景点,主要的交通工具如汽车、游船等设备上要安装报警装置,以便案发时及时报警;景区中治安事件多发地区(点)更要有完善的通信设施,以便各景区(点)保持联系,防止出现治安管理的盲点。

5. 表彰和奖励见义勇为者,倡导良好的社会风气

对于那些敢于跟犯罪分子作斗争的见义勇为者,应给予大力表彰和奖励,有条件的还可以设立见义勇为基金,奖励敢于与犯罪分子作斗争的治安管理人员、景区从业人员和旅游者,以树立良好的社会风气,倡导景区良好的道德风尚。

(二)景区治安案件的处理

景区治安主要面对两类事件:一类是情节轻微,尚不够刑事处罚的治安案件;另一类则是较重地危害他人生命财产安全的刑事案件。不论治安案件,还是刑事案件,只要发生,都会对景区造成极坏的影响。发生治安案件,一定要从景区内部查找事件发生的原因,及时总结经验教训,严格落实安全防范措施。景区管理者对治安事件的处理如下。

1. 保护现场

如发生盗窃、自杀、死亡、投毒、爆炸或其他各种案件,对案发现场进行分析、追踪、侦破极为重要。作案人在案发现场遗留下的任何东西,都会为破案提供线索;许多细小的、不被人注意的东西,将来可能还是指认嫌疑人的物证和起诉的重要证据。发生案件后,服务人员应严格保护现场,不准无关人员进入现场;景区人员也不准无故进入现场,更不准触动任何物品。待公安部门检查后,再根据指示处理。交通要道须立刻疏散或排除交通障碍时,变动的范围越小越好;对变动的地方,要记清变动的情况。

2. 及时报案

发生或发现刑事案件后,景区服务员应迅速向公安机关、所在单位的保卫部门或公安部执勤人员报告。在城市可拨打电话110;在边远农村地区可拨打当地公安派出所的电话,也可派人到当地派出所报案。

3. 请求救助

景区人员在案件发生后,根据具体情况,应寻求有关部门专业人员的帮助。如有人员伤亡,在景区医务人员施救的同时,迅速向外寻求帮助,市内可拨打120、119、110等电话,其他地区应想办法,用最快的速度向外求助。如涉及剧毒品、爆炸物品、煤气、高压电时,应迅速与有关部门联系,求得他们的帮助。

4. 协助调查

案件发生后,为避免在游客中造成恐慌,在案件真相未明之前,严禁景区员工向游客或其他不相干的人传播。有关部门、当班服务员及有关人员,应积极配合案件调查,根据自己所知情况,如实提供线索,协助公安部门及早破案。

四、安全事故的类型与防治

景区安全事故主要有交通安全事故,包括道路交通和水上游乐项目、空中游乐项目、缆

车索道等出现的安全事故;游乐园(场)安全事故;游览中意外事故;疾病(或中毒)等。

(一)游客伤病与死亡的处理

景区应有各种措施,预防游客受伤病之害。一旦游客受伤或生病,景区应有处理紧急情况的措施及能胜任抢救工作的人员。如果景区没有专门的医疗室及专业的医护人员,则应选择合适的员工接受急救的专业训练,并配备各种急救的设备器材及药品。

如发现伤病游客,应一方面在现场急救,另一方面迅速安排病人去附近的医院;对游客伤病事件,应有详细的原始记录,必要时据此写出伤病事件的报告。

游客死亡是指游客在住宿期间伤病死亡、意外事件死亡、自杀、他杀或其他原因不明的死亡。

保安部工作人员在接到游客死亡的报告后,应向报告人问明游客死亡的地点、时间、原因、身份、国籍等,并立即报告保安部经理。保安部经理接到报告后,应会同大堂经理和医务人员前去现场。在游客尚未死亡的情况下要立即送医院抢救;经医务人员检查,确定游客已死亡时,要派保安部人员保护好现场。对现场的每一物品都不得挪动,严禁无关人员接近现场,同时向公安部门报告。在一切事项处理完毕后,保安部要把死亡及处理的全过程详细记录留存。

景区内游客死亡处理应注意三个环节。

1. 游客病危时

当发现游客突然患病时,应立即报告景区负责人或值班经理,在领导安排下组织抢救。在抢救病危游客过程中,必须要有患者家属、领队或亲朋好友在场。

2. 游客死亡时

一经发现游客在景区内死亡,应立即报告当地公安局,并通知死者所属的团、组负责人。如属正常死亡,善后处理工作由接待单位负责;如属非正常死亡,应保护好现场,由公安机关取证处理。

3. 其他注意事项

善后处理结束后,应由聘用或接待单位写出死亡善后处理情况报告,送主管领导单位、公安局等相关部门。其内容包括死亡原因、抢救措施、诊断结果、善后处理情况等。对在华死亡的外国人要严格按照《中华人民共和国外交部关于外国人在华死亡后的处理程序》处理。

(二)景区交通安全管理

景区内交通事故主要指景区内的车辆、船只、飞行器、缆车、索道等交通工具所引发的事故。从景区发生的交通事故情况来看,景区内的交通事故绝大多数是违反交通规则、违反操作规程所引起的。

1. 景区交通事故发生情况

景区发生的交通事故主要有以下几种情况:

(1)抢道。景区内交通从业人员为经济利益争抢道路以及游客为自己方便争先抢道,是发生交通事故的一大原因。景区内通道并不宽敞,又没有交警维持秩序,为抢时间常酿出悲剧。

(2)非技术或技术性的碰撞。驾驶者技术不过关,操作技术差,造成事故,是技术性的碰撞;由于突发事件、车辆或其他交通工具故障引起的碰撞,是非技术性的碰撞。

(3)超载。交通工具超额运载,加之设备、车辆往往难以驾驶,稍微碰到复杂的路况或不平整的路面,就可能造成事故的发生。

(4)酒后驾驶。酒后驾驶最易发生事故,饮酒过量后由于大脑处于麻痹状态,技术动作无法完成,心血管受酒精刺激特别兴奋,好激动、好斗,而身体又难以控制,灾祸也随之而发生。

(5)游客情绪导致交通事故。游客的精神状态、情绪也是景区交通事故发生的一大原因。从不同地域而来的游客,面对眼前的景物,往往激动不已,兴奋中忘记安全要求,有的更是不听劝阻,做一些比较危险的事,造成交通事故。

2.景区交通事故的防范

(1)停车场的防范。景区一般设有停车场,大部分的景区不允许游客在景区驾车游览,公交车不在景区内设站。停车场的服务应符合景区统一的要求,安排的交通协管员或服务人员,要礼貌待客,文明服务,具备一定的交通指挥技能和知识,要有安全意识,维护保管好游客的车辆。

(2)游览中交通事故的防范。游览过程是最易发生交通事故的环节,景区人员要注意危险地段、公共场所、交通要道的交通秩序,旅游旺季要加强监视和疏导工作,避免交通事故的发生。其主要工作包括对新员工进行岗前培训;危险地段设专人看护;严厉查处违章、工作前饮酒、对游客不礼貌的员工;设立警示牌,对游客进行交通安全宣传;不能迁就游客,婉言劝告后,游客仍固执己见的,景区人员可以强行干预,阻止他们的危险行为,劝阻过程中应文明礼貌。

3.景区交通事故的处理

只要在景区发生,都会对景区造成影响,处理不好会严重损坏景区声誉。但如若处理得当,完全可以把不利影响降到最低,还有可能提升景区的形象。

1)现场处理

赶到事故发生现场的景区员工,首先要救助伤员,想尽办法把困在车中、船内的人员迅速救出,同时疏散现场,避免交通事故导致的大火、爆炸再次引起人员伤亡。大部分的交通事故死亡,都是由于救助迟缓、抢救不及时造成的,早一分钟把伤者救出,他们就多一些希望,景区也更能赢得游客的爱心及尊重。将受伤者送医院治疗前,一般需要对伤员进行现场临时处理:如清除伤员口鼻中的泥沙、异物、分泌物、呕吐物等,以保持呼吸道畅通;观察受伤部位,推测受伤程度,进行简单适当的处理;如果骨折,要利用现场可以利用的物品进行简单固定等。经过现场临时处理后,将伤员尽快送医院治疗;在运送伤员时,尽量让伤员保持平卧姿势;伤员的头应朝向车尾,脚朝向车头,以免车辆行进时受加速度影响而减少脑血流灌注;转运中严密注意伤员的呼吸、脉搏、意识变化,同时要注意保暖。

2)善后处理

善后问题处理得不好,会留下许多后患。妥善地解决问题,不仅能使各方满意,还能弥补事故给景区造成的不良影响,增加游客对景区的信任度。已经发生的事故,采取遮瞒、拖延是最愚蠢的方法,应尽快稳妥地解决,不给新闻媒体任何炒作机会。不留后患的处理,可以迅速消除不良影响,避免日后无穷无尽的麻烦。

【技能训练】

旅游景区安全体系的构建

训练目的

（1）对景区自然灾害、人为灾害、安全事故、治安管理等已采取的安全措施予以调查，为景区安全管理提供依据；

（2）锻炼学生分析问题及解决问题的能力。

工作指引

（1）实训要求。

学生应提前阅读实习相关知识，了解实习的目的，并结合《旅游景区管理》教材进行认真的准备；学生应服从指导教师与景区工作人员的安排，必须完成当天的实习任务，并撰写景区安全体系构建报告，交由指导教师；整个实习环节必须通过自己的实地调查，体验景区安全管理现状，并给予合理的解释。

（2）实训准备。

实习前仔细阅读实习指导书及相关资料，并提前对实地调查的景区进行初步资料收集，了解景区安全管理相关制度与安全事故。准备好实习调查的图表、文具等。

（3）实训步骤。

教师指导学生完成实训前的准备工作。学生对实地景区进行实地调查，具体包括调查自然灾害、人为灾害、安全事故、治安管理等，以及已采取的安全措施；教师对景区做好督导工作。学生对实地调查的资料与先前收集的资料进行对比、综合分析，获得景区安全管理第一手资料，构建景区安全管理体系；教师做好安全管理系统构建的指导工作。

（4）实训要领。

实习过程中，学生必须到具体的部门岗位进行实地调查，对相关管理人员、游客进行访问交流，这样才能获得第一手资料，制定出合理的安全管理系统。

阶段成果检测

（1）学生完成"旅游景区安全体系的构建报告"。

（2）各小组完成实训总结报告。

任务三 旅游景区解说系统的设置

【情景导入】

2013年1月9日，中国世界地质公园年会在广东韶关举行。会上，联合国教科文组织公布了针对全球世界地质公园的评估决定报告，中国的三座世界地质公园——庐山、张家界和五大连池遭到联合国"黄牌警告"，弄不好就得撤消"世界地质公园"资格。

1月21日，张家界市委外宣办主任王某某连发微博，称联合国教科文组织针对张家界的评估决定有诸多不合理之处，张家界不但不应被"黄牌警告"，反而应该受到"金牌奖励"。

对此，网友们的态度褒贬不一。有网友称，王某某的反驳"明显有违管理单位辩护的意味，如果真的没错，为何张家界官方那么快就承认错误并保证整改"？还有网友以自身前往张家界的旅游经历佐证张家界"地质科普做得差"。该网友称,普通游客了解旅游景区信息的途径大多依靠导游的讲解,但导游大多着重讲述张家界的神话轶事,压根与地质地貌无关。但也有网友认为,联合国教科文组织报告的出台确实仓促,存在一些不合理之处,"张家界的官员敢于质疑,是一件好事。质疑也是一种沟通,这有利于双方的互相认可,也有利于张家界世界地质公园的长远发展"。

张家界世界地质公园这块"金字招牌"来之不易,作为世界各地质公园的网络成员,加强世界地质公园的建设管理与维护利用是不可推卸的责任和义务。此次"黄牌警告"表明了张家界在宣传科普知识方面仍然存在差距,亟待进一步完善。目前,张家界市国土资源局局长高某某接受采访时表示张家界将积极整改,针对设立标识标牌、建立博物馆等方面工作存在的不足,把工作落实到位。

【思考】
(1)张家界的解说系统是否做到位了?它是应该受到"黄牌警告"还是"金牌奖励"?
(2)景区解说系统应该如何构建?

一、旅游景区解说系统的内涵

(一)解说系统的概念

解说系统就是运用某种媒体和表达方式,使特定信息传播并到达信息接收者,帮助信息接收者了解相关事物的性质和特点,并达到服务和教育的基本功能。中国台湾学者吴忠宏认为,"解说"是一种信息传递的服务,目的在于告知及取悦游客,并阐释现象背后所代表之含义,借着提供相关的资讯来满足每个人的需求与好奇,同时又不偏离主题,以期能激励游客对所描述的事物产生新的见解与热诚。世界旅游组织认为,解说系统是旅游景区诸要素中十分重要的组成部分,是旅游景区的教育功能、服务功能、使用功能得以发挥的必要基础,是管理者管理游客的手段之一。

一般来说,旅游景区旅游解说系统是指通过第一手的实物、人工模型、景观及现场资料向公众介绍关于文化和自然遗产的意义及相互关系的宣传过程。景区解说与亲身经历相结合,重点是向游客介绍、阐明并指导他们的户外活动,而不像博物馆或历史遗迹那样将解说的焦点集中于其他事物上。

(二)解说系统的内容

景区解说管理系统一般由软件部分(导游人员、解说人员、咨询服务等具有能动性的解说)和硬件部分(导游图、导游画册、牌示、录像带、幻灯片、语音解说、资料展示栏(柜)等多种表现形式)构成,一般分为以下4个方面。

1.旅游景区解说系统

旅游景区解说系统是指景区通过一定方式让旅游者理解旅游景区的系列手段方法,包括导游解说、文字说明、模型与模拟、录音等解说方法。旅游者一经购票进入景区,景区就应该给旅游者提供最佳游览服务,在给定的门票条件下,让旅游者读懂景区,帮助旅游者实现旅游目的,而导游解说只是旅游者在景区购买的特殊游览服务。

2.旅游景区标识的设置

景区标识系统是帮助旅游者完成景区考察的必要指示系统,主要反映空间位置、方向、地点等内容。如果旅游者能按照景区的标识系统顺利地完成在景区的旅游活动,则该景区的标识就是成功的。

3. 景区游览路径的设计

旅游景区应该为旅游者设计并提供最佳的活动路径,以安全为前提,让旅游者在最合理的时间内完成相关参观内容,保证旅游者自己能够循景区提供的路径完成景点游览。

4. 旅游生活设施的布设

生活设施是景区旅游活动设计必须考虑的要素之一。作为旅游景区服务,不仅要考虑如何让旅游者顺利完成游览活动,还应该充分考虑旅游者的生活、身体需要,在游览中补充能量、临时休息,为旅游者提供最好服务。

二、旅游景区解说系统的类型和功能

(一)解说系统的类型

从解说系统为旅游者提供信息服务的方式来分析,可以将其分为向导式解说系统和自导式解说系统两类。一般情况下,旅游解说系统都是指自导式解说系统。

1. 向导式解说系统

向导式解说系统亦称导游解说系统,它通过导游向旅游者提供信息,同旅游者交流思想、指导游览,以及进行讲解、传播知识。

向导式解说系统是一种面对面的双向型信息传播方式,其最大特点是双向沟通,能够回答游客提出的各种问题,可因人而异提供个性化服务。导游接待的旅游者千差万别,有种族、身份、年龄、性别、职业、文化程度、生态意识等方面的差异,讲解时要认识到这些差异,针对不同的对象提供满足不同对象需要的个性化服务。

向导式解说系统讲解具有激发性。解说不仅沟通信息,更重要的是要引起信息互动。由于导游一般掌握了较多的专业知识,信息量非常丰富,但它的可靠性和准确性不确定,这要由导游的素质决定。导游采用不同的手法;通过语言的激发作用引起导游信息的互动,巧妙地运用语言艺术,唤起旅游者愉悦的反映,以良好的心态去欣赏秀美的山川、秀丽的森林;导游向旅游者提供包括新知识、新内容及态度、情感成分的讲解,进行信息的传递和交流,同时接受旅游者的反馈,解答他们提出的问题,通过双向沟通引起旅游者的共鸣。

2. 自导式解说系统

自导式解说系统是由书面材料、标准公共信息图形符号、语音等向游客提供静态的、被动的信息服务。自导式解说系统形式多样,包括牌示、解说手册、导游图、语音解说、录像带、幻灯片等,其中牌示是最主要的表达方式,但受篇幅、容量限制,自导式解说系统提供的信息量有一定限度,向旅游者提供静态的、被动的信息服务,反馈一般不及时、不明显,属于单项性传播类型。

自导式解说系统的解说内容一般经过精心挑选和设计,具有较强的科学性和权威性。旅游者所获取的信息,没有时间上的限制,他们可以根据自己的爱好、兴趣和体力自由决定获取信息的时间长短和进入深度。

(二)解说系统的功能

旅游景区解说系统是强化和加深旅客在景区体验的重要手段,它使特定信息传播到达旅游者,帮助其了解旅游景区相关事物的性质和特点,并起到服务和教育的基本功能,主要包括以下六个方面：

（1）提供基本信息和导向服务。景区解说系统以简单的、多样的方式给旅游者提供服务方面的信息，使他们有安全、愉悦的感受。

（2）帮助旅游者了解并欣赏旅游区的资源及价值。景区解说系统向旅客提供多种解说服务，使其较深入地了解旅游景区的资源价值、景区与周围地区的关系。

（3）加强旅游资源和设施的保护。通过解说系统的设施和帮助信息，使旅游者在接触和享受景区资源的同时，做到不对资源或设施造成过度利用或破坏，并鼓励旅客与可能的破坏、损坏行为作斗争。

（4）鼓励旅游者参与景区管理，提高与景区有关的游憩技能。为旅客安排各种实践活动，在解说系统的引导和帮助下，鼓励旅客参加景区的适当的管理、建设、再造等活动，学习在景区内参与各种活动及游憩活动所必需的技能。

（5）景区解说系统提供了一种对话的途径，使旅客、社区居民、旅游管理者相互交流，达成相互间的理解和支持，实现旅游目的地良好运行。

（6）教育功能。景区解说系统向有兴趣的游客及教育机构提供必要的解说服务，使其对景区资源及科学价值和艺术价值等有较深刻的理解，充分显示旅游的户外教育功能。基于不同类型的旅游景区，其解说服务功能的重点有所差别。例如，自然类旅游景区的解说服务重点是强调旅游资源的保护和资源价值的挖掘；历史人文类旅游景区的解说服务重点则在于文化价值的展示或教育功能的发挥；主题公园类景区的解说服务重点是吸引旅客参与等。

三、旅游景区解说系统的载体

（一）游客中心

"游客中心"又称"游客接待中心"，是接待来访客人的地方，是旅游地对外形象展示的一个主要窗口。随着《景区（点）质量等级划分与评定》等相关政策的出台和景区提高服务质量的客观要求，游客中心的建设已逐渐被景区经营者和管理者所重视。游客中心作为一个新生事物，给旅游事业带来了新的活力，成为展示旅游文化、形象的窗口。

游客中心主要为游人提供住宿、餐饮、导游、娱乐等综合性服务，是集旅游接待、形象展示、会议展览推广等综合业务于一体的综合性服务区。具体地讲，作为景区对外管理的主要窗口，游客中心的主要服务对象为已入园游客散客、预入园游客散客、社会团队游客、旅行社团队游客及旅行社人员、其他旅游中间商等。游客中心具体服务内容根据各景区的实际而有所差异，一般景区游客中心有如下职能，散客接待、团队接待、导游服务、旅游咨询、旅游商品销售、失物招领、物品寄存，以及医疗服务、邮政服务、残疾人设施提供等。

（二）旅游标牌

标牌是具有标记、解说、装饰等特点的产品。标牌的产生可以追溯到远古时代，主要有木、骨、竹制作的挂件等饰物及具有专用意义的牌。随着社会生产力的发展，社会扩大了对标牌的需求，无论是制作材料还是技术，都有了快速的提高，标牌的产品质量更加精良，品种更加广泛。旅游标牌是向游客传递信息的服务系统，它是使景区的教育功能、使用功能、服务功能充分发挥的基础设施之一，是旅游目的地不可缺少的基本构件。

随着近年来我国旅游业的发展，旅游标牌得到了前所未有的重视。旅游开发商或经营商在对景区进行设计、改造时，对于标牌的外形设计、材料以及所要表述的内容都给予了重视,在外观设计上更加美观新颖,选材上也更加趋向科技化、环保化、多样化、实用化,有关研究机构、高等院校纷纷开展相关项目研究,标牌制作公司也开始大量开展标牌制作的业务。同时,从旅游者及消费者的角度来看,旅游标牌是获取旅游目的地信息的重要手段,旅游者对标牌的要求也越来越高。因此,旅游标牌应具备解说、标记、指引、广告、装饰等服务功能。

(三)音像解说系统

音像解说系统集声音、文字、图片、影像于一体,景区的各种信息都可以通过音像解说系统来解说与传递。通过音像解说系统,景区向游客传递景区旅游信息,如各种资源的旅游价值、各种环境知识或文物知识。音像解说系统对促进旅游地政治、经济的发展,旅游地文化的传播,旅游地旅游形象的宣传都十分重要。

1. 音像解说系统的优点

(1)可视性、故事性强,逼真,效果好;如果制成光盘,还可以反复使用,能使游客身临其境。

(2)立体效果好,戏剧感强,具有吸引力。

(3)制作起来比较简单,更新也很容易,并且可以突出观赏重点。

(4)与时代接轨,具有现代科技含量,体现时代气息,可提升景区的旅游形象。

2. 音像解说系统的功能

(1)服务和娱乐功能。游客在旅游景区内游览,不仅希望所看到的景观赏心悦目,满足自己求新求异的愿望,而且希望整个游览过程能够顺利进行,能够随时获得自己想要的信息,游览过程不受任何因素的干扰。因此,在旅游景区设置音像展示与传播系统,不仅可以向游客提供旅游信息和向导服务,还能够让游客在游览过程中有一份轻松、愉悦、放松的心情。

(2)教育功能。音像解说系统不仅可以向游客提供旅游信息和服务,而且可以起到教育的作用。比如,在广播里播放"游客须知"的时候,可以告知游客应该保护景区的卫生环境和生态环境,以维护生态平衡;在对一个特殊景观进行解说时,可以告知游客景观的稀有性、独特性以及应该如何保护;同时,在对景观进行讲解时,也可以让游客深入了解,以增强这方面的知识。

(3)传承文化功能。在音像展示与传播过程中,传播的不仅是景区的特殊景观的外部特征或者建筑的风格、样式等,也传播景区所在地区的历史沿革、民俗文化、节庆活动、道德规范、价值观念等,可以让游客了解景区所在地的过去、现在并展望未来,从而推动当地文化的传播与继承。

3. 音像解说系统的展示方式

(1)影像。影像展示可以通过画面来讲述景区的历史、自然、建筑景观、人文传记、民俗风情等,尤其是可以录制成VCD、DVD、CD对景区进行宣传和解说。这种解说不仅可以在景区内播放,还可以传到景区网站或者在景区电视台播放。其在用途上可以有解说、引导、宣传教育的作用,同时便于携带,对游客来说也有很大的收藏价值和纪念价值。

拍摄不同形式的光盘,可以满足不同购买力和不同需求的游客,这样的做法具有人性化的特征。这些影像资料既可以让潜在的旅游者神往,也可以让到访的旅游者流连忘返。

(2)声音。声音是有效的传播媒介,它能刺激游客的听觉器官,让游客集中注意力,能帮助游客减少周围环境对他们的干扰,增强游览效果和兴趣;同时,声音的效果可以戏剧化,对游客的吸引力大。但声音的效果受播放设备的影响,播放设备的好坏直接影响声音的效果,由于没有画面,既不能在游客享受声音的同时欣赏美丽的风景,不能给人动态的感觉,也不能呈现出完整的流程。旅游景区声音展现的方式有很多,有背景音乐、朗诵、景区提示语、CD等。

4. 音像展示设施及服务的要求

音像展示与传播系统的目的主要是向游客传达景区的各类信息。在游客游览观光的时候,辅以音像展示与传播,可以让游客更加深刻地了解景点景观的历史文化、资源特色、民俗风情和科学技术等。

(1)影像放映厅。影像放映厅是一种很全面的展示设施,它可以将文字、声音、图片等展示出来。工作人员将 VCD、DVD、CD 或数字影像形式的景区风光片、资料或者以景区为背景拍摄的艺术片等通过影像放映厅展示给游客,可以让游客心情愉悦,提高游客的欣赏效果;可以在游客中心内设置放映厅或者在景点单独设置,不间断地向游客播放。影像放映厅应尽可能宽敞通风,以容纳较多的游客。

(2)滚动屏幕。通过超大尺寸的液晶显示屏向游客循环、不间断地播放介绍景点景观的图片。一般是将滚动屏幕放在景区比较明显的位置,以便引起游客的注意,引导游客观看。滚动屏幕面对的是全部游客,语言应该通俗易懂,内容要经常更新,要将拍摄效果最佳的图片放到滚动屏幕上,让游客赏心悦目、流连忘返。滚动屏幕制作的成本较高,但是内容更新方便且具有时代气息。现代化的主题公园等旅游景区应该大力推广这种展示方式。

(3)幻灯片。景区用幻灯片将精美的景点照片向游客展示是很好的宣传方式,能对一个景区进行特写,突出细节,告诉游客应该从哪些角度来观赏。

(4)广播及背景音乐系统。广播使用的是有声语言,通过语言和音乐播放景区的基本状况、游客须知和背景音乐等,能刺激游客的听觉,易于游客接受,使游客有一种亲切感。利用广播播放,程序简单、成本费用低,比较适合于现代化的主题公园。

(5)电视。景区将录制好的内容通过电视展示给游客,给人的感觉是动态的、直观的,能让人印象深刻。电视应放在游客密集处、休息处或者是游客中心。

(四)印刷物解说系统

印刷物可以促进景区旅游信息的传播,促进旅游地形象的传播和旅游学术思想的交流与共享,有利于景区旅游产品的促销和旅游服务质量的提高。旅游景区印刷物的类型如下。

1. 旅游地图

旅游地图主要向游客展示的是景区的地理位置、景区(点)分布图、景区旅游线路图等,它也附有文字性介绍,如景区概况、景区经典景点的简介等。因旅游地图要满足不同国籍游客的需要,所以应使用多种语言。以我国香港特区为例,旅游地图使用中英文两种文字,上面不但有香港行政区划,而且有"香港简介""香港精华""购物精品"以及其他香港特区著名景点的简介和咨询电话等。旅游地图不仅让游客明白自己在游览途中的位置,而且可以指导游客进行旅游活动,满足不同类型游客的需求。

2. 旅游指南

旅游指南也应该是多种语言文字的,以满足不同背景游客的需求。旅游指南因不受字数和版面的限制,所以反映的内容相当丰富,封面等也可以制作得相当精美以反映当地的特色和文化气息。旅游指南上所反映的信息一般有景区简介、游客须知、旅游服务设施(住宿、饮食、购物、交通等)、景点的详细介绍、景区全景图、景点游线图、旅游咨询等。

3. 旅游风光画册

旅游风光画册是将旅游景区的优美图片、风光照片、一些景点景观的特写、不常见的景象，及具有纪念意义、现实意义的图片，装订成册，制作成精美的画册。旅游风光画册给人一种美感，其语言文字比较优美、典雅。旅游风光画册不仅可以向游客展示各种景观和景象，而且还具有珍藏和纪念意义。

4. 旅游宣传彩页

旅游宣传彩页是向游客宣传景区旅游形象的一种印刷制品。旅游宣传彩页一般是单页双面的，版面有限，要力求简明扼要。旅游宣传彩页上应反映的信息有景区简介、景区导游图，具有代表性和反映景区主题的图片，与图片相关的简单的文字介绍，旅游娱乐项目图片和介绍，景区电话、传真、网址等。

5. 景区资料展示栏

景区资料展示栏是指在旅游景区内将景观的解说内容用文字的形式印刷展示出来。这种印刷物一般陈列在室内，可以贴在墙上，也可以陈列在室内展台和其他地方。这些资料可以做到图文并茂。

6. 旅游书籍

景区出版的书籍一般都是以景区和当地的旅游文化作为背景的，展示景区的旅游景点、旅游资源特色，以及当地的历史沿革、民俗文化、政治经济环境、生态环境等，同时也介绍有关景区的园林知识、建筑知识、文物知识、生物知识等。景区根据不同层次的旅游者编写不同类型的书籍，有些注重趣味性，体现生动性；有些则注重专业性，体现知识性。

7. 刊物

通过刊物对景区(点)进行解说和分析，可以让游客更深刻地了解景区的内容、景观形成的原因和历史条件、社会因素、科技成分以及未来的发展趋势。在刊物上也可以发表已经取得的以某些景观为特征的相关的科研论文或者景区管理建议等。

8. 景区报纸

景区可以通过大众性报纸宣传景区的旅游形象，主要内容应包括总体介绍以及景区的独特景观和特殊旅游活动项目等。除此之外，景区还可以编辑内部报纸发放给游客，对景区进行宣传和解说。报纸上的内容应报道景区最近发生的事情，包括景区(点)所做的规定和政策调整、景观最近的变化、新增的旅游景观和旅游服务设施、最近到访的游客数、到访的特殊游客、赛事以及举办赛事的意义等。

9. 门票宣传

旅游景区(点)的门票也是一种相当实用的解说媒体，可发布有关旅游景区的信息。在门票上印制解说内容，因幅面有限，应突出重点，只需要将强调的内容印制在门票上。门票解说内容的安排一般是正面印主景照片，背面印景点中英文对照的简介、游客须知、区位图等。多媒体电子门票能向游客生动展现景区风光以及中英文景点解说，其大小如名片，实际上是一个容量为 50 M 的小光盘，可储存 5~10 分钟的 VCD 或装入 500 幅图片或 20 万文字，可以实现 VCD、DVD、CD-ROM 播放。光盘外形可根据景区管理者的需求设计成不同图形，也可根据实际需要设置成不同场馆的多个副券。全国众多景点如杭州岳飞庙、云南石林、青海塔尔寺等都采用了这种多媒体电子门票。

10.导游图

导游图是非常重要的自助式解说方法,是帮助游客进行参观游览的重要工具,而非专业人士看的地图,因此应从使用者的眼光编制,留意旅游者对导游图文的阅读和辨认能力。因此,导游图的设计应信息准确、通俗易懂、便于携带,否则可能产生误导或者使用不方便。导游图的编制需要在符号、颜色和注记等方面巧做安排,视不同的主题、类型和用途选择要素,对一些重要的界标加以三维空间的投射,以引起游客的兴趣。注记应避开图中主要内容,合理布局;注记的字体、字号要与符号的等级系统相适应,注记的颜色一般与被注记符号的颜色相同。

(五)景区导游解说

景区导游解说主要有景区讲解员解说和便携式电子语音解说两种方式。

1.景区讲解员解说

景区讲解员也称景区(点)导游人员,是指在旅游景区(点)为游客提供导游讲解服务的工作人员。讲解员的职责包括导游讲解、安全提示和宣传教育,主要在旅游景区(点)内引导游客游览,为游客讲解与景区(点)、景观有关的知识,并解答游客提出的各种问题。在景区(点)内带领游客游览过程中,讲解员除了为游客提供导游讲解服务,还要随时提醒、关照游客注意安全,以免发生意外伤害。讲解员在讲解过程中,要结合景点、景观的内容,向游客宣传环保及保护生态、文物古迹、自然文化遗产的知识等。

讲解员的服务流程包括旅游景区的特点、讲解接待、食宿安排和欢送服务等。景区讲解员与领队、全程陪同导游和地方陪同导游的服务是不同的,服务范围比较小,仅限于景区内,工作流程相对来说也比较简单。

2.便携式电子语音解说

便携式电子语音解说是根据旅游景区的特点,借助通信、无线调控技术、微电脑控制、语音压缩,以及 GPS、GSM 等现代技术手段开发的便携式语音解说设备,并利用该设备为游客提供讲解服务的一种自助导游方式。该解说器具有较强的智能化特点,它对游客的游览速度、游览线路没有严格的限制。解说器可以连续不断地播放景区有关的历史典故、文化知识以及与景区(点)景观相和谐的音乐,使游客在游览过程中不仅身心愉悦,而且可以使旅游生活更加丰富。

(六)旅游景区的网络展示

旅游景区网站是指基于企业内部网、企业外部网,拥有自己的域名,由若干个相关网页组成的网页组,在服务器上存储一系列大的旅游信息的页面,而这些页面又包括许多文字、图像、声音和一些小程序。使用者可以通过旅游网站的浏览器浏览所需要的旅游地信息。它是利用网络技术,从旅游专业角度,整合传统旅游资源,提供全方位、多层次的网上旅游服务的场所,是旅游信息系统的媒介和人—人、人—机交流的窗口。旅游网站主要类型有直接供应商、中介服务商、复合性网站、基于 GDS 的预定网站和非专业性网站。

1.旅游景区网站的功能

(1)展示功能:主要介绍景区文化、景区风光图片,要求制作精美、图文并茂,吸引潜在游客。

(2)信息服务功能:提供景区相关的历史文化、风土人情、旅游购物、住宿、饮食、游览线路交通、天气和气候特征等信息。

(3)中介服务功能:通过链接到著名网站、名胜古迹网站以及临近景区的网站,扩大游客的信息量,增加景区的知名度。此外,景区网站也是游客之间的交流平台,通过景区论坛甚至以景区为背景的网络游戏,供游客交流心得或进行虚拟游戏。

2. 旅游景区网站的主要内容展示

旅游景区网站展示的主要内容包括景区新闻、景区文化、旅游线路、服务项目、帮助中心和交流论坛。

(1)景区新闻:快速及时地将景区的动态、政策、通知、注意事项等新闻告知旅游者,让游客了解景区动态以及旅游行业的一些重要新闻、动态新闻和最新的行业法规等。

(2)景区文化:展示景区文化、景区风光图片,提供景区相关的历史文化、风土人情、旅游购物、住宿饮食、游览线路交通、天气和气候特征等信息,让旅游者更好地了解和领略景区的旅游资源。

(3)旅游线路:游客通过景区网站提供的信息,了解确定旅游线路,让游客在游览过程中最大限度地游览美景,减少无谓的路途消耗。

(4)服务项目:通过预订服务,为游客提供客房、用餐和门票预订,提供汽车等交通工具的租用,为游客量身订制旅游线路和个性化的旅游指南等。

(5)帮助中心:提供呼救电话、救援措施、遇险救助以及网站的详细介绍和用户帮助。

(6)交流论坛:主要提供旅游信息交流、热门话题讨论、用户问题在线问答等服务;还可以发表心情文学、游记、照片,甚至参加虚拟游戏、结交朋友。

3. 旅游景区网站的设计要求

(1)满足需求。景区网站应提供游客食、住、行、游、购、娱等方面的信息,并且关注游客的需求变化,利用网站进行信息交流和反馈。

(2)注册域名。景区网站应设计简洁醒目以及便于记忆、查询的域名,通过中国互联网络信息中心注册域名。

(3)设计网页。景区网站应精心设计网页,保证界面清楚简洁、结构分明、图文并茂,增强视觉感受。

(4)网站推介。景区网站应通过与门户网站绑定和在相关网站如政府网站设置链接,利于宣传推介景区。

(5)建立搜索。景区网站应一方面增强被浏览的概率,另一方面建立强大的搜索功能,链接国内外较大的网站,强化景区信息,提供相互交流、相互链接、利益共享的空间。

(6)加强开发。景区网站应开展多种业务,如以景区为背景的虚拟网络游戏开发以及景区纪念品网上销售等服务。

(7)突出重点。景区网站网页内容要简洁,突出重点,提高访问速度,以增强网站访问者的兴趣。

【技能训练】

旅游景区解说系统的调查

训练目的

(1)通过对景区解说系统的构成与类型等内容的调查,初步掌握旅游景区解说管理的设置原则和技巧,为景区解说管理提供基础。

(2)锻炼学生分析问题及解决问题的能力。

工作指引

(1)实训要求。

学生应提前阅读实习相关知识,了解实习的目的,并结合《旅游景区管理》教材进行认真的准备;学生应服从指导教师与景区工作人员的安排,必须完成当天的实习任务,并撰写景区解说系统调查报告,交给指导教师;整个实习环节必须通过自己的实地调查,体验景区解说系统的设置与管理现状,并给予合理化的建议。

(2)实训准备。

实习前仔细阅读实习指导书及相关资料,了解解说系统的功能、类型及设置要求。准备好实习调查的图表、文具等。

(3)实训步骤。

教师指导学生完成实训前的准备工作。学生对景区进行实地调查,具体调查景区的解说系统的类型、设置情况、维护与管理状况,游客对于解说系统的感知状况,教师对景区做好督导工作。小组学生对实地调查资料进行综合分析,得出解说系统调查报告并提出合理性建议,教师做好资料分析整理的指导工作。

(4)实训要领。

实习过程中,学生必须到具体的部门岗位进行实地调查,对相关管理人员、游客进行访问交流,这样才能获得第一手资料,提出较好的建议或改善措施。

阶段成果检测

(1)学生完成旅游景区解说系统的调查报告。

(2)各小组完成实训总结报告。

任务四 旅游景区资源管理方法与技术

【情景导入】

武夷山得天独厚的天然资源,是世界级的不可再生的人类瑰宝,每一山石、竹木、花草、水流、兽、鸟、虫、鱼都极其珍贵,应当严加保护,不能以任何理由为借口,以牺牲生态环境为代价来换取一时的经济利益。因此,要做好对山体、水体的保护,在遗产地红线范围内应严格禁止一切开山炸石、取土挖沙、破坏地形地貌的违法行为,保护九曲溪水质的洁净,以及溪中鱼类的正常繁衍。

野生动物是发展旅游业必不可少的资源。武夷山良好的生态环境,为野生动物提供了一个理想的筑巢栖居、繁衍生息的场所。武夷山野生动物数量多,大黑熊、羚羊、长尾雏鸡、金丝猴、穿山甲、五步蛇、角怪、大鲵(娃娃鱼)、白蝙蝠等天然的物种资源,都极其珍贵,必须严加保护,严禁捕猎、残杀。

野生植物的保护品种繁多。但对于武夷山来说,最重要的是古树名木的保护,其次是风景植被的保护。武夷山的古树名木虽遗存不多,但都极具历史价值,如武夷宫内的两棵"宋桂"已有近千年的历史,保护区内的银杏树、红豆杉等树种都被称为景区的"活化石",是国家一级保护树种。植被保护既是九曲溪水源涵养的基础,也是武夷山竹筏漂流旅游的生命线。

武夷山文化遗产十分丰富,但因历史的原因和疏于保护,许多文物古迹已造成不可挽回的毁坏和损失。如武夷精舍的仁智堂被拆毁建为礼堂,现已废为草地;山北白岩洞中,一具完整的船棺被盗后锯为三段。

【思考】
(1) 武夷山有哪些独特的旅游资源?其保护状况如何?
(2) 对武夷山旅游资源管理应采取何种措施?

一、旅游景区资源管理的内涵

(一) 旅游资源管理定义

《旅游区(点)质量等级的划分与评定(修订)》(GB/T 17775—2003)中对景区旅游资源定义为:自然界和人类社会凡能对旅游者产生吸引力,可以为旅游业开发利用,并可产生经济效益、社会效益和环境效益的各种事物和因素。凡是能够形成对旅游者具有吸引力的自然因素、社会因素和其他任何因素,都可构成旅游资源;景区旅游资源是限定于景区之内的,而旅游资源还包括未利用的资源,因而景区旅游资源是旅游资源的一个组成部分。

景区旅游资源管理是指运用规划、法律、经济、技术、行政、教育等手段,对一切可能损害景区旅游资源的行为和活动施加影响,协调旅游发展、资源利用和环境保护之间的关系,从而实现经济效益、社会效益、环境效益的有机统一。

(二) 旅游资源管理的意义

1. 旅游资源是旅游景区赖以生存、经营和发展的基础

旅游景区是旅游业发展的基础,也是旅游业发展的主题。多年以来,旅行社组织的出游客人,都是以游览旅游景区为目标,很少有游人是为了住一个酒店而到某一个城市。因此,旅游景区在旅游发展过程中的地位始终是非常重要的,而且越来越重要,旅游景区资源是旅游景区赖以生存、经营和发展的基础,也是旅游景区可持续发展的根本。

2. 旅游资源不仅需要开发和利用,更需要保护与管理

开发利用和保护管理既是矛盾的,又是相互依存、相互促进的。合理的开发利用不仅可以促进当地的经济发展,还可以保护资源,避免人为的破坏。一个好的旅游资源在开发利用中被破坏了,或者在无意中被损坏了,对旅游工作者和旅游者来说都是一种损失。

3. 旅游资源决定了景区的品质、吸引力和价值

要保持景区的吸引力和价值,就要保护景区的资源,而有效的管理是资源保护的重要途径之一。景区资源有多重价值体现,如艺术价值、历史价值、游憩价值、科学价值、环境价值等。景区资源管理的主要任务就是要使多重的价值得以体现。

4. 人与自然和谐发展是旅游资源管理的最终目标

景区的可持续发展是建立在保护和开发相互和谐的基础上的,使景区资源保护和经济效益获得"双赢"。保护景区资源和环境不受破坏是第一要务,是发展现代旅游业、实现旅游收入效益最大化目标的基础,而景区的经济发展,则是资源保护基金积累的基本来源。只有在旅游经济得到发展的条件下,才能使景区资源得以有效的保护。保护和开发是相辅相成的,只有在保护中开发,在开发中保护,才能把旅游景区资源的保护和管理工作做好。

二、旅游景区资源管理的历史进程

中国学者邹统钎认为,西方旅游景区开发的模式是随着社会经济的发展、旅游需求的变化而不断演变的。世界旅游发展经历了三个阶段,随之而来的则是景区开发发展的三个阶段(大众旅游阶段、可持续旅游阶段与体验旅游阶段)。以此为基础,旅游景区资源的管理也经历了三个阶段。

(一)经济增长型管理阶段

20世纪50年代后,旅游活动不仅恢复了第二次世界大战之前的水平,还出现了前所未有的发展趋势。景区资源的规划者、促销者、管理者都以增长为其主要焦点,国家、社会坚信只有壮大旅游业才能获得更大的经济效益。因此,只要是他们认为有价值的旅游项目,都会尽其能力加以开发。旅游业的发展壮大的确为社会提供了大量的就业机会,政府收入和税收不断增加,旅游业成为很多国家和地区的支柱产业。

在这个阶段,旅游资源管理的重点是产品开发、土地规划和市场促销,主要目标是景区经济利益的最大化。资源管理的导向是开发商的利益,缺乏系统的旅游规划,过度开发和利用景区旅游资源,使部分景区处于超负荷运转状态,带来了严重的环境问题和社会问题。针对这种情况,人们提出了"逆营销"的行动原则和"再开发"原则。

(二)可持续性管理阶段

自从可持续旅游被提出后,人们开始对以前的资源利用方式进行反思和总结,尤其是资源的过度利用带来的一系列问题向世人敲响了警钟,使人们意识到资源的管理和利用不能局限在开发者或本地区的利益上,而应该把旅游业的发展纳入一个整体,从人类的发展角度考虑资源的利用方式。至此,旅游业的开发和规划开始朝着可持续发展的方向前进,资源的利用也开始注意均衡发展,旅游资源管理和环境保护已走上协调发展的道路。

(三)体验管理阶段

美国学者约瑟夫·派恩和詹姆斯·吉尔摩在《体验经济》中提出:体验经济是继农业经济、工业经济、服务经济之后的人类经济生活发展的第四个阶段。它追求的最大特征就是消费和生产的个性化。旅游景区资源的体验管理,就是要满足旅游者不断增长的差异化的旅游需求,以提高旅游者的旅游质量为主要目标,追求人与自然和谐统一发展。

三、旅游景区资源管理的基本手段

(一)法律手段

景区旅游资源管理是否有效,根本在于是否具有完善的法制。在旅游资源管理中,与旅游相关的法律、法规和标准发挥着十分重要的作用。可以说,旅游业的可持续发展必须要有切实可行的法律、法规作保障,做到"以法兴游""以法治游"。

旅游资源管理的法律手段具有权威性、强制性、规范性和综合性的特点,主要是通过实施《旅游资源法》来实现的。《旅游资源法》是调整人们在旅游资源开发、利用、管理和保护过程中所发生的各种社会关系的法律规范的总称,一般包括国家公园(风景名胜区)、文物古迹、自然保护区、海滩、游乐场、野生动植物资源保护等方面的法律、法规、条例和章程等。

当前在旅游资源管理法律手段方面存在以下问题:法律不健全,关于资源管理方面的法律法规更是缺乏;普法宣传教育不足,没有做到家喻户晓,各种法律条款仅作为一纸公文在政府间自上而下地传达；在执法方面缺乏效力，执法力度不够，如一些破坏旅游资源的行为未能受到法律的严厉制裁。

（二）经济手段

经济手段是指国家或主管部门运用价格、税收、补贴、罚款等经济杠杆和价值工具，调整各方面的经济利益关系，把景区的局部利益同社会的整体利益有机结合起来，达到资源的合理可持续利用。在税收方面，我国已开征旅游税、旅游资源税、环境资源税。

（1）旅游税。旅游税一方面有利于限制和禁止某些过度开发行为，为旅游资源及环境的保护提供稳定而有保障的资金；另一方面，可以通过政府对税收的掌握，投向旅游业的薄弱环节，平衡旅游业的发展。

（2）旅游资源税。旅游资源税体现国有资源有偿使用的原则，同时调节开发自然资源的单位因资源结构和开发条件的差异而形成的差级收入。

（3）环境资源税。环境资源税也叫绿色税，是国家为了保护环境资源、促进可持续发展而对一切开发、利用环境资源的单位和个人，按照其开发、利用自然资源的程度或污染、破坏环境资源的程度征收的一个税种。

（三）规划手段

规划是旅游业中必不可少的环节，它在景区管理中扮演着极其重要的角色，科学而有效的规划可以促进旅游资源的开发和旅游环境的保护。

旅游业发展规划包括近期发展规划（3~5年）、中期发展规划（5~10年）和远期发展规划（10~20年）。其主要任务是明确旅游业在国民经济和社会发展中的地位与作用，提出旅游业的发展目标，优化旅游业发展的要素结构与空间布局，安排旅游业发展的优先项目，促进旅游业持续、健康、稳定地发展。

旅游区规划按规划层次分为总体规划、控制性详细规划和修建性详细规划等。总体规划的期限一般为10~20年，其主要任务是分析旅游区客源市场、主体形象、市场营销、旅游区的用地范围及空间布局以及旅游景区产品和项目策划等；控制性详细规划的任务是以总体规划为依据，详细规定区内建设用地的各项控制指标和其他规划管理要求，为区内一切开发建设活动提供指导；修建性详细规划的任务是在总体规划或控制性详细规划的基础上，进一步深化和细化，用以指导各项建筑和工程设施的设计和施工。

（四）行政手段

行政手段是指依靠各级行政机关或企业行政组织的权威，采取各种行政手段，如下命令、发指示、定指标等办法，对旅游环境实行行政系统管理。旅游业的发展、旅游景区的资源管理，都需要各级政府的支持和帮助，需要一个相对稳定适宜的外部环境，政府可以通过行政手段，有效控制盲目开发、破坏资源以及各种不良现象的发生。

（五）宣传教育手段

宣传教育手段指通过现代化的新闻媒介和其他形式，向公众传播有关旅游资源管理和环境保护的法律知识和科技知识，其目的是使人们正确认识旅游资源问题，树立良好的资源利用意识和环保意识，养成文明的旅游资源消费习惯。

相对而言，我国公民的旅游消费习惯不是太好，旅游者在景区乱扔垃圾、乱刻乱画、乱喊乱叫等现象屡见不鲜。必须加强宣传教育，提高我国旅游者的环境意识和自身素质，这也是旅游资源管理和旅游业可持续发展的重要手段。

(六)科技手段

科技手段在景区资源保护和开发中的应用非常广泛,如我国许多雕刻艺术品和石窟,都需要用高超的保护技术,防止风化、侵蚀以及人工损害。有许多景区为了不破坏景区的原始资源,运用索道技术把游人隔离于景区之外;景区的清淤技术等,都是科学技术手段的具体应用。科学技术的应用可以提高旅游资源的利用效率,把对资源的破坏减到最小。

在资源管理中,将科技手段、物理手段、化学手段、生物手段和工程手段等单一或组合使用,可以达到资源永续利用的目的。

四、旅游景区资源管理的技术方法

100多年来,国家公园运动在资源保护、规划和管理技术等方面取得了很多进展,为旅游景区资源管理技术提供了有益的借鉴。有关的技术主要有以下7种。

(一) LAC 理论

LAC(Limits of Acceptable Change,可接受的改变极限)是用于解决国家公园和保护区中的资源保护与利用问题的一种理论。20世纪90年代以后,该理论广泛应用于美国、加拿大、澳大利亚等国家的国家公园和保护区的规划与管理之中。

LAC 理论是在环境容量的基础上发展而来的。20 世纪60年代,世界上许多科学家认为,如果能计算出环境容量的具体数字,那么它将成为解决资源保护和利用之间矛盾的金钥匙;后来发现,环境容量的变量是如此之多,变量之间的关系是如此复杂,以致要计算出一个准确的、可以作为管理依据的数据来说,几乎是不可能的。实践也证明,如果将环境容量仅仅作为一个数字对待的话,管理的结果往往会以失败告终。这是因为:环境容量本身虽然是一个很好的概念,但如果只着眼于"数字",则可操作性很差。另外,科学家们认识到,只控制"量"是不够的。旅游活动的种类、管理能力的高低、游客的素质,都会对自然状况和旅游品质造成影响。因此,有必要从"数字游戏"中跳出来。

1985年,美国农业部林业局的几位科学家提出了 LAC 理论,用以解决游憩环境容量问题(注意不是数字)。它主要用来在绝对保护和无限制利用之间寻找一种妥协和平衡。LAC 的逻辑包括以下几点:

(1)只要有利用,资源必然有损害、有变异,关键的问题是这种变化是否在可接受的范围之内。

(2)资源保护和游憩利用是国家公园规划和管理的两大目标,要取得平衡,这两个目标都必须妥协。

(3)决定哪一个目标是主导性目标。在国家公园,主导性目标通常是资源与旅游品质的保护。

(4)为主导性目标制定"可允许改变"的标准,包括资源状况和旅游品质两个方面。在"可允许改变"的标准以内,对游憩利用不加严格限制。一旦资源与旅游品质标准超出了"可允许改变"的范围,则严格限制游憩利用,并采取一切手段,使资源与旅游品质状况恢复到标准以内。

目前,LAC 理论已经得到了大多数科学家的推崇和应用。

(二) ROS 技术

ROS(Recreation Opportunity Spectrum,游憩机会谱)是解决资源保护与游客体验之间关系的一种技术,它与 LAC 理论紧密相关,可以给不同的游客体验制定目标。游憩机会谱别是一种描述如何在一个资源保护地内,管理不同区域的旅游活动的方法。它的使用前提是假设某些活动最适于在某些区域进行。例如,野外跋涉在相对无人触及的林区进行,比在农耕地区进行要更加适合。它还要假设这些活动必须提供给游客某种体验或机会,比如安静或冒险。如在坦桑尼亚的乞力马扎罗山,规划人员建立了一个徒步旅行区,在这一区域里,游客人数受到控制,而且游客很少接触到其他的徒步旅行者;另一个更加受限制的荒野区域,只允许最小限度的使用。在这样的区域里,所有的茅屋和永久性设施都被拆除,只允许搭帐篷露营。由于避免了人类的永久存在,那里能提供最安静的感受。

为了区分不同的活动,游憩机会谱使用了一种被称为"机会等级"的预先制定好的分类方法,它可以把保护地的自然资源和它们最适合的活动相匹配。例如在一个混合型遗产地,一个空间区域可能是考古旅游,而另一个可能为观鸟旅游。机会等级描述不同分区的理想状态,并为管理目标提供指导方针。在美国,公园和林业管理机构使用的是一套预先制定的机会分类法,它包括原始的、半原始非机械化的、半原始机械化的、乡村的和现代城市的几种。应用 ROS 的其他国家,也都各自设计了与他们具体地区的自然资源相适应的分类法,每种机会等级都包含一套为游客准备的体验和活动。举例来说,一个被列为原始等级的地区,可能就要作为一片荒野继续保持下去,不允许有车辆通行,游客可以在那里尽情体验体能的挑战和安静的感觉。由于这样的地区会吸引游客前来寻找一种野外的体验,可以开展一些适当的活动,像背包徒步旅行和划独木舟等活动。保护地内的乡村地区,例如农田,在机会频谱中,就有人类的不同程度的影响,游客希望在那里能接触其他的人,类似野外徒步旅行的活动,在那里可能就不太适合了。另外,沿着田间道路观察鸟类可能就成为比较合适的旅游活动。

为不同活动服务的基础设施建设是与该地区的机会等级密切相关的。游憩机会类别系统能够使基础设施的建设目标和提供给游客的体验协调一致。举例来说,如果旨在提供一种孤独的野外体验,那么只要建设一些最基本的设施就可以了;如果是在有人居住的乡村地区,那么基本设施可能就需要更完善一些,要有满足游客需求的膳宿接待。

(三) VERP 方法

VERP(Visitor Experience and Resource Protection)方法即游客体验与资源保护方法。这是美国国家公园管理局根据 LAC 理论和 ROS 技术等开发的一种适用于美国国家公园总体管理规划的方法。它基本上包括 9 个步骤:

(1)组织一个多层次、多学科小组;
(2)建立一个公共参与的机制;
(3)确定国家公园的目标、重要性、首要解说主题,规划主要课题等;
(4)资源评价和游憩利用现状分析;
(5)确定管理政策的不同类别;
(6)将管理政策落实在空间上;
(7)为每一类分区确定指标和标准,建立监测系统;
(8)监测指标的变化情况;
(9)根据指标变化情况,确定相应的管理行动。

VERP 的特点主要有六个方面:保护和利用之间的妥协关系明确量;游览机会的提供取

决于资源状况、现有的游览体验和服务设施;抽样化的游客体验;用定性属性定义游客体验;强调多学科参与和公众参与;将监测管理和规划实施纳入整个规程。

(四) SCP 技术

SCP(Site Conservation Plan,基地保护规划)是大自然保护协会制定的一个用于保护生物性的方法。该方法主要包括三点:

(1)确定重点保护的生态系统并分析其活力;

(2)了解这些生态系统产生的不利影响、各种危机及其根源,并对它们进行排序;

(3)慎重评估各保护项目的实施效果,以便对目标地区的保护行动进行调整。

SCP 技术的逻辑关系很直观。首先,确定规划地区的保护对象。通过对保护对象的保护,使这一地区的生物多样性(不包括外来物种)均得到有效保护。从理论上说,生物多样性得到有效保护,就是使它们所受到的威胁减小。因此,消除造成各种危机的根源,就会使生态系统所受到的威胁得到缓解,从而增强保护对象的活力。有些根源是不可能消除的,或当这些根源消除后,危机仍会继续存在。在这种情况下,就需要对保护对象进行直接的恢复。因而,制定并实施保护对策的目的一是使引起危机的关键根源得到控制;二是使生态系统得到恢复。其次,还要进行一些能力建设项目,从而使生物多样性保护得以延续下去。同时,让关键利益相关者更多地参与生物多样性保护活动中来。评估则是看这些保护活动对于减轻威胁因子、恢复和维持可存活保护对象及这些地区的生态功能是否有效,即进行威胁状况与缓解程度测定及生物多样性安全状况监测。

SCP 技术首先需要收集各种资料,再经过一些分析步骤,最后才能制定出保护对策。

各种资料的收集应相互关联,并围绕三个方面进行:

(1)确定这一地区的主要保护对象并判断其存活能力;

(2)对关键威胁因子进行分析和优选排序;

(3)对利益相关者进行针对性考察,以了解他们与保护对象及其威胁因子之间的联系。明确了保护的总体目标和优先重点之后,规划人员就可以着手进行规划。

规划应包括:①给出一组优选对策,这些对策将有助于改善保护对象的保护状况、缓解关键威胁因子和加强保护能力建设;②提出一整套监测指标,以评估这一目标地区各种保护行动的效果。这一规划过程的一个重要特点是其互动性,即它是一个可以不断完善和更新的框架,可以对它不断进行调整,以保障那些对于改善生物多样性保护状况和减轻其威胁因子十分有效的保护活动能不断得到延续。

(五) Zoning 技术

土地规划(Zoning)是美国和加拿大在城市发展管理中的一种常用手段。它起源于19世纪末的德国,美国在20世纪初开始采用,后来加拿大也开始采用这种方法。土地分区管理的方法应用到国家公园,起源于美国国家公园管理局的实践。美国国家公园的土地使用分区制有一个不断发展的过程,二分法是美国国家公园最早采用的分区方式。二分法把资源的保护和利用作为一对对立物,土地被分为自然和游憩两大区。由于保护核心自然区的小气候、地质以及生态系统完整性的需要和降低人为直接冲击的要求,开始实行三分法,即在周边游憩区与核心自然保护区之间,设置一条带状缓冲区。随着国家公园范围的不断扩大,设施种类的不断增多,以及解说教育方式的不断改变,三分法的分区方式已无法满足国家公园的管理要求。于是,在1960年拟订了以资源特性为依据的分区模式,分别建立各区的位置、资源条件、适宜的活动和设施及经营管理政策。1982年,美国国家公园局规定,各国家公园应按照资源保护程度和可开发利用强度,将其划分为自然区、史迹区、公园发展区和特殊使用区四大区域,并将每个分区又划分为若干次区。这种分区制是适合美国国家公园种类多样、资源丰富、土地广阔的特点的,也是目前为止世界上较为完整的分区技术。1998年,美国国家公园局又对它的分区体系做了进一步调整。

(六) EIA 方法

EIA(Environmental Impact Assessment)即环境与社会影响评价,又称环境影响质量预测评价,是指在某一地区进行可能产生影响的重大工程建设、规划,或在城市建设与发展、区域规划等活动之前,对这一活动可能对周围地区环境造成的影响进行调查、预测和评价,并提出防止污染和破坏的对策,其目的在于使环境保护与经济发展相协调。

1964年,在加拿大召开的国际环境质量评价会议上首次提出了"环境影响评价"概念。美国开环境影响评价制度先河,环境影响评价制度是美国环境政策的核心制度,在《美国环境法》中占有特殊的地位。美国自20世纪70年代初至今,不论是联邦还是州一级法律,都建立了较完备的环境影响评价法律体系,不仅为实施国家的环境政策提供手段,而且为实现国家环境目标提供法律保障。从某些方面来说,环境影响评价制度改变了国家公园规划和管理思想。

【技能训练】

旅游景区资源管理技术的制定

训练目的

(1)通过对旅游景区资源管理现状的调查,掌握旅游景区资源管理的方法与技术,为旅游景区资源管理提供基础。

(2)锻炼学生分析问题及解决问题的能力。

工作指引

(1)实训要求。

学生应提前阅读实习相关知识,了解实习的目的,并结合《旅游景区管理》教材认真的准备;学生应服从指导教师与景区工作人员的安排,必须完成当天的实习任务,并撰写旅游景区资源管理报告,交给指导教师;整个实习环节必须通过自己的实地调查,查找到准确的资料,体验景区资源管理现状,并制定合理的方法与技术措施。

(2)实训准备。

实习前仔细阅读实习指导书及相关资料,准备好实习调查的图表、文具等。

(3)实训步骤。

教师指导学生完成实训前的准备工作。学生对实地景区进行实地调查,具体调查自然资源与人文资源管理现状;教师在景区做好督导工作。学生对实地调查资料进行分析,制定合理的旅游资源管理方法与技术;教师做好旅游资源技术措施制定的指导工作。

(4)实训要领

实习过程中,学生必须到景点实地、具体的部门岗位进行调查,对相关管理人员与游客进行访问交流,这样才能获得第一手资料,制定出较为合理的旅游资源管理方法与技术。

阶段成果检测

(1)学生完成"旅游景区资源管理技术的制定报告"。

(2)各小组完成实训总结报告。

任务五　旅游景区服务质量管理

【情景导入】

　　记者陪同一些客人,以散客的身份走访武夷山,却听到很多游客都在抱怨:5A级景区为何达不到5A级标准? 中国质量新闻网对此进行报道后,引起了舆论关注。

　　当记者到销售摊位购买大红袍时,知情人又告诉记者另一个"潜规则":业内有个笑话,进了景区,价翻10倍。举例说,有商家出售500克的大红袍,叫价1 500元,后游客还价到680元。成交后商家还会告诉你,基本没赚钱。其实这个茶叶的实际市价可能不到100元。据介绍,在景区销售的岩茶有相当一部分不是武夷山产的,而是从附近区县收购到武夷山加工,然后冒充武夷岩茶赢利。

　　记者到九曲溪漂流准备买票时,却犯了迷糊,景区售票窗口告知不出售散客票,只对旅行社团体售票,或者散客自己拼足了6个人才可以买票。记者一行只有4人,还得再凑2个人才能购票。看着不断前来的旅行团一批批地买到了票去漂流,记者不禁觉得奇怪,难道散客就不能来九曲溪漂流了? 如果真是如此,景区管理层应该在媒体上说明散客不要来漂流啊。福建的4月已开始转热,在太阳下晒了一个多小时,一位从北京来的先生有点受不了,询问售票口为什么会这样规定。里面一人回答:"没办法,谁让你们不跟旅行社预订的!"我们听了都很生气却也无奈。第二天,记者终于找到了有关部门,打了招呼后,才让我们的客人购了4张票。

　　记者一行好不容易登上了竹排,可是还没划出多远,艄公便暗示我们给小费。"我们不是买了票嘛,还要付小费?"记者吃惊地问。"票的收入是给公家的,小费是各位老板自愿给我们个方便。给了小费,我保证让大家玩得更开心点。"艄公回答。"那不给小费,就不会玩得开心吗?"记者追问。"如果我划得快点,这沿途的有些美景恐怕大家就会错过了。"艄公回答。买票拼团时积攒的怒火刚平息,这会儿又被艄公给"燃"起了。当记者要跟艄公理论的时候,旁边一位游客拉住记者悄悄说,以前有个学生坐竹排想站起来拍照,因为没给小费就被艄公拦住了,学生不服气,刚站起来就被艄公拍了一巴掌。后来到景区管理处投诉,工作人员却说,这些艄公都是当地的农民,素质不高没法管,最后不了了之。

【思考】

　　(1)请讨论武夷山景区出了什么问题。该旅游景区主要存在哪些服务质量问题,原因何在?

　　(2)请讨论如何控制景区服务质量,关键点是什么?

一、景区服务质量的含义

　　景区服务质量问题的研究一直滞后于旅游业中的酒店业。其原因在于,酒店以企业化经营为主,对服务质量管理相对重视。而景区由于其属性的多样化以及产品的特殊性,对服务质量问题并没有引起高度重视。即使像美国、英国那样的旅游业发达国家,景区服务质量管理也处于相对弱势地位。当然,商业化运作的主题公园类型的景区对服务质量的管理与控制则十分重视。

(一)景区服务的概念

国家质量监督检验检疫总局和国家标准化管理委员会于2011年1月14日联合发布了《旅游景区服务指南》(GB/T 26355—2010),该标准将旅游景区服务定义为"管理者和员工借助一定的旅游资源(环境)、旅游服务设施及通过一定的手段向游客提供的各种直接和间接的方便利益,满足其旅游需要的过程和结果",并将服务内容概括为:人员服务,包括停车场服务、售检票服务、入口服务、景区工作人员服务、导游讲解、交通服务、餐饮服务、购物服务、卫生保洁、咨询服务;服务设施和管理,包括停车场设施和管理、售检票设施和管理、入口区设施和管理、游步道设施、交通通信设施、标识指引、游览和活动项目设施设备、餐饮设施和管理、购物服务设施、卫生设施;安全设施和管理,包括设立安全管理部门、特种设备安全、旅游景区治安、医疗救援、投诉处理和管理。

(二)景区服务质量的含义

《旅游景区服务指南》(GB/T 26355—2010)将旅游景区服务质量定义为:服务能够满足规定和潜在需求的特征和特性的总和,即服务工作能够满足被服务者需求的程度。服务质量是企业为使目标顾客满意而提供的最低服务水平,也是企业保持这一预定服务水平的连贯性程度。

服务质量是游客在游览过程中享受到的服务劳动的使用价值,是得到某种物质和心理满足的一种感受。它的内容包括两个方面:一是有形产品的质量,二是无形产品的质量。

有形产品的质量主要表现为旅游景区的各种设施、设备和实物商品的质量,无形产品的质量是旅游景区所提供的各种劳动服务的使用价值的质量。就二者关系而言,有形产品的质量是无形产品质量的凭借和依据,无形产品的质量是在有形产品的基础上通过服务劳动来创造的,是景区服务质量的本质表现。两者之间互相依存,互为条件,缺一不可。

景区服务质量的高低主要表现为客人享受到服务后的物质和心理满意程度的高低,消费过程享受服务是衡量服务质量高低的必要前提。消费者对景区服务质量的满意程度可分为两个层次:

第一个层次是物质上的满足程度。它通过设施、设备和实物产品表现出来,如设施、设备的舒适程度、完好程度、安全程度、档次高低,饮食产品的色、香、味、形,服务用品和客用消耗用品的美观、完美程度等。

第二个层次是心理上的满足程度。它主要通过直接劳动方式所创造的使用价值表现出来,是服务质量最终的满足程度。它一方面取决于设施、设备和实物产品的质量,另一方面又表现为服务人员的服务观念、服务态度、服务方式、服务技巧、服务内容、礼节礼貌、语言动作、清洁卫生等。因此,景区服务质量既要重视有形服务质量,又要重视无形服务质量,两者不可偏废。

二、景区服务质量管理的内容

(一)景区服务质量

1. 服务设施和设备质量

设施、设备是提供旅游质量的基础。在客人未到来之前,它反映旅游企业的服务能力;

在客人到来后,它是旅游企业有形服务的表现形式。在游览服务过程中,设施、设备可分为两大类:一类是生产性设施设备,其完好程度间接影响服务质量;另一类是直接供客人使用、发挥服务功能的设施、设备,其舒适程度、完好程度、美观完善程度在很大程度上决定了服务质量的高低。

2. 服务环境质量

服务环境的良好程度是满足客人精神享受需要的重要体现,美观良好的服务环境能够给旅游者提供舒适、方便、安全、卫生的服务,是游览服务质量的重要组成部分。服务环境的质量主要表现为服务设施和服务场所的装饰布置、环境布局、空间构图、灯光气氛、色调情趣、清洁卫生和外观形象等方面的质量。它们形成服务环境的整体效果。

3. 服务用品质量

服务用品包括服务人员使用的各种用品和直接满足客人需求的用品,后者是满足客人物质消费需要的直接体现,如餐厅的餐茶用品、旅游交通的服务用品等。这些服务用品的质量必须符合企业的等级规格,只有做到用品齐全、清洁规范、定额配备、供应及时,才能提高服务质量。

4. 实物产品质量

实物产品质量是满足客人消费需求的重要体现,其内容主要表现为饮食产品的质量和满足客人购物需要的商品质量。前者包括产品风味、原料选择、原料配备、炉灶制作、食品卫生等,最终体现为以商品本身的内在质量为主。

5. 劳务活动质量

劳务活动质量即以劳动的直接形式创造的使用价值的质量。上述各种实物形式的服务质量最终都要靠劳务活动来组织,也就是说,其质量高低在实物产品配备完成的基础上,主要是由劳务活动来创造的。因此,劳务活动质量是旅游服务质量的主要表现形式,其内容包括服务态度、服务技能、服务方式、仪容仪表、服务语言、礼节礼貌、行为举止、服务规范、劳动纪律、服务效率、职业道德、精神面貌等。劳动过程的组织和管理水平的高低是旅游服务质量的本质表现。

6. 客人满意程度

客人满意程度是旅游服务质量高低的最终体现。旅游服务劳动是为客人提供的,也是在客人的支配下进行的,其质量高低主要表现为游客在旅游过程中享受到服务劳动的使用价值,得到物质和心理满足的感受、印象和评价。上述五个方面的质量高低最终都是通过客人满意程度表现出来的。因此,提高旅游服务质量必须从客人的消费需求、消费心理出发,有针对性地提供各项服务,重视客人的满意程度,并随时掌握客人的心理变化,不断改进服务工作,才能提高客人的满意程度,取得高水平的服务效果。现在,某些景区甚至提出"让游客感动"的服务理念。

【经典案例】

"垃圾换早餐"

游客小王来到云南省丽江市老君山旅游景区旅游,在他拿着门票排队等候进入景区时,景区的一位管理人员向每位游客发放了一个塑料袋,并向过往的游客不断承诺:凡是在景区内捡满一塑料袋垃圾,并交回到景区出口处回收点的游客,即可获得一张价值10元的早餐券;游客既可以凭早餐券享用早餐,也可以凭此券兑换10元现金。

原来,具有"滇省众山之祖"的老君山旅游区,经过10多年的考察开发,已初具规模,形成了以原始森林风光为主的生态旅游风景区,吸引了大批中外游客纷至沓来。然而,一些环保意识差的游客随手丢弃垃圾,给风景区造成了环境污染。景区管委会此前也实施了一些环保措施,如在景区增加垃圾桶、安排清洁人员沿途收集垃圾等,但投入较大,收效甚微。自2000年起,风景区管委会在全国首创并实施了"垃圾换早餐"的环保措施。

小王拿到塑料袋后,随便将它塞进了包里,看到美丽的风景,就把垃圾袋的事情忘了。他一路陶醉在美丽的丹霞地貌中,正当其想将喝完矿泉水的水瓶扔掉时,看到身边有位游客正将自己制造的垃圾放进挂在背包上的垃圾袋里,小王猛然想起了自己也有一个环保垃圾袋。于是,他将自己的垃圾放在了垃圾袋中,顺手捡起了旁边的垃圾,并挂了背包上。小王游览在丹山碧水中,一路上风光无限好。当他回到出口处时,背后的垃圾袋已经是满满的了,这里面不仅有自己的垃圾,也有路上捡来的别人丢弃的垃圾。小王将其送回到出口处的回收点,并如景区承诺换到了一张早餐券。当他看到很多游客像自己一样捡垃圾时,内心比得到这张早餐券更高兴。同时,他也决定以后旅游不论走到哪里,自己都要准备一个环保垃圾袋。

据悉,老君山此举实施后,游客很配合,风景区内也一天比一天干净。如今,想捡垃圾兑换早餐券或现金,反成了不易之事。丽江市有关部门对老君山旅游风景区的环保措施给予了充分肯定,准备在其他风景区加以推广。

【案例分析】

案例中讲述了小王在老君山旅游景区旅游时的经历,涉及的景区环境卫生管理问题是景区中一个比较头疼的老问题。景区在环境卫生长久得不到治理的情况下,采取了"垃圾换早餐"的制度,给每位进入旅游区的游客分发一个垃圾袋,让大家积极地把垃圾回收。在游客共同参与的情况下,每个人都认真将自己的垃圾放在自己的垃圾袋里,因此环境得到了改善。景区内的卫生状况是景区环境质量最重要的外在表现,直接影响着游览质量。在景区内部除了加强景区内卫生人员的配置和监督管理,还应在景区内合理设置垃圾桶,及时回收处理垃圾。首先,景区应建立卫生管理责任制,责任到人,奖罚分明。景区内的卫生员应随时监控各自的卫生区域,及时清除地面上的脏物和垃圾桶内及周围的垃圾。其次,合理设置垃圾桶(包括垃圾桶的数量配置、安放地点),同时要使垃圾桶外形和环境相协调,尤其是在景区内的主要游览线路和景点应增加垃圾桶的数量,便于游客及时处理自己手中的垃圾。最后,垃圾的回收应该及时到位,同时应对垃圾进行分类回收,减少垃圾的处理量。只有景区内的基础设施和工作做到位,为游客创造一个干净整洁的环境,才能减少游客乱扔垃圾的现象。

(二)景区服务质量管理

景区服务质量管理的内容主要包括五个方面。

1. 确定质量管理目标

服务质量管理是围绕着质量目标展开的,其质量目标主要包括国家目标和企业目标两个层次。

国家旅游服务质量管理的目标:规范服务质量管理市场体系,建立服务质量等级标准,增强我国旅游业参与国际市场竞争的能力,维护旅游经营者和消费者的合法权益。现阶段,这一质量管理目标集中表现为旅游服务质量等级管理的建立和贯彻实施。服务质量等级标准一经制定,就成为旅游行业服务质量的基本标准,成为各级各类旅游企业服务质量管理的目标和必须遵循的准则及依据。

企业服务质量管理的目标:根据国家旅游服务质量管理目标及服务质量等级标准,确定自己的质量管理方针、政策和措施,贯彻行业质量标准,参加服务质量等级评定,制定具体操作标准、程序、管理制度,采取切实有力的措施,提高自己的服务质量。

2. 建立服务质量管理体系

围绕服务质量等级标准,建立一整套为贯彻实施这种质量标准的管理体系,包括服务质量管理的组织机构、人员分工、责任体系的建立,职责权限的划分;服务质量等级标准的贯彻落实,检查评定;企业内部服务质量管理标准化、程序化、规范化的操作体系;质量信息的收集、传递、反馈及其质量改进措施;服务质量投诉处理的方法、措施等。

3. 开展服务质量管理教育

贯彻服务质量等级标准,不断提高服务质量,必须坚持始于教育、反复教育的原则。它只有阶段性的总结,而没有终点。其服务质量管理教育的内容主要包括基础理论教育、质量意识教育、质量标准教育、服务技能培训、质量管理方法教育、质量投诉处理教育、职业道德教育、语言艺术教育、礼节礼貌教育等。

4. 组织服务质量管理活动

服务质量管理活动贯穿于企业旅游服务的全过程,其具体工作主要包括接待服务活动本身的组织和质量管理活动组织两个方面。前者以贯彻服务质量标准等为主,在服务准备、各项组织、迎接客人、现场服务、后勤保障、接待客人、善后服务等各个方面认真执行标准,遵守操作规程,它是服务质量管理的本质表现和最终目的;后者以开展服务质量管理小组活动、评比活动等为主,目的是动员群众,造成声势,贯彻质量标准,以期提高服务质量。

5. 评价服务质量管理效果

服务的效果主要表现在各项服务工作是否符合服务质量等级标准的要求及客人的物质和心理满意程度上。因此,旅游景区评价服务质量管理效果必须以此为唯一的尺度。其评价方法是检查景区各部门、各环节的各项具体服务操作是否贯彻服务质量等级标准;服务程度、服务方法和操作规程是否符合客人的消费需要;"宾客至上、服务第一"的宗旨是否深入人心并在服务操作中得到具体贯彻落实;客人的满意程度是否达到了规定的标准,以此作为评价景区服务质量管理效果的客观依据,并针对存在的问题,查明原因,提出改进措施,不断提高服务质量。

三、景区服务质量标准的建立

(一)景区服务质量标准

1. 内部标准

内部标准是指符合服务工作规律,适合游客需求和特点的服务规范和质量标准,是景区提供有效服务的基本保证。长期以来,我国许多景区的管理重心是旅游资源、环境的开发与保护,没有把游客作为考虑问题的出发点,服务的规范化管理落后,服务质量内部标准的制定没有得到应有的重视。

但这种局面正在改观。2003年国家质监局发布了《旅游区(点)质量等级的划分与评定(修订)》(GB/T 17775—2003)。特别是近几年,国家加紧制定了更为细化的服务质量标准,如《主题公园服务规范》(GB/T 26992—2011)、《游乐设施安全规范》(GB 8408—2008)、《绿色旅游景区》(LB/T 015—2011)、《旅游娱乐场所基础设施管理及服务规范》(GB/T 26353—2010)、《宗教活动场所和旅游场所燃香安全规范》(GB 26529—2011)、《客运索道安全服务质量》(GB/T 24728—2009)、《旅游餐馆设施与服务等级划分》(GB/T 26361—2010)、《旅游购物场所服务质量要求》(GB/T 26356—2010)、《旅游景区服务指南》(GB/T 26355—2010)、《旅游景区公共信息导向系统设置规范》(LB/T 013—2011)、《旅游景区游客中心设置与服务规范》(LB/T 011—2011)、《旅游景区讲解服务规范》(LB/T 014—2011)、《游览船服务质量要求》(GB 26365—2010)、《内河旅游船星级的划分与评定》(GB/T 15731—2008)等。

景区(点)内部质量标准必须与自身服务规律相吻合。因此,景区内部标准的制定不仅要以相关标准为依据,还应该结合自身服务的实际需求,这样才能制定出具体、全面、重点突出、具有可操作性的、为游客和服务人员所接受的服务质量内部标准。

2.外部标准

外部标准指景区服务产品质量应符合并满足游客的期望,是游客对实际所提供服务或其享受到的服务的评判。

游客在这一评价过程中是以自身体验为基础的,通常非常笼统、直观,多以满意度(顾客对其要求已被满足的感受)来表示。

一般会产生以下三种情况:当体验到的质量低于预期的质量时,游客感到不满意;当体验到的质量与预期的质量相符时,游客感到满意;当体验到的质量高于预期的质量时,游客感到非常满意。

外部质量标准仅以满意度来区分显得过于笼统,满意度中也隐含着很大的可变性。

(二)景区服务质量存在的主要问题

1.服务质量不稳定

1)不同服务项目的质量差异性

目前景区提供的服务项目中,游览服务,包括游览环境、游览秩序,以及景点建设等方面游客的满意度较高,但购物服务、信息服务、服务人员的服务态度等满意度较低。此外,景区服务质量问题较多的还有安全服务问题。

例如,景区信息服务短缺是目前暴露出来的主要问题,特别是随着散客旅游、自助式旅游的增加,游客迫切需要得到大量旅游信息以帮助自己完成在景区内的旅游活动。但目前在信息服务上存在着沟通方向单一、沟通渠道单一、信息内容单一、信息展示方式单一等问题。

景区向游客提供的信息严重不足,使游客明显处于信息劣势的境地。有的散客由于不能及时得到景区的详细信息,整个游览活动处于盲目状态,经常会找不到景点、找不到赏景的最佳角度(如对一些象形山石的观赏),游览完景点,还不知道精华在何处;而一些团队客人虽然有导游带路,不会迷失方向,但如果遇上不负责任的导游,暗自减少活动内容,游客也许根本不知道。

另外,游客向管理者方向的信息传播渠道不畅,或信息反馈需要很长的时间,游客在游览过程中出现的问题不能及时得到解决,而管理者也不能及时了解突发情况,应急服务无法跟上,损害了游客的利益,也影响了景区的形象,有的甚至产生意想不到的严重后果。

目前我国大多数景区提供的信息内容也是十分有限的,表现在下述几个方面:

第一,与景点有关的信息多,与服务有关的信息少。如游客能较容易地得到景区内有关游览点、游乐设施的介绍,而对景区内厕所分布的信息却很难知晓。

第二,静态信息多,实时动态信息少。一般的游客对于游览点即时游客的流向、流量信息根本无法及时了解,依惯例选择游览线和游览点,不能根据景点的游人情况做出调整,容易造成游客在景区内的分布不均,产生局部拥挤,也不能获得更好的游览体验。

第三,固定展示方式多,灵活展示方法少,信息服务缺少人性化。

2)不同时间段服务质量的差异性

不同时间段服务质量的差异性主要指服务质量会随着旅游的淡、旺季发生波动。旺季的主要问题是服务供给不能满足服务需求,以资源及观赏点空间、环境空间、服务设施和服务人员短缺引起的服务质量问题最为突出。淡季的主要问题是由服务上的偷工减料引起的,一些景区为控制成本,减少服务次数,不按承诺实施服务项目,如减少演出次数等;也有一些服务人员因服务减少而出现服务上的松懈,串岗、聊天、打电话、处理私事等,对游客的到来视而不见。

2. 服务质量低劣的主要表现

(1)服务意识淡薄。服务意识由四个方面组成:一是预测并提前或及时到位,解决客人遇到的问题;二是发生情况时,按规范化的程序解决;三是遇到特殊情况时能提供专门服务、超常服务,以解决客人的特殊要求;四是不发生不应该发生的事情。

(2)服务态度生硬。服务态度生硬主要指服务过程中缺乏技巧,服务工作程序化,不能柔性服务,语言生硬。

(3)服务技巧低劣。服务技巧主要指基本的语言技巧、服务程序的规范性和与客人的沟通技巧。

3. 服务缺乏时效性

游客对于服务等待时间与服务过程时间都会有一个心理预期,这个时间太长势必引起游客的不满。

最常见的排队现象包括以下几个方面:排队等待游览景点,排队等候参加游乐项目,排队等待享受旅游配套服务,交通拥挤造成等待,投诉处理结果需要等待。

(三)景区服务质量问题系统分析

1. 服务质量标准不能反映游客需求

服务质量标准不能反映游客需求,即游客与管理者之间存在认识上的偏差。在我国,其主要原因在于:第一,风景名胜区、自然保护区、森林公园等是我国景区最重要的组成部分,这些区域的设立初衷或其主要功能并不仅仅是为了旅游,如风景名胜区其主要功能是"游览、审美、科研、教育及维护生态平衡等"。第二,这类景区的资源和环境往往是独有的,具有一定的垄断性,因此容易使管理者夸大旅游资源、环境在服务质量中的作用。

2. 服务质量标准难以做到统一与规范

服务质量标准难以做到统一与规范,即管理者把对旅游功能与服务需求的认识转化为具体的、可执行的服务质量标准过程中可能存在偏差。其主要原因有景区管理主体多元化;

标准可操作性差;服务标准过高,在实践中难以实施。

3. 实际提供的服务与质量标准不符

实际提供的服务与质量标准不符,即服务人员按照标准在提供服务时可能存在偏差。它导致服务人员在提供服务时不能严格按照既定的服务质量标准行事,是目前景区服务随意性大、服务质量波动性大的主要原因之一。其主要原因是:质量管理力度不够;客观因素加大"提供服务"质量的波动性;服务人员素质不高,不能按照服务标准中的要求传递服务。

4. 游客的实际体验服务与期望服务不符

游客的实际体验服务与期望服务不符,即在"期望服务"与实际"体验服务"的环节,游客不能体验到期望中的服务。

1) 影响游客服务期望的因素

影响游客服务期望的因素主要包括受到所收集到的各种信息的影响;受景区长期以来所形成的形象的影响;受游客个人因素的影响。有丰富经历、阅历,素质较高的游客更善于辨别、判断来自各种渠道的信息,善于去伪存真,有利于形成对景区服务质量的期望。特别是一个成熟的游客,他会对景区服务有更高的期望。

2) 游客实际体验服务与期望服务不相符的主要原因

(1) 景区的宣传促销活动与内部经营管理、服务质量相脱节。景区在举办大型节庆活动、推出特殊项目时,一般促销在先,但必须注意与经营的同步性,因为人们受促销影响,有先睹为快的心理,景区经营活动如果不能同步,就会使游客感到遗憾。另外,在促销中明确承诺的服务,也会由于某些特殊的原因如停电、检修、人满为患而不能如期兑现。

(2) 景区宣传促销夸大其实。

(3) 朋友的介绍与亲身体验不符。

(4) 不切实际的新闻报道以及影视故事中不真实场景。新闻报道本身应该具有公正性、客观性,是被人们认可度较大的信息渠道。但在目前市场经济的大环境下,也不排除失真报道的存在。主要有两个方面的原因:一是新闻单位为了增加报刊阅读量,故意炒作;二是新闻记者成为景区代言人,故意夸大事实,带有明显的暗示性、导向性。

(5) 游客的主观原因。游客个体的差异性是导致服务期望差异性的重要原因。如旅游资源、环境是景区产品质量重要的组成部分,而这极易受到来自各方面因素的影响,特别是受到来自自然变化的影响,具有很大的可变性。游客若不能认识到这一点,则会使旅游期望与体验产生偏差。

(6) 不可控制的客观原因。客观原因是指人们不可控制的,有的甚至是不可预测的原因。天有不测风云,景区的经营活动、产品质量经常受到各类因素的影响。

(四) 制定景区服务质量标准

制定每个项目的质量标准时都要根据实际情况,有的可以参照国家已颁发的标准,如《环境空气质量标准》(GB 3095—2012)、《城市区域环境噪声标准》(GB 3096—2008)、《地面水环境质量标准》(GB 3838—2002)、《标志用公共信息图形符号 第1部分:通用符号》(GB/T 10001.1—2012)、《导游质量》(GB/T 15971—2010)等以及地方上颁布的一些标准;有的需要进行反复推敲,经过实践检验才能确定。

1. 制定景区服务质量标准的要求

一个好的服务质量内部标准的制定应该反映以下四个方面的要求:

（1）满足游客的需求。标准的制定本身就是为游客服务的，若不能反映游客的需要，就没有制定的必要。景区内垃圾箱的数量、布局、风格、垃圾清理等标准都要根据游客的需要、游客游览空间活动的规律来制定；否则，外观再漂亮、材料再考究的垃圾箱也不能为游客丢垃圾带来方便。

（2）符合景区自身状况，能为员工所接受。不符合景区自身状况的质量标准是空中楼阁，是无法实现的。同样，员工是服务质量标准的具体执行者，只有被员工理解的质量标准才能得以实施。如对于环卫服务来说，平原型景区的标准就不能硬套用在山地型景区中，要根据环卫人员的体力做适当的调整。

（3）重点突出，具有挑战性。过于烦琐的质量标准会使员工无法了解管理者的主要意图，陷入机械、程序性的操作之中。因此，标准的制定应该强调重点，充分反映景区特色，能激发工作热情，并使员工感到工作具有挑战性。

（4）能及时修改。服务质量标准确定后，并不是一成不变的。随着景区经营外部条件和内部条件的变化、目标客源市场的变化、消费者生活水平的提高等，景区服务质量标准要做相应的调整。

2．制定景区服务质量标准应注意的问题

（1）重视市场对质量的看法。

景区应做好的工作包括：

①设立专门机构，配备专职人员来系统地从事游客市场的分析研究工作。

②创建市场信息网络，收集各种市场信息。

③把握市场对质量的看法。

④制定出质量标准，在小范围内进行试验，并逐步加以推进，使产品和服务能更好地满足游客的需求。

⑤跟踪市场，调整服务标准。

（2）沟通、收集信息，对标准修正、完善。对游玩结束的游客进行现场调查，可用问卷调查的形式，也可用其他形式，了解游客对景区服务的总体看法，了解游客的满意度。

①暗查。工作人员可以在景区内的人员集散中心对游客进行暗访，以了解游客对景区服务的真实评价。

②重视游客的投诉与抱怨。游客的投诉与抱怨反映了景区服务质量的薄弱环节，一定要引起高度重视。对游客的抱怨进行分类并加以分析，可以找出问题的症结所在。直接听取游客的意见，掌握第一手资料，避免信息在传播途中的漏损与扭曲。

③定期互通部门之间的信息。景区地域广、景点分散、部门多，因此一定要经常沟通信息，如定期召开部门协调会、发布通报，以相互理解、相互支持，形成景区整体形象；建立并完善必要的通信设备、问讯设施及相关公共设施，保证信息的有效收集和传播。

④创建信息管理网站。建立开放式、交互式的景区网站，方便各部门之间、景区与游客之间的信息交流，及时处理各种数据，做到信息共享。

（3）确定基本空间标准。实践中，容量理论在旅游旺季及旅游淡季均有其运用价值。目前，人们普遍认识到景区一定时段内人数太多会影响观赏效果，损坏旅游资源与环境，因此在旅游旺季运用容量理论来控制旅游人数，以保证游客在景区内有一个基本的活动空间。

但当游客人数太少,即游客活动空间太大时,会影响景区的服务质量。服务人员会由于没有服务对象而放松对自己的要求,景区为了节约成本取消服务项目或减少服务频率。从游客角度分析,景区内游客人数太少会感到凄凉,甚至不安全,有些特定的项目没有人气就不能烘托出应有的气氛,游客的满意度也会下降。因此,在旅游淡季,景区同样需要通过各种方法,如调低价格、举办特殊活动来吸引一些特殊的人群,增加旅游人数,以达到理想的容量。

(4)细化质量标准。目前,许多景区在环卫管理中对环卫人员日清扫工作有明确的量化要求,一般提倡"5分钟"保洁法,即环卫人员在自己管辖范围中必须在5分钟内将地上的垃圾清扫干净。当然,由于景区服务产品上服务运作系统的特殊性,全面严格规范化与量化存在一定的难度,但可在以下方面进行大胆尝试:

①服务界面的服务流程操作规范。景区中,通常能与游客面对面接触的服务有停车服务、票务服务、景区内交通服务、游乐项目服务、文艺演出服务、景区导游服务、购物与餐饮服务等。以售票服务为例,售票处要明码标价,注明各类票证的用途和价格;售票员服务包括微笑、问候、收款、撕票证、找零钱,用双手将票证与余款交至游客手中;要做到有问必答,热情周到;保持售票处环境的清洁卫生。

②服务工作内容量化测评。每个岗位根据服务性质,制定出可量化的测评标准,如深圳世界之窗对文艺演出、演员的量化考核。

③服务等候时间的量化限定。每项服务从游客提出需求到提供服务都应该有一个时间限定,以保证服务的时效性。诸如急救抢险服务人员应该在多长时间内到达出事地点,票务人员必须在几分钟内完成售票工作,答座服务员必须在游客就座后几分钟内提供服务,游客投诉必须在多长时间以内予以答复等。

④服务人员基本素质的量化标准。景区应该对服务人员的基本素质有一个量化的要求,如学历、语言、动作、姿势、用语等。

⑤服务设施规模的量化标准。以景区的接待规模、淡旺季景区的接待人数、景区的景点分布、旅游活动的安排、游客的行为规律与生理需求等为依据,设置一定比例的固定性旅游设施和移动性旅游设施,保证游客对设施的利用。

⑥景区资源保护的量化标准。对资源型景区来说,资源保护工作的量化管理是优质服务的重要内容之一,应该设立专业保护队伍进行规范化管理。

⑦景区环境质量控制的量化标准。根据景区性质、旅游功能、资源等级的不同,对景区的各种环境因素进行监测与评价。配备专用设备、仪器仪表,专业人员定期对游览点环境质量进行监测,内容包括大气质量、水体质量、噪声分贝值等,如实完整地记录每次监测的结果,一旦发现超标,立即采取措施加以解决。

⑧总体量化考核标准。对一些能反映服务质量的主要指标进行量化。例如,武夷山景区管委会认为"保护是前提,服务质量是生命,游客满意是根本",在景区中导入 ISO 9001 质量管理体系和 ISO 14001 环境管理体系。公开发布质量目标:顾客满意率达90%,顾客投诉率少于0.06%;一般人身事故发生率为0.01%,杜绝特大事故发生;全年杜绝森林火灾,森林火灾过火面积不超过10亩;全年无重大病虫害疫情发生;全年杜绝重大林木盗伐事件发生,林木乱砍滥伐和野生动物偷猎案件查处率为100%;3年内在景区投入环保车,降低机动车尾气污染;景区全年杜绝山地开垦。

四、旅游景区服务质量的控制

旅游景区服务质量的控制可以通过质量反馈控制得以强化。质量反馈信息是指在实施质量控制过程中对质量目标实现情况的反映信息,它的真实性是保证质量反馈控制的关键。景区的质量负反馈控制是指景区管理机构预先设计区内各行业的质量目标,在不断对比质量目标与质量现状差距的基础上,促使目标差距不断减小的一种控制过程。

在实施质量负反馈控制时,要注意如下问题。

(一)尽可能提高质量反馈信息的真实性

景区的质量信息包括旅游基础产品的质量信息、旅游产品组合质量信息和从业人员工作质量信息三个方面。对旅游者的意见反馈,信息处理人员应明确:

(1)游客的意见因何而起,有无过激的表述;

(2)对产品组合的意见是否代表了主体消费者的意向,少数或个别旅游者对产品组合的不满具体表现在什么环节等。

(二)尽可能缩短景区质量信息反馈的时程

景区质量信息反馈的时程是指现时质量信息反送回质量控制主体的时间进程。质量信息反馈的时程越短,就越有利于管理人员和工作人员及时修正工作方法,提高工作质量。

为了缩短质量信息反馈时程,必须疏通反馈渠道,提高反馈环节的工作效率。主要措施有以下三种。

1. 建立统一的质量信息中心

景区内设立投诉站和方便的投诉电话。质量信息中心不仅接收游客的投诉、传递质量信息到相关的单位或个人,还应监控执行结果。

2. 建立质量信息管理制度

景区应对各种质量信息在传递、执行的时间上作出明确规定,并将之与质量责任制结合起来,以提高质量信息的管理效果。

3. 选择多种质量反馈方式

景区的整体质量系统是由多个子系统构成的复杂系统。要控制好这个复杂的质量系统,单靠旅游者一条反馈线路是不够的,还需要借助行业间的质量信息反馈线路。

【技能训练】

旅游景区服务质量问卷调查

训练目的

(1)通过对景区的服务质量问卷的设计、调查、分析等,初步掌握旅游景区管理中的调查与分析能力,并提出合理化的建议。

(2)锻炼学生分析问题及解决问题的能力。

工作指引

(1)实训要求。

学生应提前阅读实习相关知识,了解实习的目的,并结合《旅游景区管理》《旅游公共关系》等教材进行认真的准备。学生应服从指导教师与景区工作人员的安排,必须完成当天的实习任务,并设计问卷、完成报告,交给指导教师。整个实习环节必须通过自己的实地与网络调查,查找到准确的资料,获取景区服务质量的管理现状,并给予合理化建议。每一小组必须完成调查问卷至少 100 份。

(2)实训准备。

实习前仔细阅读实习指导书及相关资料,了解问卷设计的要点、问卷调查的技巧、调查报告撰写的方法。准备好问卷调查的图表,每一小组复印 150 份问卷,准备好调查工具等。

(3)实训步骤。

教师指导学生完成景区服务质量的问卷调查表的设计。学生对实地景区的服务质量进行实地调查,具体调查景区的人员服务、设施服务,解说服务、安全服务等质量;教师于景区做好问卷调查的督导工作。学生对问卷调查表进行统计分析,获得景区服务质量第一手资料;教师做好问卷分析整理的指导工作。

(4)实训要领。

实习过程中,学生必须与游客访问交流,这样才能获得第一手资料,并多与游客沟通,以便游客主动填写问卷。

阶段成果检测

(1)学生完成旅游景区服务质量问卷调查报告,包括调查问卷表、分析报告、合理化建议等内容。

(2)各小组完成实训总结报告。

附 件

附件一 旅行社条例

第一章 总 则

第一条 为了加强对旅行社的管理,保障旅游者和旅行社的合法权益,维护旅游市场秩序,促进旅游业的健康发展,制定本条例。

第二条 本条例适用于中华人民共和国境内旅行社的设立及经营活动。

本条例所称旅行社,是指从事招徕、组织、接待旅游者等活动,为旅游者提供相关旅游服务,开展国内旅游业务、入境旅游业务或者出境旅游业务的企业法人。

第三条 国务院旅游行政主管部门负责全国旅行社的监督管理工作。

县级以上地方人民政府管理旅游工作的部门按照职责负责本行政区域内旅行社的监督管理工作。

县级以上各级人民政府工商、价格、商务、外汇等有关部门,应当按照职责分工,依法对旅行社进行监督管理。

第四条 旅行社在经营活动中应当遵循自愿、平等、公平、诚信的原则,提高服务质量,维护旅游者的合法权益。

第五条 旅行社行业组织应当按照章程为旅行社提供服务,发挥协调和自律作用,引导旅行社合法、公平竞争和诚信经营。

第二章 旅行社的设立

第六条 申请经营国内旅游业务和入境旅游业务的,应当取得企业法人资格,并且注册资本不少于30万元。

第七条 申请经营国内旅游业务和入境旅游业务的,应当向所在地省、自治区、直辖市旅游行政管理部门或者其委托的设区的市级旅游行政管理部门提出申请,并提交符合本条例第六条规定的相关证明文件。受理申请的旅游行政管理部门应当自受理申请之日起20个工作日内作出许可或者不予许可的决定。予以许可的,向申请人颁发旅行社业务经营许可证;不予许可的,书面通知申请人并说明理由。

第八条 旅行社取得经营许可满两年,且未因侵害旅游者合法权益受到行政机关罚款以上处罚的,可以申请经营出境旅游业务。

第九条 申请经营出境旅游业务的,应当向国务院旅游行政主管部门或者其委托的省、自治区、直辖市旅游行政管理部门提出申请,受理申请的旅游行政管理部门应当自受理申请之日起20个工作日内作出许可或者不予许可的决定。予以许可的,向申请人换发旅行社业务经营许可证;不予许可的,书面通知申请人并说明理由。

第十条 旅行社设立分社的,应当向分社所在地的工商行政管理部门办理设立登记,并自设立登记之日起3个工作日内向分社所在地的旅游行政管理部门备案。

旅行社分社的设立不受地域限制。分社的经营范围不得超出设立分社的旅行社的经营范围。

第十一条 旅行社设立专门招徕旅游者、提供旅游咨询的服务网点(以下简称旅行社服务网点)应当依法向工商行政管理部门办理设立登记手续,并向所在地的旅游行政管理部门备案。

旅行社服务网点应当接受旅行社的统一管理,不得从事招徕、咨询以外的活动。

第十二条 旅行社变更名称、经营场所、法定代表人等登记事项或者终止经营的,应当到工商行政管理部门办理相应的变更登记或者注销登记,并在登记办理完毕之日起10个工作日内,向原许可的旅游行政管理部门备案,换领或者交回旅行社业务经营许可证。

第十三条 旅行社应当自取得旅行社业务经营许可证之日起3个工作日内,在国务院旅游行政主管部门指定的银行开设专门的质量保证金账户,存入质量保证金,或者向作出许可的旅游行政管理部门提交依法取得的担保额度不低于相应质量保证金数额的银行担保。

经营国内旅游业务和入境旅游业务的旅行社,应当存入质量保证金20万元;经营出境旅游业务的旅行社,应当增存质量保证金120万元。

质量保证金的利息属于旅行社所有。

第十四条 旅行社每设立一个经营国内旅游业务和入境旅游业务的分社,应当向其质量保证金账户增存5万元;每设立一个经营出境旅游业务的分社,应当向其质量保证金账户增存30万元。

第十五条 有下列情形之一的,旅游行政管理部门可以使用旅行社的质量保证金:

(一)旅行社违反旅游合同约定,侵害旅游者合法权益,经旅游行政管理部门查证属实的;

(二)旅行社因解散、破产或者其他原因造成旅游者预交旅游费用损失的。

第十六条 人民法院判决、裁定及其他生效法律文书认定旅行社损害旅游者合法权益,旅行社拒绝或者无力赔偿的,人民法院可以从旅行社的质量保证金账户上划拨赔偿款。

第十七条 旅行社自交纳或者补足质量保证金之日起三年内未因侵害旅游者合法权益受到行政机关罚款以上处罚的,旅游行政管理部门应当将旅行社质量保证金的交存数额降低50%,并向社会公告。旅行社可凭省、自治区、直辖市旅游行政管理部门出具的凭证减少其质量保证金。

第十八条 旅行社在旅游行政管理部门使用质量保证金赔偿旅游者的损失,或者依法减少质量保证金后,因侵害旅游者合法权益受到行政机关罚款以上处罚的,应当在收到旅游行政管理部门补交质量保证金的通知之日起5个工作日内补足质量保证金。

第十九条 旅行社不再从事旅游业务的,凭旅游行政管理部门出具的凭证,向银行取回质量保证金。

第二十条 质量保证金存缴、使用的具体管理办法由国务院旅游行政主管部门和国务院财政部门会同有关部门另行制定。

第三章 外商投资旅行社

第二十一条 外商投资旅行社适用本章规定;本章没有规定的,适用本条例其他有关规定。

前款所称外商投资旅行社,包括中外合资经营旅行社、中外合作经营旅行社和外资旅行社。

第二十二条 外商投资企业申请经营旅行社业务,应当向所在地省、自治区、直辖市旅游行政管理部门提出申请,并提交符合本条例第六条规定条件的相关证明文件。省、自治区、直辖市旅游行政管理部门应当自受理申请之日起30个工作日内审查完毕。予以许可的,颁发旅行社业务经营许可证;不予许可的,书面通知申请人并说明理由。

设立外商投资旅行社,还应当遵守有关外商投资的法律、法规。

第二十三条 外商投资旅行社不得经营中国内地居民出国旅游业务以及赴香港特别行政区、澳门特别行政区和台湾地区旅游的业务,但是国务院决定或者我国签署的自由贸易协定和内地与香港、澳门关于建立更紧密经贸关系的安排另有规定的除外。

第四章 旅行社经营

第二十四条 旅行社向旅游者提供的旅游服务信息必须真实可靠,不得作虚假宣传。

第二十五条 经营出境旅游业务的旅行社不得组织旅游者到国务院旅游行政主管部门公布的中国公民出境旅游目的地之外的国家和地区旅游。

第二十六条 旅行社为旅游者安排或者介绍的旅游活动不得含有违反有关法律、法规规定的内容。

第二十七条 旅行社不得以低于旅游成本的报价招徕旅游者。未经旅游者同意,旅行社不得在旅游合同约定之外提供其他有偿服务。

第二十八条 旅行社为旅游者提供服务,应当与旅游者签订旅游合同并载明下列事项:

(一)旅行社的名称及其经营范围、地址、联系电话和旅行社业务经营许可证编号;

(二)旅行社经办人的姓名、联系电话;

(三)签约地点和日期;

(四)旅游行程的出发地、途经地和目的地;

(五)旅游行程中交通、住宿、餐饮服务安排及其标准;

(六)旅行社统一安排的游览项目的具体内容及时间;

(七)旅游者自由活动的时间和次数;

(八)旅游者应当交纳的旅游费用及交纳方式;

(九)旅行社安排的购物次数、停留时间及购物场所的名称;

(十)需要旅游者另行付费的游览项目及价格;

(十一)解除或者变更合同的条件和提前通知的期限;

(十二)违反合同的纠纷解决机制及应当承担的责任;

(十三)旅游服务监督、投诉电话;

(十四)双方协商一致的其他内容。

第二十九条 旅行社在与旅游者签订旅游合同时,应当对旅游合同的具体内容作出真实、准确、完整的说明。

旅行社和旅游者签订的旅游合同约定不明确或者对格式条款的理解发生争议的,应当按照通常理解予以解释;对格式条款有两种以上解释的,应当作出有利于旅游者的解释;格式条款和非格式条款不一致的,应当采用非格式条款。

第三十条 旅行社组织中国内地居民出境旅游的,应当为旅游团队安排领队全程陪同。

第三十一条 旅行社为接待旅游者委派的导游人员,应当持有国家规定的导游证。

取得出境旅游业务经营许可的旅行社为组织旅游者出境旅游委派的领队,应当取得导游证,具有相应的学历、语言能力和旅游从业经历,并与委派其从事领队业务的旅行社订立劳动合同。旅行社应当将本单位领队名单报所在地设区的市级旅游行政管理部门备案。

第三十二条 旅行社聘用导游人员、领队人员应当依法签订劳动合同,并向其支付不低于当地最低工资标准的报酬。

第三十三条 旅行社及其委派的导游人员和领队人员不得有下列行为:

(一)拒绝履行旅游合同约定的义务;

(二)非因不可抗力改变旅游合同安排的行程;

(三)欺骗、胁迫旅游者购物或者参加需要另行付费的游览项目。

第三十四条 旅行社不得要求导游人员和领队人员接待不支付接待和服务费用或者支付的费用低于接待和服务成本的旅游团队,不得要求导游人员和领队人员承担接待旅游团队的相关费用。

第三十五条 旅行社违反旅游合同约定,造成旅游者合法权益受到损害的,应当采取必要的补救措施,并及时报告旅游行政管理部门。

第三十六条 旅行社需要对旅游业务作出委托的,应当委托给具有相应资质的旅行社,征得旅游者的同意,并与接受委托的旅行社就接待旅游者的事宜签订委托合同,确定接待旅游者的各项服务安排及其标准,约定双方的权利、义务。

第三十七条 旅行社将旅游业务委托给其他旅行社的,应当向接受委托的旅行社支付不低于接待和服务成本的费用;接受委托的旅行社不得接待不支付或者不足额支付接待和服务费用的旅游团队。

接受委托的旅行社违约,造成旅游者合法权益受到损害的,作出委托的旅行社应当承担相应的赔偿责任。作出委托的旅行社赔偿后,可以向接受委托的旅行社追偿。

接受委托的旅行社故意或者重大过失造成旅游者合法权益损害的,应当承担连带责任。

第三十八条 旅行社应当投保旅行社责任险。旅行社责任险的具体方案由国务院旅游行政主管部门会同国务院保险监督管理机构另行制定。

第三十九条 旅行社对可能危及旅游者人身、财产安全的事项,应当向旅游者作出真实的说明和明确的警示,并采取防止危害发生的必要措施。

发生危及旅游者人身安全的情形的,旅行社及其委派的导游人员、领队人员应当采取必要的处置措施并及时报告旅游行政管理部门;在境外发生的,还应当及时报告中华人民共和国驻该国使领馆、相关驻外机构、当地警方。

第四十条 旅游者在境外滞留不归的,旅行社委派的领队人员应当及时向旅行社和中华人民共和国驻该国使领馆、相关驻外机构报告。旅行社接到报告后应当及时向旅游行政管理部门和公安机关报告,并协助提供非法滞留者的信息。

旅行社接待入境旅游发生旅游者非法滞留我国境内的,应当及时向旅游行政管理部门、公安机关和外事部门报告,并协助提供非法滞留者的信息。

第五章 监督检查

第四十一条 旅游、工商、价格、商务、外汇等有关部门应当依法加强对旅行社的监督管理,发现违法行为,应当及时予以处理。

第四十二条 旅游、工商、价格等行政管理部门应当及时向社会公告监督检查的情况。公告的内容包括旅行社业务经营许可证的颁发、变更、吊销、注销情况,旅行社的违法经营行为以及旅行社的诚信记录、旅游者投诉信息等。

第四十三条 旅行社损害旅游者合法权益的,旅游者可以向旅游行政管理部门、工商行政管理部门、价格主管部门、商务主管部门或者外汇管理部门投诉,接到投诉的部门应当按照其职责权限及时调查处理,并将调查处理的有关情况告知旅游者。

第四十四条 旅行社及其分社应当接受旅游行政管理部门对其旅游合同、服务质量、旅游安全、财务账簿等情况的监督检查,并按照国家有关规定向旅游行政管理部门报送经营和财务信息等统计资料。

第四十五条 旅游、工商、价格、商务、外汇等有关部门工作人员不得接受旅行社的任何馈赠,不得参加由旅行社支付费用的购物活动或者游览项目,不得通过旅行社为自己、亲友或者其他个人、组织牟取私利。

第六章 法律责任

第四十六条 违反本条例的规定,有下列情形之一的,由旅游行政管理部门或者工商行政管理部门责令改正,没收违法所得,违法所得10万元以上的,并处违法所得1倍以上5倍以下的罚款;违法所得不足10万元或者没有违法所得的,并处10万元以上50万元以下的罚款:

(一)未取得相应的旅行社业务经营许可,经营国内旅游业务、入境旅游业务、出境旅游业务的;

(二)分社超出设立分社的旅行社的经营范围经营旅游业务的;

(三)旅行社服务网点从事招徕、咨询以外的旅行社业务经营活动的。

第四十七条 旅行社转让、出租、出借旅行社业务经营许可证的,由旅游行政管理部门责令停业整顿1个月至3个月,并没收违法所得;情节严重的,吊销旅行社业务经营许可证。受让或者租借旅行社业务经营许可证的,由旅游行政管理部门责令停止非法经营,没收违法所得,并处10万元以上50万元以下的罚款。

第四十八条 违反本条例的规定,旅行社未在规定期限内向其质量保证金账户存入、增存、补足质量保证金或者提交相应的银行担保的,由旅游行政管理部门责令改正;拒不改正的,吊销旅行社业务经营许可证。

第四十九条 违反本条例的规定,旅行社不投保旅行社责任险的,由旅游行政管理部门责令改正;拒不改正的,吊销旅行社业务经营许可证。

第五十条 违反本条例的规定,旅行社有下列情形之一的,由旅游行政管理部门责令改正;拒不改正的,处1万元以下的罚款:

(一)变更名称、经营场所、法定代表人等登记事项或者终止经营,未在规定期限内向原

许可的旅游行政管理部门备案,换领或者交回旅行社业务经营许可证的;

(二)设立分社未在规定期限内向分社所在地旅游行政管理部门备案的;

(三)不按照国家有关规定向旅游行政管理部门报送经营和财务信息等统计资料的。

第五十一条　违反本条例的规定,外商投资旅行社经营中国内地居民出国旅游业务以及赴香港特别行政区、澳门特别行政区和台湾地区旅游业务,或者经营出境旅游业务的旅行社组织旅游者到国务院旅游行政主管部门公布的中国公民出境旅游目的地之外的国家和地区旅游的,由旅游行政管理部门责令改正,没收违法所得,违法所得10万元以上的,并处违法所得1倍以上5倍以下的罚款;违法所得不足10万元或者没有违法所得的,并处10万元以上50万元以下的罚款;情节严重的,吊销旅行社业务经营许可证。

第五十二条　违反本条例的规定,旅行社为旅游者安排或者介绍的旅游活动含有违反有关法律、法规规定的内容的,由旅游行政管理部门责令改正,没收违法所得,并处2万元以上10万元以下的罚款;情节严重的,吊销旅行社业务经营许可证。

第五十三条　违反本条例的规定,旅行社向旅游者提供的旅游服务信息含有虚假内容或者作虚假宣传的,由工商行政管理部门依法给予处罚。

违反本条例的规定,旅行社以低于旅游成本的报价招徕旅游者的,由价格主管部门依法给予处罚。

第五十四条　违反本条例的规定,旅行社未经旅游者同意在旅游合同约定之外提供其他有偿服务的,由旅游行政管理部门责令改正,处1万元以上5万元以下的罚款。

第五十五条　违反本条例的规定,旅行社有下列情形之一的,由旅游行政管理部门责令改正,处2万元以上10万元以下的罚款;情节严重的,责令停业整顿1个月至3个月:

(一)未与旅游者签订旅游合同;

(二)与旅游者签订的旅游合同未载明本条例第二十八条规定的事项;

(三)未取得旅游者同意,将旅游业务委托给其他旅行社;

(四)将旅游业务委托给不具有相应资质的旅行社;

(五)未与接受委托的旅行社就接待旅游者的事宜签订委托合同。

第五十六条　违反本条例的规定,旅行社组织中国内地居民出境旅游,不为旅游团队安排领队全程陪同的,由旅游行政管理部门责令改正,处1万元以上5万元以下的罚款;拒不改正的,责令停业整顿1个月至3个月。

第五十七条　违反本条例的规定,旅行社委派的导游人员未持有国家规定的导游证或者委派的领队人员不具备规定的领队条件的,由旅游行政管理部门责令改正,对旅行社处2万元以上10万元以下的罚款。

第五十八条　违反本条例的规定,旅行社不向其聘用的导游人员、领队人员支付报酬,或者所支付的报酬低于当地最低工资标准的,按照《中华人民共和国劳动合同法》的有关规定处理。

第五十九条　违反本条例的规定,有下列情形之一的,对旅行社,由旅游行政管理部门或者工商行政管理部门责令改正,处10万元以上50万元以下的罚款;对导游人员、领队人员,由旅游行政管理部门责令改正,处1万元以上5万元以下的罚款;情节严重的,吊销旅行社业务经营许可证、导游证:

（一）拒不履行旅游合同约定的义务的；
（二）非因不可抗力改变旅游合同安排的行程的；
（三）欺骗、胁迫旅游者购物或者参加需要另行付费的游览项目的。

第六十条 违反本条例的规定，旅行社要求导游人员和领队人员接待不支付接待和服务费用、支付的费用低于接待和服务成本的旅游团队，或者要求导游人员和领队人员承担接待旅游团队的相关费用的，由旅游行政管理部门责令改正，处2万元以上10万元以下的罚款。

第六十一条 旅行社违反旅游合同约定，造成旅游者合法权益受到损害，不采取必要的补救措施的，由旅游行政管理部门或者工商行政管理部门责令改正，处1万元以上5万元以下的罚款；情节严重的，由旅游行政管理部门吊销旅行社业务经营许可证。

第六十二条 违反本条例的规定，有下列情形之一的，由旅游行政管理部门责令改正，停业整顿1个月至3个月；情节严重的，吊销旅行社业务经营许可证：
（一）旅行社不向接受委托的旅行社支付接待和服务费用的；
（二）旅行社向接受委托的旅行社支付的费用低于接待和服务成本的；
（三）接受委托的旅行社接待不支付或者不足额支付接待和服务费用的旅游团队的。

第六十三条 违反本条例的规定，旅行社及其委派的导游人员、领队人员有下列情形之一的，由旅游行政管理部门责令改正，对旅行社处2万元以上10万元以下的罚款；对导游人员、领队人员处4 000元以上2万元以下的罚款；情节严重的，责令旅行社停业整顿1个月至3个月，或者吊销旅行社业务经营许可证、导游证：
（一）发生危及旅游者人身安全的情形，未采取必要的处置措施并及时报告的；
（二）旅行社组织出境旅游的旅游者非法滞留境外，旅行社未及时报告并协助提供非法滞留者信息的；
（三）旅行社接待入境旅游的旅游者非法滞留境内，旅行社未及时报告并协助提供非法滞留者信息的。

第六十四条 因妨害国（边）境管理受到刑事处罚的，在刑罚执行完毕之日起五年内不得从事旅行社业务经营活动；旅行社被吊销旅行社业务经营许可的，其主要负责人在旅行社业务经营许可被吊销之日起五年内不得担任任何旅行社的主要负责人。

第六十五条 旅行社违反本条例的规定，损害旅游者合法权益的，应当承担相应的民事责任；构成犯罪的，依法追究刑事责任。

第六十六条 违反本条例的规定，旅游行政管理部门或者其他有关部门及其工作人员有下列情形之一的，对直接负责的主管人员和其他直接责任人员依法给予处分：
（一）发现违法行为不及时予以处理的；
（二）未及时公告对旅行社的监督检查情况的；
（三）未及时处理旅游者投诉并将调查处理的有关情况告知旅游者的；
（四）接受旅行社的馈赠的；
（五）参加由旅行社支付费用的购物活动或者游览项目的；
（六）通过旅行社为自己、亲友或者其他个人、组织牟取私利的。

第七章 附 则

第六十七条 香港特别行政区、澳门特别行政区和台湾地区的投资者在内地投资设立的旅行社,参照适用本条例。

第六十八条 本条例自 2009 年 5 月 1 日起施行。1996 年 10 月 15 日国务院发布的《旅行社管理条例》同时废止。

旅游服务与管理

附件二 旅行社条例实施细则

第一章 总 则

第一条 根据《旅行社条例》(以下简称《条例》),制定本实施细则。

第二条 《条例》第二条所称招徕、组织、接待旅游者提供的相关旅游服务,主要包括:

(一)安排交通服务;

(二)安排住宿服务;

(三)安排餐饮服务;

(四)安排观光游览、休闲度假等服务;

(五)导游、领队服务;

(六)旅游咨询、旅游活动设计服务。

旅行社还可以接受委托,提供下列旅游服务:

(一)接受旅游者的委托,代订交通客票、代订住宿和代办出境、入境、签证手续等;

(二)接受机关、事业单位和社会团体的委托,为其差旅、考察、会议、展览等公务活动,代办交通、住宿、餐饮、会务等事务;

(三)接受企业委托,为其各类商务活动、奖励旅游等,代办交通、住宿、餐饮、会务、观光游览、休闲度假等事务;

(四)其他旅游服务。

前款所列出境、签证手续等服务,应当由具备出境旅游业务经营权的旅行社代办。

第三条 《条例》第二条所称国内旅游业务,是指旅行社招徕、组织和接待中国内地居民在境内旅游的业务。

《条例》第二条所称入境旅游业务,是指旅行社招徕、组织、接待外国旅游者来我国旅游,香港特别行政区、澳门特别行政区旅游者来内地旅游,台湾地区居民来大陆旅游,以及招徕、组织、接待在中国内地的外国人,在内地的香港特别行政区、澳门特别行政区居民和在大陆的台湾地区居民在境内旅游的业务。

《条例》第二条所称出境旅游业务,是指旅行社招徕、组织、接待中国内地居民出国旅游,赴香港特别行政区、澳门特别行政区和台湾地区旅游,以及招徕、组织、接待在中国内地的外国人、在内地的香港特别行政区、澳门特别行政区居民和在大陆的台湾地区居民出境旅游的业务。

第四条 对旅行社及其分支机构的监督管理,县级以上旅游行政管理部门应当按照《条例》、本细则的规定和职责,实行分级管理和属地管理。

第五条 鼓励旅行社实行服务质量等级制度;鼓励旅行社向专业化、网络化、品牌化发展。

第二章 旅行社的设立与变更

第六条 旅行社的经营场所应当符合下列要求:

（一）申请者拥有产权的营业用房，或者申请者租用的、租期不少于1年的营业用房；
（二）营业用房应当满足申请者业务经营的需要。

第七条 旅行社营业设施应当至少包括下列设施、设备：
（一）2部以上的直线固定电话；
（二）传真机、复印机；
（三）具备与旅游行政管理部门及其他旅游经营者联网条件的计算机。

第八条 申请设立旅行社，经营国内旅游业务和入境旅游业务的，应当向省、自治区、直辖市旅游行政管理部门（简称省级旅游行政管理部门，下同）提交下列文件：
（一）设立申请书。内容包括申请设立的旅行社的中英文名称及英文缩写，设立地址，企业形式、出资人、出资额和出资方式，申请人、受理申请部门的全称、申请书名称和申请的时间；
（二）法定代表人履历表及身份证明；
（三）企业章程；
（四）经营场所的证明；
（五）营业设施、设备的证明或者说明；
（六）工商行政管理部门出具的《企业法人营业执照》。

旅游行政管理部门应当根据《条例》第六条规定的最低注册资本限额要求，通过查看企业章程、在企业信用信息公示系统查询等方式，对旅行社认缴的出资额进行审查。

旅行社经营国内旅游业务和入境旅游业务的，《企业法人营业执照》的经营范围不得包括边境旅游业务、出境旅游业务；包括相关业务的，旅游行政管理部门应当告知申请人变更经营范围；申请人不予变更的，依法不予受理行政许可申请。

省级旅游行政管理部门可以委托设区的市（含州、盟，下同）级旅游行政管理部门，受理当事人的申请并作出许可或者不予许可的决定。

第九条 受理申请的旅游行政管理部门可以对申请人的经营场所、营业设施、设备进行现场检查，或者委托下级旅游行政管理部门检查。

第十条 旅行社申请出境旅游业务的，应当向国务院旅游行政主管部门提交经营旅行社业务满两年、且连续两年未因侵害旅游者合法权益受到行政机关罚款以上处罚的承诺书和经工商行政管理部门变更经营范围的《企业法人营业执照》。

旅行社取得出境旅游经营业务许可的，由国务院旅游行政主管部门换发旅行社业务经营许可证。

国务院旅游行政主管部门可以委托省级旅游行政管理部门受理旅行社经营出境旅游业务的申请，并作出许可或者不予许可的决定。

旅行社申请经营边境旅游业务的，适用《边境旅游暂行管理办法》的规定。

旅行社申请经营赴台湾地区旅游业务的，适用《大陆居民赴台湾地区旅游管理办法》的规定。

第十一条 旅行社因业务经营需要，可以向原许可的旅游行政管理部门申请核发旅行社业务经营许可证副本。

旅行社业务经营许可证及副本，由国务院旅游行政主管部门制定统一样式，国务院旅游行政主管部门和省级旅游行政管理部门分别印制。

旅行社业务经营许可证及副本损毁或者遗失的,旅行社应当向原许可的旅游行政管理部门申请换发或者补发。

申请补发旅行社业务经营许可证及副本的,旅行社应当通过本省、自治区、直辖市范围内公开发行的报刊,或者省级以上旅游行政管理部门网站,刊登损毁或者遗失作废声明。

第十二条 旅行社名称、经营场所、出资人、法定代表人等登记事项变更的,应当在办理变更登记后,持已变更的《企业法人营业执照》向原许可的旅游行政管理部门备案。

旅行社终止经营的,应当在办理注销手续后,持工商行政管理部门出具的注销文件,向原许可的旅游行政管理部门备案。

外商投资旅行社的,适用《条例》第三章的规定。未经批准,旅行社不得引进外商投资。

第十三条 国务院旅游行政主管部门指定的作为旅行社存入质量保证金的商业银行,应当提交具有下列内容的书面承诺:

(一)同意与存入质量保证金的旅行社签订符合本实施细则第十五条规定的协议;

(二)当县级以上旅游行政管理部门或者人民法院依据《条例》规定,划拨质量保证金后3个工作日内,将划拨情况及其数额,通知旅行社所在地的省级旅游行政管理部门,并提供县级以上旅游行政管理部门出具的划拨文件或者人民法院生效法律文书的复印件;

(三)非因《条例》规定的情形,出现质量保证金减少时,承担补足义务。

旅行社应当在国务院旅游行政主管部门指定银行的范围内,选择存入质量保证金的银行。

第十四条 旅行社在银行存入质量保证金的,应当设立独立账户,存期由旅行社确定,但不得少于1年。账户存期届满1个月前,旅行社应当办理续存手续或者提交银行担保。

第十五条 旅行社存入、续存、增存质量保证金后7个工作日内,应当向作出许可的旅游行政管理部门提交存入、续存、增存质量保证金的证明文件,以及旅行社与银行达成的使用质量保证金的协议。

前款协议应当包含下列内容:

(一)旅行社与银行双方同意依照《条例》规定使用质量保证金;

(二)旅行社与银行双方承诺,除依照县级以上旅游行政管理部门出具的划拨质量保证金,或者省级以上旅游行政管理部门出具的降低、退还质量保证金的文件,以及人民法院作出的认定旅行社损害旅游者合法权益的生效法律文书外,任何单位和个人不得动用质量保证金。

第十六条 旅行社符合《条例》第十七条降低质量保证金数额规定条件的,原许可的旅游行政管理部门应当根据旅行社的要求,在10个工作日内向其出具降低质量保证金数额的文件。

第十七条 旅行社按照《条例》第十八条规定补足质量保证金后7个工作日内,应当向原许可的旅游行政管理部门提交补足的证明文件。

第三章 旅行社的分支机构

第十八条 旅行社分社(简称分社,下同)及旅行社服务网点(简称服务网点,下同),不具有法人资格,以设立分社、服务网点的旅行社(简称设立社,下同)的名义从事《条例》规定的经营活动,其经营活动的责任和后果,由设立社承担。

第十九条 设立社向分社所在地工商行政管理部门办理分社设立登记后,应当持下列文件向分社所在地与工商登记同级的旅游行政管理部门备案:

(一)分社的《营业执照》;

(二)分社经理的履历表和身份证明;

(三)增存质量保证金的证明文件。

没有同级的旅游行政管理部门的,向上一级旅游行政管理部门备案。

第二十条 分社的经营场所、营业设施、设备,应当符合本实施细则第六条、第七条规定的要求。

分社的名称中应当包含设立社名称、分社所在地地名和"分社"或者"分公司"字样。

第二十一条 服务网点是指旅行社设立的,为旅行社招徕旅游者,并以旅行社的名义与旅游者签订旅游合同的门市部等机构。

设立社可以在其所在地的省、自治区、直辖市行政区划内设立服务网点;设立社在其所在地的省、自治区、直辖市行政区划外设立分社的,可以在该分社所在地设区的市的行政区划内设立服务网点。分社不得设立服务网点。

设立社不得在前款规定的区域范围外,设立服务网点。

第二十二条 服务网点应当设在方便旅游者认识和出入的公众场所。

服务网点的名称、标牌应当包括设立社名称、服务网点所在地地名等,不得含有使消费者误解为是旅行社或者分社的内容,也不得作易使消费者误解的简称。

服务网点应当在设立社的经营范围内,招徕旅游者、提供旅游咨询服务。

第二十三条 设立社向服务网点所在地工商行政管理部门办理服务网点设立登记后,应当在3个工作日内,持下列文件向服务网点所在地与工商登记同级的旅游行政管理部门备案:

(一)服务网点的《营业执照》;

(二)服务网点经理的履历表和身份证明。

没有同级的旅游行政管理部门的,向上一级旅游行政管理部门备案。

第二十四条 分社、服务网点备案后,受理备案的旅游行政管理部门应当向旅行社颁发《旅行社分社备案登记证明》或者《旅行社服务网点备案登记证明》。

第二十五条 设立社应当与分社、服务网点的员工,订立劳动合同。

设立社应当加强对分社和服务网点的管理,对分社实行统一的人事、财务、招徕、接待制度规范,对服务网点实行统一管理、统一财务、统一招徕和统一咨询服务规范。

第四章 旅行社经营规范

第二十六条 旅行社及其分社、服务网点,应当将《旅行社业务经营许可证》《旅行社分社备案登记证明》或者《旅行社服务网点备案登记证明》,与营业执照一起,悬挂在经营场所的显要位置。

第二十七条 旅行社业务经营许可证不得转让、出租或者出借。

旅行社的下列行为属于转让、出租或者出借旅行社业务经营许可证的行为:

(一)除招徕旅游者和符合本实施细则第四十条第一款规定的接待旅游者的情形外,准许或者默许其他企业、团体或者个人,以自己的名义从事旅行社业务经营活动的;

（二）准许其他企业、团体或者个人，以部门或者个人承包、挂靠的形式经营旅行社业务的。

第二十八条　旅行社设立的办事处、代表处或者联络处等办事机构，不得从事旅行社业务经营活动。

第二十九条　旅行社以互联网形式经营旅行社业务的，除符合法律、法规规定外，其网站首页应当载明旅行社的名称、法定代表人、许可证编号和业务经营范围，以及原许可的旅游行政管理部门的投诉电话。

第三十条　《条例》第二十六条规定的旅行社不得安排的活动，主要包括：

（一）含有损害国家利益和民族尊严内容的；

（二）含有民族、种族、宗教歧视内容的；

（三）含有淫秽、赌博、涉毒内容的；

（四）其他含有违反法律、法规规定内容的。

第三十一条　旅行社为组织旅游者出境旅游委派的领队，应当具备下列条件：

（一）取得导游证；

（二）具有大专以上学历；

（三）取得相关语言水平测试等级证书或通过外语语种导游资格考试，但为赴港澳台地区旅游委派的领队除外；

（四）具有两年以上旅行社业务经营、管理或者导游等相关从业经历；

（五）与委派其从事领队业务的取得出境旅游业务经营许可的旅行社订立劳动合同。

赴台旅游领队还应当符合《大陆居民赴台湾地区旅游管理办法》规定的要求。

第三十二条　旅行社应当将本单位领队信息及变更情况，报所在地设区的市级旅游行政管理部门备案。领队备案信息包括：身份信息、导游证号、学历、语种、语言等级（外语导游）、从业经历、所在旅行社、旅行社社会保险登记证号等。

第三十三条　领队从事领队业务，应当接受与其订立劳动合同的取得出境旅游业务许可的旅行社委派，并携带导游证、佩戴导游身份标识。

第三十四条　领队应当协助旅游者办理出入境手续，协调、监督境外地接社及从业人员履行合同，维护旅游者的合法权益。

第三十五条　不具备领队条件的，不得从事领队业务。

领队不得委托他人代为提供领队服务。

第三十六条　旅行社委派的领队，应当掌握相关旅游目的地国家（地区）语言或者英语。

第三十七条　《条例》第三十四条所规定的旅行社不得要求导游人员和领队人员承担接待旅游团队的相关费用，主要包括：

（一）垫付旅游接待费用；

（二）为接待旅游团队向旅行社支付费用；

（三）其他不合理费用。

第三十八条　旅行社招徕、组织、接待旅游者，其选择的交通、住宿、餐饮、景区等企业，应当符合具有合法经营资格和接待服务能力的要求。

第三十九条　在签订旅游合同时，旅行社不得要求旅游者必须参加旅行社安排的购物活动或者需要旅游者另行付费的旅游项目。

同一旅游团队中,旅行社不得由于下列因素,提出与其他旅游者不同的合同事项:

(一)旅游者拒绝参加旅行社安排的购物活动或者需要旅游者另行付费的旅游项目的;

(二)旅游者存在的年龄或者职业上的差异。但旅行社提供了与其他旅游者相比更多的服务,或者旅游者主动要求的除外。

第四十条 旅行社需要将在旅游目的地接待旅游者的业务作出委托的,应当按照《条例》第三十六条的规定,委托给旅游目的地的旅行社并签订委托接待合同。

旅行社对接待旅游者的业务作出委托的,应当按照《条例》第三十六条的规定,将旅游目的地接受委托的旅行社的名称、地址、联系人和联系电话,告知旅游者。

第四十一条 旅游行程开始前,当发生约定的解除旅游合同的情形时,经征得旅游者的同意,旅行社可以将旅游者推荐给其他旅行社组织、接待,并由旅游者与被推荐的旅行社签订旅游合同。

未经旅游者同意的,旅行社不得将旅游者转交给其他旅行社组织、接待。

第四十二条 旅行社及其委派的导游人员和领队人员的下列行为,属于擅自改变旅游合同安排行程:

(一)减少游览项目或者缩短游览时间的;

(二)增加或者变更旅游项目的;

(三)增加购物次数或者延长购物时间的;

(四)其他擅自改变旅游合同安排的行为。

第四十三条 在旅游行程中,当发生不可抗力、危及旅游者人身、财产安全,或者非旅行社责任造成的意外情形,旅行社不得不调整或者变更旅游合同约定的行程安排时,应当在事前向旅游者作出说明;确因客观情况无法在事前说明的,应当在事后作出说明。

第四十四条 在旅游行程中,旅游者有权拒绝参加旅行社在旅游合同之外安排的购物活动或者需要旅游者另行付费的旅游项目。

旅行社及其委派的导游人员和领队人员不得因旅游者拒绝参加旅行社安排的购物活动或者需要旅游者另行付费的旅游项目等情形,以任何借口、理由,拒绝继续履行合同、提供服务,或者以拒绝继续履行合同、提供服务相威胁。

第四十五条 旅行社及其委派的导游人员、领队人员,应当对其提供的服务可能危及旅游者人身、财物安全的事项,向旅游者作出真实的说明和明确的警示。

在旅游行程中的自由活动时间,旅游者应当选择自己能够控制风险的活动项目,并在自己能够控制风险的范围内活动。

第四十六条 为减少自然灾害等意外风险给旅游者带来的损害,旅行社在招徕、接待旅游者时,可以提示旅游者购买旅游意外保险。

鼓励旅行社依法取得保险代理资格,并接受保险公司的委托,为旅游者提供购买人身意外伤害保险的服务。

第四十七条 发生出境旅游者非法滞留境外或者入境旅游者非法滞留境内的,旅行社应当立即向所在地县级以上旅游行政管理部门、公安机关和外事部门报告。

第四十八条 在旅游行程中,旅行社及其委派的导游人员、领队人员应当提示旅游者遵守文明旅游公约和礼仪。

第四十九条　旅行社及其委派的导游人员、领队人员在经营、服务中享有下列权利：

（一）要求旅游者如实提供旅游所必需的个人信息，按时提交相关证明文件；

（二）要求旅游者遵守旅游合同约定的旅游行程安排，妥善保管随身物品；

（三）出现突发公共事件或者其他危急情形，以及旅行社因违反旅游合同约定采取补救措施时，要求旅游者配合处理防止扩大损失，以将损失降低到最低程度；

（四）拒绝旅游者提出的超出旅游合同约定的不合理要求；

（五）制止旅游者违背旅游目的地的法律、风俗习惯的言行。

第五十条　旅行社应当妥善保存《条例》规定的招徕、组织、接待旅游者的各类合同及相关文件、资料，以备县级以上旅游行政管理部门核查。

前款所称的合同及文件、资料的保存期，应当不少于两年。

旅行社不得向其他经营者或者个人，泄露旅游者因签订旅游合同提供的个人信息；超过保存期限的旅游者个人信息资料，应当妥善销毁。

第五章　监督检查

第五十一条　根据《条例》和本实施细则规定，受理旅行社申请或者备案的旅游行政管理部门，可以要求申请人或者旅行社，对申请设立旅行社、办理《条例》规定的备案时提交的证明文件、材料的原件，提供复印件并盖章确认，交由旅游行政管理部门留存。

第五十二条　县级以上旅游行政管理部门对旅行社及其分支机构实施监督检查时，可以进入其经营场所，查阅招徕、组织、接待旅游者的各类合同、相关文件、资料，以及财务账簿、交易记录和业务单据等材料，旅行社及其分支机构应当给予配合。

县级以上旅游行政管理部门对旅行社及其分支机构监督检查时，应当由两名以上持有旅游行政执法证件的执法人员进行。

不符合前款规定要求的，旅行社及其分支机构有权拒绝检查。

第五十三条　旅行社应当按年度将下列经营和财务信息等统计资料，在次年4月15日前，报送原许可的旅游行政管理部门：

（一）旅行社的基本情况，包括企业形式、出资人、员工人数、部门设置、分支机构、网络体系等；

（二）旅行社的经营情况，包括营业收入、利税等；

（三）旅行社组织接待情况，包括国内旅游、入境旅游、出境旅游的组织、接待人数等；

（四）旅行社安全、质量、信誉情况，包括投保旅行社责任保险、认证认可和奖惩等。

对前款资料中涉及旅行社商业秘密的内容，旅游行政管理部门应当予以保密。

第五十四条　《条例》第十七条、第四十二条规定的各项公告，县级以上旅游行政管理部门应当通过本部门或者上级旅游行政管理部门的政府网站向社会发布。

质量保证金存缴数额降低、旅行社业务经营许可证的颁发、变更和注销的，国务院旅游行政主管部门或者省级旅游行政管理部门应当在作出许可决定或者备案后20个工作日内向社会公告。

旅行社违法经营或者被吊销旅行社业务经营许可证的，由作出行政处罚决定的旅游行政管理部门，在处罚生效后10个工作日内向社会公告。

旅游者对旅行社的投诉信息，由处理投诉的旅游行政管理部门每季度向社会公告。

第五十五条 因下列情形之一,给旅游者的合法权益造成损害的,旅游者有权向县级以上旅游行政管理部门投诉:

(一)旅行社违反《条例》和本实施细则规定的;

(二)旅行社提供的服务,未达到旅游合同约定的服务标准或者档次的;

(三)旅行社破产或者其他原因造成旅游者预交旅游费用损失的。

划拨旅行社质量保证金的决定,应当由旅行社或者其分社所在地处理旅游者投诉的县级以上旅游行政管理部门作出。

第五十六条 县级以上旅游行政管理部门,可以在其法定权限内,委托符合法定条件的同级旅游质监执法机构实施监督检查。

第六章 法律责任

第五十七条 违反本实施细则第十二条第三款、第二十三条、第二十六条的规定,擅自引进外商投资、设立服务网点未在规定期限内备案,或者旅行社及其分社、服务网点未悬挂旅行社业务经营许可证、备案登记证明的,由县级以上旅游行政管理部门责令改正,可以处1万元以下的罚款。

第五十八条 违反本实施细则第二十二条第三款、第二十八条的规定,服务网点超出设立社经营范围招徕旅游者、提供旅游咨询服务,或者旅行社的办事处、联络处、代表处等从事旅行社业务经营活动的,由县级以上旅游行政管理部门依照《条例》第四十六条的规定处罚。

第五十九条 违反本实施细则第三十五条第二款的规定,领队委托他人代为提供领队服务,由县级以上旅游行政管理部门责令改正,可以处1万元以下的罚款。

第六十条 违反本实施细则第三十八条的规定,旅行社为接待旅游者选择的交通、住宿、餐饮、景区等企业,不具有合法经营资格或者接待服务能力的,由县级以上旅游行政管理部门责令改正,没收违法所得,处违法所得3倍以下但最高不超过3万元的罚款,没有违法所得的,处1万元以下的罚款。

第六十一条 违反本实施细则第三十九条的规定,要求旅游者必须参加旅行社安排的购物活动、需要旅游者另行付费的旅游项目,或者对同一旅游团队的旅游者提出与其他旅游者不同合同事项的,由县级以上旅游行政管理部门责令改正,处1万元以下的罚款。

第六十二条 违反本实施细则第四十条第二款的规定,旅行社未将旅游目的地接待旅行社的情况告知旅游者的,由县级以上旅游行政管理部门依照《条例》第五十五条的规定处罚。

第六十三条 违反本实施细则第四十一条第二款的规定,旅行社未经旅游者的同意,将旅游者转交给其他旅行社组织、接待的,由县级以上旅游行政管理部门依照《条例》第五十五条的规定处罚。

第六十四条 违反本实施细则第四十四条第二款的规定,旅行社及其导游人员和领队人员拒绝继续履行合同、提供服务,或者以拒绝继续履行合同、提供服务相威胁的,由县级以上旅游行政管理部门依照《条例》第五十九条的规定处罚。

第六十五条 违反本实施细则第五十条的规定,未妥善保存各类旅游合同及相关文件、资料,保存期不够两年,或者泄露旅游者个人信息的,由县级以上旅游行政管理部门责令改正,没收违法所得,处违法所得3倍以下但最高不超过3万元的罚款;没有违法所得的,处1万元以下的罚款。

第六十六条 对旅行社作出停业整顿行政处罚的,旅行社在停业整顿期间,不得招徕旅游者、签订旅游合同;停业整顿期间,不影响已签订的旅游合同的履行。

第七章 附 则

第六十七条 本实施细则由国务院旅游行政主管部门负责解释。

第六十八条 本实施细则自2009年5月3日起施行。2001年12月27日国家旅游局公布的《旅行社管理条例实施细则》同时废止。

参考文献

[1] 问建军. 导游业务[M]. 北京:科学出版社,2005.
[2] 朱晔. 导游业务及实训教程[M]. 西安:西安交通大学出版社,2010.
[3] 李亚妮. 导游业务[M]. 北京:北京交通大学出版社,2009.
[4] 蒲阳. 导游业务[M]. 北京:机械工业出版社,2009.
[5] 刘庆友,崔峰. 导游业务[M]. 北京:化学工业出版社,2010.
[6] 彭江平,曾健允,郭伟耀. 导游业务[M]. 广州:广东旅游出版社,2009.
[7] 冯云艳. 导游业务实用教程[M]. 北京:中国纺织工业出版社,2009.
[8] 樊雅琴. 旅游市场营销[M]. 北京:中国发展出版社,2009.
[9] 牛明铎. 旅游市场营销[M]. 成都:西南财经大学出版社,2011.
[10] 梁智. 旅行社运行与管理[M]. 4版. 大连:东北财经大学出版社,2010.
[11] 伍建海. 旅行社经营管理[M]. 北京:中国轻工业出版社,2010.
[12] 张建融. 旅行社运营实务[M]. 北京:中国劳动社会保障出版社,2009.
[13] 杜江,戴斌. 旅行社管理比较研究[M]. 北京:旅游教育出版社,2000.
[14] 梁雪松,张建融. 旅行社门市管理实务[M]. 北京:北京大学出版社,2011.
[15] 张艺,欧越男. 旅游服务礼仪[M]. 北京:北京师范大学出版社,2012.
[16] 蔡海燕. 旅行社计调实务[M]. 上海:复旦大学出版社,2011.
[17] 周晓梅. 计调部操作实务[M]. 北京:旅游教育出版社,2006.
[18] 刘丽萍. 旅行社计调与营销实务[M]. 大连:东北财经大学出版社,2012.
[19] 张红英. 旅行社营销[M]. 上海:复旦大学出版社,2011.
[20] 国家旅游局. 旅行社国内旅游服务规范:LB/T 004—2013[S].
[21] 国家旅游局. 旅行社出境旅游服务规范:LB/T 005—2011[S].
[22] 国家旅游局. 旅行社入境旅游服务规范:LB/T 009—2011[S].
[23] 国家旅游局. 旅行社服务通则:LB/T 008—2011[S].
[24] 张谦. 饭店服务管理实例评析[M]. 天津:南开大学出版社,2001.
[25] 范运铭. 客房服务与管理案例选析[M]. 北京:旅游教育出版社,2000.
[26] 林璧属. 前厅、客房服务与管理[M]. 2版. 北京:清华大学出版社,2010.
[27] 王昆欣. 旅游景区服务与管理案例[M]. 北京:旅游教育出版社,2008.
[28] 陈才,龙江智. 旅游景区管理[M]. 北京:中国旅游出版社,2008.
[29] 郭亚军. 旅游景区管理[M]. 北京:高等教育出版社,2006.
[30] 崔凤军. 风景旅游区的保护与管理[M]. 北京:中国旅游出版社,2001.
[31] 张凌云. 旅游景区管理[M]. 3版. 北京:旅游教育出版社,2009.
[32] 张昌贵,李勤. 旅游景区管理[M]. 西安:西安交通大学出版社,2013.
[33] 张昌贵. 旅游公共关系[M]. 西安:西安交通大学出版社,2011.